地理信息系统技术应用（第三版）

主　编　李建辉
副主编　陈　琳　赵雨琪　王　琴　李应真

WUHAN UNIVERSITY PRESS
武汉大学出版社

图书在版编目(CIP)数据

地理信息系统技术应用/李建辉主编．—3 版．—武汉：武汉大学出版社，2023.8(2025.1 重印)
"十四五"职业教育国家规划教材
ISBN 978-7-307-23955-5

Ⅰ.地…　Ⅱ.李…　Ⅲ. 地理信息系统—高等职业教育—教材
Ⅳ.P208.2

中国国家版本馆 CIP 数据核字(2023)第 158507 号

责任编辑：王　荣　　　责任校对：汪欣怡　　　版式设计：马　佳

出版发行：**武汉大学出版社**　(430072　武昌　珞珈山)
(电子邮箱：cbs22@ whu.edu.cn 网址：www.wdp.com.cn)
印刷：武汉科源印刷设计有限公司
开本：787×1092　1/16　印张：16.25　字数：385 千字　插页：1
版次：2013 年 2 月第 1 版　　2020 年 7 月第 2 版
　　2023 年 8 月第 3 版　　2025 年 1 月第 3 版第 5 次印刷
ISBN 978-7-307-23955-5　　定价：49.00 元

第三版前言

地理信息产业是国民经济的重要组成部分，也是国家高技术产业和战略性新兴产业。地理信息技术与互联网、物联网、云计算、大数据和人工智能等各类新兴产业深度融合与创新，被广泛应用于经济建设、国防建设、国土管理、资源调查、灾害监测、城市规划、商业金融、邮电通信、交通运输、水利电力、环境风险评估等领域。近年来，地理信息产业迎来空前发展，在产业基础、行业环境和创新能力等方面实现了巨大提升和改善，对地理信息技术技能人才的需求激增，迫切需要适应产业发展的特色教材来提供支撑。

本次修订是在前两版的基础上，紧跟行业产业发展，进行了系统化的修改编写。具体修改如下：

(1)对接职业岗位与工作过程，重构教材架构。

面向测绘地理信息服务行业，对接地理信息采集员、地理信息处理员、地理信息应用作业员职业岗位，以“地理空间数据”为载体，基于“地理信息产品”生产的工作过程，将教材内容重构为“地理空间数据获取、地理空间数据处理、地理空间数据管理、地理空间数据分析、地理空间数据可视化、GIS 技术综合应用”6 个项目。

(2)遵循学生认知规律，组织与编排教材内容。

打破传统的学科体系，按照“任务讲解→案例实践→考核测试”组织编排教材内容。遵循学生的认知和学习规律，按照从易到难、从浅到深的过程组织教材内容，提炼学习知识点、技能点，设计学习内容，形成基于工作过程的教材体系。注重理论和实践相统一，做到图、文、表并茂，资源丰富，生动活泼，形式新颖，具有逻辑性强、容易理解、便于实践等特点。

(3)紧跟行业产业发展，删减与更新教材内容。

遵循技术技能人才成长规律，把地理信息产品生产相关的国家标准规范、质量安全规范融入教材，更新增加了《基础地理信息要素分类与代码》(GB/T 13923—2022)等新标准规范。引入国家“智慧城市”“生态国土”“公众服务”“实景三维”等建设中地理信息的新技术、新方法。同时，删除了一些陈旧的知识和主题关联性不强的内容，融入了“测绘地理信息数据获取与处理”“测绘地理信息智能应用”职业技能等级证书相关的内容，帮助学生建立“专业”与“职业”间的纽带，培养学生良好的职业技能。

(4)以景区为应用场景，设计与增加教材案例。

区别于传统教学案例不系统的特点，本教材以学生熟悉的“A 级景区”为案例场景，将地理信息产品生产过程中数据的“获取、处理、管理、分析、可视化、应用”贯穿案例始终，设计了“A 级景区空间数据获取、A 级景区空间数据处理、A 级景区空间数据管理、A 级景区空间数据分析、A 级景区空间分布图制作、A 级景区空间分布格局”6 个典型案例，构建了“提出问题、分析问题、解决问题”的案例框架，从“案例场景→目标与内容→

思路与数据→过程与步骤”展开，突出技能实践的综合性，更利于提高学生的技能水平，培养学生的创新思维。读者可通过扫描封底二维码获得案例数据。

(5)价值引领立德树人，有效融入了思政元素。

注重专业知识与意识形态教育、工匠精神、爱国教育培养有机结合，强化育才与育人的统一。紧密跟踪社会需求和地理信息发展前沿动态，有效融入了国家版图、大国工匠、数据安全、文化自信、红色精神、产业成就等思政元素，落实习近平新时代中国特色社会主义思想进教材、进课堂、进头脑，引导学生通过课程学习与实践所掌握的相关知识和技能，逐步形成正确价值观，增强爱国心、强国志、报国行。

(6)资源丰富制作精美，多平台提供资源支持。

本教材基于国家级专业教学资源库(https://www.icve.com.cn/portal/courseinfo?courseid=lhsfagin86liopm8szegia)和中国大学MOOC(https://www.icourse163.org/course/YRCTI-1001796028?from=searchPage)等网络平台，通过合理配置教材内容资源、案例数据，录制视频，制作动画等方式，实现了教材由平面向立体的转变，拓展了教材的使用范围。在教材中添加了有代表性的视频讲解，读者可通过扫描二维码观看。

本书的项目1、项目4由黄河水利职业技术学院李建辉编写；项目3由黄河水利职业技术学院赵雨琪编写，项目2、项目5、项目6由黄河水利职业技术学院陈琳、王琴和湖南省自然资源事务中心李应真共同编写。本书数字化资源由李建辉、陈旭、赵雨琪、李洪超共同完成。全书由李建辉统稿。

本书在编写过程中，参阅了大量的相关文献，并引用了其中的一些资料，在此谨向这些文献的相关编著者表示衷心的感谢！由于编者水平有限，加上时间匆促，书中难免存在不足和疏漏之处，恳请广大读者及同行专家不吝指正。

编　者

2023年7月

第二版前言

地理信息系统(GIS)技术是对地理空间信息进行描述、采集、处理、存储、管理、分析和应用的一项新技术。随着计算机技术、信息技术、空间技术的发展，GIS 技术越来越深入地应用于测绘、资源管理、城乡规划、灾害监测、环境保护、国防建设等多个领域，迫切需要众多具有坚实专业知识与技能的应用型人才。《地理信息系统技术应用》是高职高专测绘地理信息类专业的一门专业核心课程，是地理信息产品生产的数据采集员、处理员、分析员等职业岗位人员必备的专业技能课程。本教材第二版修订对接专业岗位(群)关于地理信息产品生产的基本能力要求，精心选取内容，相对于第一版更加突出以下特色：

(1)坚持立德树人，将工匠精神融入教材。

遵循技术技能人才成长规律，把地理信息产品生产相关的国家标准规范、安全规范融入教材，引入国家“智慧城市”“生态国土”等建设中应用的地理信息技术，强调精益求精，注重职业道德和职业素养的培养。引导学习者认识国家建设的巨大成就和先进水平，自觉献身祖国的建设事业，争当“大国工匠”。

(2)产教深度融合，构建工作过程系统化的教材体系。

打破传统的学科体系，紧跟产业发展趋势和行业人才需求，按照地理信息产品的生产流程、工序及过程进行教学情境设计，任务实施来源于真实的企业生产实践，将 GIS 发展的新技术、新工艺、新规范纳入教材内容，遵循认知和学习规律，按照从易到难、从浅到深的过程组织教学内容，提炼学习知识点体系，设计学习内容，形成基于工作过程系统化的教材体系。

(3)教材资源丰富，形成新形态的一体化教材。

本书配套有精美的 PPT 教学课件、微课等教学资源，只需用移动设备扫描书中的二维码，就可观看相关的视频。设计精美、随扫随学，使学生在自学中享受过程；素材丰富、资源立体，使教师备课不断创新。为高职院校进行线上线下混合式教学模式提供了新的教学思路。

(4)书证融通，与职业资格证书衔接。

反映典型岗位(群)职业能力要求，将全国信息化工程师 GIS 应用水平证书培训内容有机融入教材，并在每个项目后附有职业资格知识考核试题，帮助学生建立“专业”与“职业”间的纽带，培养学生良好的职业技能。

第二版修订由李建辉、陈琳、王琴共同拟定修订大纲。修订分工如下：项目 1 和项目 2 由王琴修订，项目 3 由刘剑锋修订，项目 4 和项目 5 由李建辉修订，项目 6 由陈琳修订，项目 7 由湖南省自然资源事务中心的李应真修订。本书数字化资源由李建辉、陈旭、赵雨琪、李洪超共同完成。

本书尽管已是第二版，但由于作者水平有限，以及修订时力图将最新的 GIS 技术融入教材，书中依然难免有错误和不足之处，恳请各位专家、老师和读者给予指正。

编　者

2020 年 4 月

第一版前言

本书根据《高职高专测绘类专业“十二五”规划教材·规范版》的指导思想，以学生职业岗位能力为依据，强调对学生应用能力、实践能力、分析问题和解决问题能力的培养，突出职业教育的特色。

进入21世纪以来，信息技术革命越来越迅速地改变着人类生活和社会的各个层面，而作为全球信息化浪潮的一个重要组成部分，地理信息系统(GIS)日益受到各界的普遍关注，并在多个领域得到了广泛的应用。GIS是一门多学科结合的边缘学科，其实践性很强。GIS专业人才的培养，不但要有深厚的理论基础，而且要掌握过硬的实践技术，具有不同层面的实际动手能力。本书以工作过程为导向，深入分析职业岗位工作所必需的知识和能力，据此确定课程教学所要达到的知识和能力目标，再将课程目标融入岗位工作过程的项目任务中，以任务为载体，突出能力目标，强调知识必需、够用，注重知识、理论和实践一体化设计，兼顾学生自学能力和可持续发展能力的培养，满足GIS数据采集员、数据处理员、数据建库员、数据分析员以及GIS高级管理和应用人员等地理信息系统应用工作岗位的需要。

本书具有以下鲜明的特色：

(1)体现“项目引导、任务驱动”的教学特点。从实际应用出发，以任务为突破口，通过“任务描述→相关知识→任务实施→技能训练→思考练习”五部曲展开。在宏观教学设计上突破以知识点层次递进为体系的传统模式，将职业工作过程系统化，以工作过程为参照系，按照工作过程来组织和讲解知识，培养学生的职业技能和职业素养。

(2)体现“教、学、做”合一的教学思想。以学到实用技能、提高职业能力为出发点，以“做”为中心，教和学都围绕着做，在学中做，在做中学，从而完成知识学习、技能训练和提高职业素养的教学目标。

(3)强基础、重实践。在编写过程中，强调基本概念、基本原理、基本分析方法的论述，采用“教、学、做”相结合的教学模式，既能使学生掌握好基础，又能启发学生思考，培养动手能力。

(4)紧跟行业技术发展。GIS技术发展很快，本书着力于当前主流技术和新技术的讲解，与行业联系密切，使所有内容紧跟行业技术的发展。

(5)符合高职学生认知规律，有助于实现有效教学。本书打破传统的学科体系结构，将各知识点与操作技能恰当地融入各个任务，突出现代职业教育的职业性和实践性，强化实践，培养学生实践动手能力，适应高职学生的学习特点，在教学过程中注意情感交流，因材施教，调动学生的学习积极性，提高教学效果。

(6)资源丰富。本书是教育部高等学校高职高专测绘类专业教学指导委员会2010年《地理信息系统应用》精品课程相匹配的教材，相关教学资源和学习资源均可以从课程网站(http：//jpkc. yrcti. edu. cn/2010/dlxxxtyy)上下载。

本书由李建辉任主编，王琴任副主编。编写人员及分工如下：项目 1 和项目 6 由黄河水利职业技术学院王琴编写，项目 2 由甘肃工业职业技术学院张军编写，项目 3 由黄河水利职业技术学院刘剑锋编写，项目 4 由内蒙古科技大学煤炭学院马凯编写，项目 5 和项目 7 由黄河水利职业技术学院李建辉编写。

本书在编写过程中参阅了大量的文献，引用了同类书刊中的部分内容，在此谨向有关作者表示衷心感谢。同时，得到了许多领导和课程团队的大力支持，在此致以衷心的感谢！由于编者水平有限，书中难免存在缺点和错误，恳请各位专家、读者能给予批评和指正。

编　者

2012 年 10 月

目　　录

项目 1　地理空间数据获取

【项目概述】

空间数据是 GIS 的操作对象，有效获取准确、高效的空间数据是 GIS 健壮运行的基础。整个 GIS 都是围绕空间数据的采集、加工、存储、分析和表现展开的。地理空间数据获取是建立 GIS 的最重要且工作量最大的一个过程，它直接影响到 GIS 应用的潜力、成本和效率。

本项目由空间数据表达、空间数据源选择、空间数据采集、属性数据采集 4 个学习型工作任务组成。通过本项目的实施，为学生从事地理信息采集员岗位工作打下基础。

【教学目标】

◆**知识目标**

(1)掌握 GIS 相关的基本概念、GIS 的组成和功能。

(2)掌握地理空间数据的表示方法。

(3)了解空间数据源种类及属性数据的分类。

(4)掌握空间数据采集和属性数据采集方法。

◆**能力目标**

(1)结合 GIS 软件明确地理信息系统的基本概念、组成及功能。

(2)结合地理空间相关问题选择合适的数据源。

(3)利用相关设备及不同方式进行空间数据采集。

(4)进行属性数据采集，并将图形与属性进行连接。

◆**素质目标**

(1)培养遵循国家、行业标准与规范，依法依规获取地理空间数据的能力。

(2)具备地理信息数据生产的吃苦耐劳精神、诚信品质和法规意识。

(3)具备国家版图完整意识，增强维护国家地理信息安全和主权的意识。

1.1　任务一　空间数据表达

地理空间技术覆盖许多领域，其中包括遥感、地图制图、测绘和摄影测量。但要在地理空间技术中将这些不同领域的数据整合起来，则需要地理信息系统(Geographic Information System，GIS)。为了弄清楚地理信息数据表示，需要明确 GIS 的基本概念、组成和功能，以及地理空间表达的方法。

GIS 的基本概念

1.1.1　GIS 的概念

1. 数据和信息

数据(Data)是人类在认识世界和改造世界过程中，定性或定量地描述事物和环境的直接或间接原始记录，是一种未经加工的原始资料，是客观对象的表示。数据可以以多种方式和存储介质存在，前者如数字、文字、符号、图像等，后者如记录本、地图、胶片、磁盘等，不同数据存储介质和格式可相互转换。

信息(Information)是用文字、数字、符号、语言、图像等介质来表示事件、事物、现象等的内容、数量或特征，从而向人们(或系统)提供关于现实世界新的事实和知识，作为生产、建设、经营、管理、分析和决策的依据。信息具有客观性、适用性、可传输性和共享性等特征。

信息来源于数据，是数据内涵的意义和对数据内容的解释。信息是一种客观存在，而数据是客观对象的一种表示，其本身并不是信息。数据所蕴含的信息不会自动呈现出来，需要利用一种技术如统计、解译、编码等对其解释，信息才能呈现出来。例如，从实地或社会调查数据中通过分类和统计可获取到各种专门信息，从测量数据中通过量算和分析可以抽取出地面目标或物体的形状、大小和位置等信息，从遥感图像数据中通过解译可以提取出各种地物的图形大小和专题信息。

2. 地理数据和地理信息

地理信息是有关地理实体和地理现象的性质、特征和运动状态的表征和一切有用的知识，它是对表达地理特征与地理现象之间关系的地理数据的解释。而地理数据是各种地理特征和现象间关系的数字化表示。地理特征和现象的数据描述包括空间位置、属性特征(简称属性)及时域特征三部分。

地理数据具有空间的分布性、数据量的海量性、载体的多样性和位置与属性的对应性等特征。空间的分布性是指地理信息具有空间定位的特点，先定位后定性，并在区域上表现出分布式特点，其属性表现为多层次，因此地理数据库的分布或更新也应是分布式。数据量的海量性反映地理数据的巨大性，地理数据既有空间特征，又有属性特征；另外，地理信息还随着时间的变化而变化，具有时间特征，因此数据量很大。尤其是随着全球对地观测计划不断发展，每天都可以获得上万亿兆的关于地球资源、环境特征的数据。这必然给数据处理与分析带来很大压力。载体的多样性指地理信息的第一载体是地理实体和地理现象的物质和能量本身，除此之外，还有描述地理实体和地理现象的文字、数字、地图和影像等符号信息载体以及纸质、磁带、光盘等物理介质载体。对于地图来说，它不仅是信息的载体，也是信息的传播媒介；地理实体和地理现象具有明确的位置特征和属性特征，两者之间是相互对应的和关联的，也就是说二者相互依赖，缺一不可，有位置则有属性，反之亦然。

3. 地理信息系统

地理信息系统(GIS)有时又称为“地学信息系统”或“资源与环境信息系统”。它是一种特定的十分重要的空间信息系统，是在计算机软、硬件系统支持下，对整个或部分地球表层(包括大气层)的有关地理分布数据进行采集、存储、管理、运算、分析、显示和描述的技术系统。地理信息系统处理、管理的对象是多种地理实体和地理现象数据及其关系，包括空间定位数据、图形数据、遥感图像数据、属性数据等，用于分析和处理在一定地理区域内分布的地理线实体、现象及过程，解决复杂的规划、决策和管理问题。简言之，地理信息系统是对空间数据进行采集、编辑、存储、分析和输出的计算机信息系统。

通过上述的分析和定义可得出 GIS 的基本内涵如下：

GIS 的物理外壳是计算机化的技术系统，它又由若干个相互关联的子系统构成，如数据采集子系统、数据管理子系统、数据处理和分析子系统、图像处理子系统、数据产品输出子系统等，这些子系统的结构及其优劣程度直接影响 GIS 的硬件平台、功能、效率、数据处理的方式和产品输出的类型。

GIS 的操作对象是空间数据，即点、线、面、体这类有三维要素的地理实体和地理现象。空间数据的最根本特点是每一个数据都按统一的地理坐标进行编码，实现对其定位、定性和定量的描述，这是 GIS 区别于其他类型信息系统的根本标志，也是其技术难点之所在。

GIS 的技术优势在于它的数据综合、模拟与分析评价能力，可以得到常规方法或普通信息系统难以得到的重要信息，实现地理空间过程演化的模拟和预测。

GIS 与测绘学和地理学有着密切的关系。大地测量、工程测量、矿山测量、地籍测量、航空摄影测量和遥感技术为 GIS 中的空间实体提供各种不同比例尺和精度的定位数；全站仪、全球导航卫星系统(GNSS)、无人机测绘技术、摄影测量系统、遥感图像处理系统等现代测绘技术的使用，可直接、快速和自动地获取空间目标的数字信息产品，为 GIS 提供丰富和更实时的信息源，并促使 GIS 向更高层次发展。地理学是 GIS 的理论依托。有的学者断言，“地理信息系统和信息地理学是地理科学第二次革命的主要工具和手段。如果说 GIS 的兴起和发展是地理科学信息革命的一把钥匙，那么，信息地理学的兴起和发展将是打开地理科学信息革命的一扇大门，必将为地理科学的发展和提高开辟一片崭新的天地。”GIS 被誉为地学的第三代语言——用数字形式来描述空间实体。

4. GIS 的“S”新解

随着 GIS 的发展，地理信息学的内涵与外延也在不断变化，集中体现在“S”的含义上，如图 1-1 所示。

图 1-1 不同历史时期 GIS 含义的变化

GIScience 地理信息科学，是从地理信息的基础理论、原理方法研究地理信息的本质、表达模型、地理信息的认知过程等；GISystem 地理信息系统，则是从技术化、工程化角度研究地理信息的集成开发、系统结构、系统功能等；GIService 地理信息服务，则是从产业化应用角度，研究面向社会化、网络化、多元化的信息服务，强调信息标准、管理、产业政策、规模化集成应用等，是地理信息产业发展的需求。在本书中，如果没有特别说明，GIS 是指地理信息系统。

1.1.2　GIS 的组成

GIS 的组成

一个实用的地理信息系统，要支持对空间数据采集、管理、处理、分析、建模和显示等功能，其基本构成应包括以下五个主要部分：硬件系统、软件系统、空间数据、应用模型、系统管理和操作人员。其核心部分是硬件系统、软件系统，空间数据反映 GIS 的地理内容，应用模型是解决问题的方法，而系统管理和操作人员则决定系统的工作方式和信息表示方式。

1. 硬件系统

计算机硬件是计算机系统中实际物理装置的总称，是 GIS 的物理外壳，可以是电子的、电的、磁的、机械的、光的元件或装置。系统的规模、精度、速度、功能、形式、使用方法，甚至软件都与硬件有极大的关系，受硬件指标的支持或制约。

GIS 硬件系统包括输入设备、处理设备、存储设备和输出设备四个部分。其中处理设备、存储设备和输出设备与一般信息系统并无差别，但由于 GIS 处理的是空间数据，其数据输入设备除常规的设备外，还包括空间数据采集的专用设备如 GNSS 接收机、全站仪、三维激光扫描仪、无人机、数字摄影测量工作站等。

2. 软件系统

软件系统是指 GIS 运行所必需的各种程序，通常包括以下 GIS 支撑软件、GIS 平台软件和 GIS 应用软件三类。其中，GIS 支撑软件是指 GIS 运行所必需的各种软件环境，如操作系统、数据库管理系统、图形处理系统等；GIS 平台软件包括 GIS 功能所必需的各种处理软件，一般包括空间数据输入与转换、空间数据编辑、空间数据管理、空间查询与空间分析、制图与输出五部分，称为 GIS 五大子系统；GIS 应用软件一般是在 GIS 平台软件基础上，通过二次开发所形成的具体的应用软件，一般是面向应用部门的。

3. 空间数据

地理空间数据是指以地球表面空间位置为参照的自然、社会和人文景观数据，可以是图形、图像、文字、表格和数字等，由系统的建立者通过数字化仪、扫描仪、键盘、磁带机或其他通信系统输入 GIS，是系统程序作用的对象，是 GIS 所表达的现实世界经过模型抽象的实质性内容。不同用途的 GIS，其地理空间数据的种类、精度都是不同的，但基本上都包括三种互相联系的数据类型。

(1)某个已知坐标系中的位置：即几何坐标，标识地理实体和地理现象在某个已知坐标系(如大地坐标系、直角坐标系、极坐标系、自定义坐标系)中的空间位置，可以是经纬度、平面直角坐标、极坐标，也可以是矩阵的行、列数等。

(2)实体间的空间相关性：即拓扑关系，表示点、线、面实体之间的空间联系，如网络节点与网络线之间的枢纽关系，边界线与面实体间的构成关系，面实体与岛或内部点的包含关系等。空间拓扑关系对于地理空间数据的编码、录入、格式转换、存储管理、查询检索和模型分析都有重要意义，是地理信息系统的特色之一。

(3)与几何位置无关的属性：即常说的非几何属性，或简称属性(Attribute)，是与地理实体和地理现象相联系的地理变量或地理意义。属性分为定性和定量的两种，前者包括名称、类型、特性等，后者包括数量和等级，定性描述的属性如岩石类型、土壤种类、土地利用类型、行政区划等，定量的属性如面积、长度、土地等级、人口数量、降雨量、河流长度、水土流失量等。非几何属性一般是经过抽象的概念，通过分类、命名、量算、统计得到。任何地理实体和地理现象至少有一个属性，而地理信息系统的分析、检索和表示主要是通过属性的操作运算实现的，因此，属性的分类系统、量算指标对系统的功能有较大的影响。

4. 系统管理和操作人员

人是 GIS 中的重要构成因素。地理信息系统从其设计、建立、运行到维护的整个生命周期，处处都离不开人的作用。仅有软硬件系统和数据还构不成完整的地理信息系统，需要人进行系统组织、管理、维护和数据更新、系统扩充完善、应用程序开发，并灵活采用地理分析模型提取多种信息，为研究和决策服务。

5. 应用模型

GIS 应用模型即 GIS 方法，它的构建和选择是 GIS 应用成功与否的关键。GIS 方法是面向实际应用，在较高层次上对基础的空间分析功能集成并与专业模型接口，研制解决应用问题的模型方法。虽然 GIS 为解决各种现实问题提供了有效的基本工具(如空间量算、网络分析、叠加分析、缓冲分析、三维分析、通视分析等)，但对于某一专门的应用，则必须构建专门的应用模型并进行 GIS 二次开发，如土地利用适应性模型、大坝选址模型、洪水预测模型、污染物扩散模型、水土流失模型等。这些应用模型是客观世界到信息世界的映射，反映了人类对客观世界的认知水平，也是 GIS 技术产生社会、经济、生态效益的所在，因此，应用模型在 GIS 技术中占有十分重要的地位。

1.1.3　GIS 的功能

GIS 的功能

1. 基本功能需求

(1)位置：位置问题回答“某个地方有什么”，一般通过地理对象的位置(坐标，街道编码等)进行定位，然后利用查询获取其性质，如建筑物的名称、地点、建筑时间、使用性质等。位置问题是地学领域最基本的问题，反映在 GIS 中，则是空间查询技术。

(2)条件：条件问题即“符合某些条件的地理对象在哪里”的问题，它通过地理对象的属性信息列出条件表达式，进而查找满足该条件的地理对象的空间分布位置。在GIS中，条件问题虽也是查询的一种，但是较为复杂的查询问题。

(3)趋势：趋势即某个地方发生的某个事件及其随时间的变化过程。它要求GIS能根据已有的数据(现状数据、历史数据等)，对现象的变化过程作出分析判断，并能对未来作出预测和对过去作出回溯。例如土地地貌演变研究中，可以利用现有的和历史的地形数据，对未来地形作出分析预测，也可展现不同历史时期的地形发育情况。

(4)模式：模式问题即地理对象实体和现象的空间分布之间的空间关系问题。例如，城市中不同功能区的分布与居住人口分布的关系模式；地面海拔升高、气温降低，导致山地自然景观呈现垂直地带分异的模式等。

(5)模拟：模拟即某个地方如果具备某种条件会发生什么问题，是在模式和趋势的基础上，建立现象和因素之间的模型关系，从而发现具有普遍意义的规律。例如，在对某一城市的犯罪率和酒吧、交通、照明、警力分布等分析的基础上，对其他城市进行相关问题研究，一旦发现具有普遍意义的规律，即可将研究推向更高层次：建立通用的分析模型进行未来的预测和决策。

2. GIS的基本功能

为实现对上述问题的求解，GIS首先要重建真实地理环境，而地理环境的重建需要获取各类空间数据(数据获取)，这些数据必须准确可靠(数据编辑与处理)，并按一定的结构进行组织和管理(空间数据库)，在此基础上，GIS还必须提供各种求解工具(称之为空间分析)，以及对分析结果的表达(数据输出)。因此，一个GIS系统应该具备以下基本功能。

(1)空间数据采集与编辑：主要用于获取数据，保证地理信息系统数据库中的数据在内容与空间上的完整性、数值逻辑一致性与正确性等。是将地理信息系统的数据抽象为不同层的实体的地物要素，按顺序转化为x，y坐标及对应的代码输入计算机。目前可用于地理信息系统数据采集的方法与技术很多，有些仅用于地理信息系统，如手扶跟踪数字化仪；自动化扫描输入与遥感数据集成最受人们关注。扫描技术的应用与改进，实现扫描数据的自动化编辑与处理仍是地理信息系统数据获取研究的关键技术。

(2)空间数据存储与管理：这是建立地理信息系统数据库的关键步骤，涉及空间数据和属性数据的组织。空间数据结构的选择在一定程度上决定了系统所能执行的数据与分析的功能；在地理数据组织与管理中，最关键的是如何将空间数据与属性数据融合为一体。因此地理信息系统数据库管理功能，除了与属性数据有关的DBMS功能之外，对空间数据的管理技术还包括：空间数据库的定义、数据访问和提取、从空间位置检索空间物体及其属性、从属性条件检索空间物体及其位置、开窗和接边操作、数据更新和维护等。

(3)空间数据处理与变换：由于地理信息系统涉及的数据类型多种多样，同一种类型的数据的质量也可能有很大的差异。为了保证系统数据的规范和统一，必须对数据进行相应的处理与变换。初步的数据处理主要包括数据格式化、转换、概括。数据的格式化是指不同数据结构的数据间变换，是一种耗时、易错、需要大量计算量的工作，应尽可能避免；数据转换包括数据格式转化、数据比例尺的变化等。在数据格式的转换方式上，矢量到栅格的转换要比其逆运算快速、简单。数据比例尺的变换涉及数据比例尺缩放、平移、旋转等方面，其中最重要的是投影变换。目前地理信息系统所提供的数据概括功能极弱，与地图综合的要求还有很大差距，需要进一步发展。

(4)空间数据查询与分析：虽然数据库管理系统一般提供了数据库查询语言，如 SQL 语言，但对于 GIS 而言，需要对通用数据库的查询语言进行补充或重新设计，使之支持空间查询。例如，查询与某个乡相邻的乡镇穿过一个城市的公路、某铁路周围 5km 的居民点等，这些查询问题是 GIS 所特有的。所以，一个功能强大的 GIS 软件，应该设计一些空间查询语言，满足常见的空间查询的要求。空间分析是比空间查询更深层次的应用，内容更加广泛，包括地形分析、土地适应性分析、网络分析、叠置分析、缓冲区分析、决策分析等。随着 GIS 应用范围扩大，GIS 软件的空间分析功能将不断增加。

(5)空间数据显示与输出：GIS 为用户提供了许多用于地理数据表现的工具，其形式既可以是计算机屏幕显示，也可以是诸如报告、表格、地图等硬拷贝图件。图形输出是 GIS 产品的主要表现形式，包括各种类型的符号图、动线图、点值图、晕线图、等值线图、立体图等。

1.1.4 地理空间表示

地理空间

1. 空间数据表示

这些不同类型的空间数据都可抽象表示为点、线、面三种基本的图形要素，如图1-2所示。

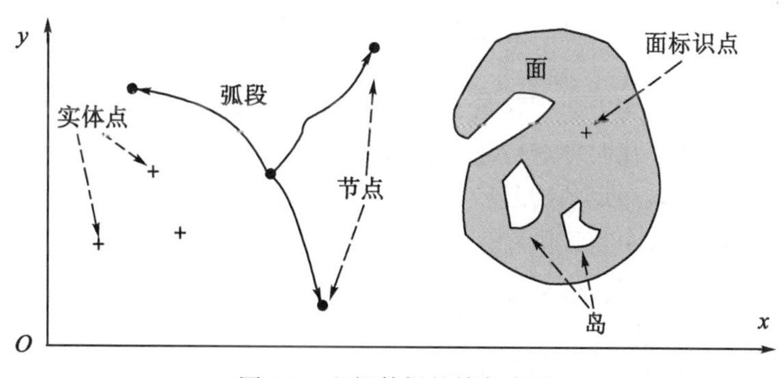

图 1-2 空间数据的抽象表示

(1)点(Point)，点既可以是一个标识空间点状实体，如水塔等，也可以是节点(Node)，即线的起点、终点或交点，或是标记点，仅用于特征的标注和说明，或作为面域的内点用于标明该面域的属性。

(2)线(Line)，具有相同属性点的轨迹，线的起点和终点表明了线的方向。道路、河流、地形线、区域边界等均属于线状地物可抽象为线。线上各点具有相同的公共属性并至少存在一个属性。当线连接两个节点时，也称作弧段(Arc)或链(Link)。

(3)面(Area)，是线包围的有界连续的具有相同属性值的面域，或称为多边形(Polygon)。多边形可以嵌套，被多边形包含的多边形称为岛。

2. 数据结构表示

在 GIS 中，数据结构决定了 GIS 系统空间分析功能，也决定了空间数据操作的效率，是 GIS 最重要的研究内容。GIS 的地理空间数据包括矢量数据和栅格数据，矢量数据结构是利用欧几里得几何学中的点、线、面及其组合体来表示地理空间分布的一种数据组织方式，是对矢量数据模型进行数据的组织，是一种高效的图形数据结构。

1)矢量数据结构的表示

矢量数据结构是通过记录坐标的方式来表示点、线、面等地理实体的数据组织方式。如图 1-3 所示，可以将现实世界的地理实体，通过记录坐标的方式表达出来。图中的房子表示为点，河流表示为线，树木表示为面。地理实体可以通过属性信息和位置信息表达出来。最终可以用属性码和(x，y)坐标进行表示。

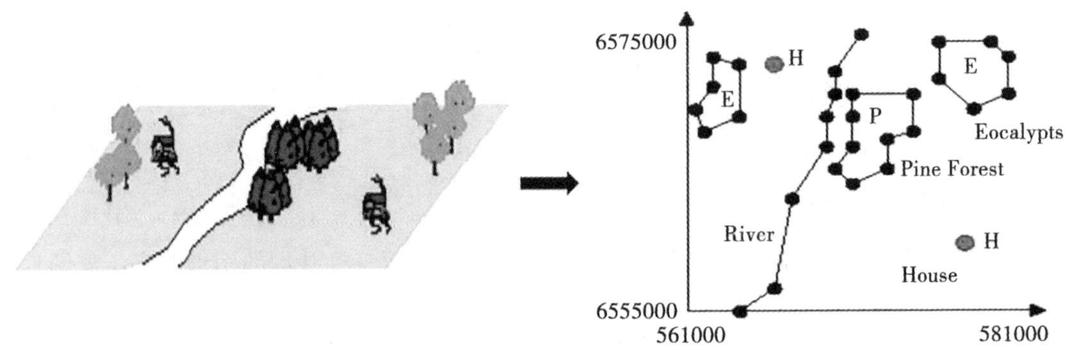

图 1-3　实体在矢量数据结构中的表示

对于点实体，矢量结构中只记录其在特定坐标系下的坐标和属性代码。

对于线实体，在数字化时即进行量化，就是用一系列足够短的直线首尾相接表示一条曲线；当曲线被分割成多而短的线段后，这些小线段可以近似地看成直线段，而这条曲线也可以足够精确地由这些小直线段序列表示；矢量结构中只记录这些小线段的端点坐标，将曲线表示为一个坐标序列，坐标之间认为是以直线段相连，在一定精度范围内可以逼真地表示各种形状的线状地物。

“多边形”在 GIS 中是指一个任意形状、边界完全闭合的空间区域。其边界将整个空间划分为两个部分：包含无穷远点的部分称为外部，另一部分称为多边形内部。把这样的闭合区域称为多边形是由于区域的边界线同线实体一样，可以看作由一系列多而短的直线段组成，每个小线段作为这个区域的一条边，因此这种区域就可以看作由这些边组成的多边形。

矢量数据结构的特点是：定位明显、属性隐含。其定位是根据坐标直接存储的，而属性则一般存于文件头或数据结构中某些特定的位置上。这种特点使得其图形运算的算法总体上比栅格数据结构复杂得多，有些甚至难以实现。当然有些地方也有其便利和独到之处，如在计算长度、面积、形状和图形编辑、几何变换操作中，矢量结构有很高的效率和精度，而在叠加运算、邻域搜索等操作时则比较困难。

矢量数据最基本的获取方式就是利用各种定位仪器设备采集空间数据，例如，利用GNSS接收机、全站仪等可以快速测得空间任意一点的地理坐标。通常，利用这些设备得到的坐标是大地坐标(即经纬度数据)，需要经过投影方可被GIS使用。另外，对纸质地图用数字化仪跟踪扫描也可以获取矢量数据，这也是获取矢量数据的主要方式之一。除了这两种方式外，也可以通过间接手段获取矢量数据，例如，对栅格数据进行转换或对已有的矢量数据通过模型运算都可以生成矢量数据。

2)栅格数据结构的表示

栅格数据结构

栅格数据结构是以规则栅格阵列表示空间对象的数据结构，阵列中每个栅格单元上的数值表示空间对象的属性特征，即栅格阵列中每个单元的行列号确定位置，属性值表示空间对象的类型、等级等特征。每个栅格单元只能存在一个值，表达地理要素比较直观。

栅格数据结构是将空间分割成规则的格网，在各个格网上给出相应的属性值来表示地理实体的一种数据组织形式。

栅格数据结构表示的地表是不连续的，是量化和近似离散的数据。在栅格数据结构中，地理空间被分成相互邻接、规则排列的栅格单元，一个栅格单元对应于小块地理范围。在栅格数据结构中，点用一个栅格单元表示，如独立树、房屋等；线状地物则用沿线走向的一组相邻栅格单元表示，如河流等，每个栅格单元最多只有两个相邻单元在线上；面或区域用记有区域属性的相邻栅格单元的集合表示，如湖泊等，每个栅格单元可有多于两个的相邻单元同属一个区域，如图1-4所示。

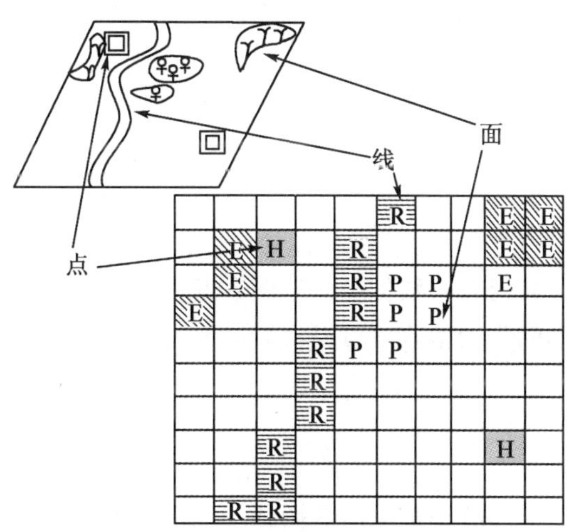

图1-4 实体在栅格数据结构中的表示

栅格数据结构的显著特点是：属性明显，定位隐含，即数据直接记录属性的指针或属性本身，而所在位置则根据行列号转换为相应的坐标给出，即定位是根据数据在数据集中的位置得到的。同时具有数据结构简单、数学模拟方便的优点。但也存在缺点：数据量大，难以建立实体间的拓扑关系，通过改变分辨率而减少数据量时精度和信息量同时受损等。

栅格结构的数据通过位置来表述空间实体。栅格数据的来源非常广泛，主要建立途径有以下四种方式。

(1)分类影像输入法。遥感是利用航空和航天技术实时动态地获取地表信息的重要手段，图像是遥感数据的主要表现形式，通过遥感手段获得的数字图像就是一种栅格数据。它是遥感传感器在某个特定的时间、对一个区域地面景象的辐射和反射能量的扫描抽样，并按不同的光谱段分光并量化后，以数字形式记录下来的栅格数据。

(2)扫描数字化法。扫描仪已经成为获取栅格数据的主要设备，它可以高精度、快速地获取栅格数据，其数据格式已经标准化。通过逐点扫描地图，将扫描数据重采样和再编码得到栅格数据文件。

(3)手工格网法。在专题地图上均匀划分格网，或在一张聚酯薄膜上均匀划分格网，而后叠置在地图上，逐个格网地确定其代码，最后形成栅格数字地图文件。

(4)数据结构转换法。通过运用矢量数据栅格化算法，把矢量数据转换为栅格数据。例如，利用数字化仪或屏幕跟踪数字化地图，得到矢量结构数据后，再转换为栅格结构。这种情况通常是为了方便 GIS 中的某些操作，如叠加分析等，或者是为了得到更好的输出效果。

1.2　任务二　空间数据源选择

GIS 数据源

GIS 的数据源是指建立地理信息系统数据库所需的各种类型数据的来源。GIS 的数据繁多，无论是原始采集数据，还是再生和交换获取的数据，从整体上来说主要分为图形图像数据和文字数据两大类，这些不同类型的数据可以通过不同渠道和方式获取。

1.2.1　数据源种类

GIS 数据源比较丰富，类型多种多样，通常可以根据数据获取方式或数据表现形式进行分类。根据数据获取方式可以将数据分为地图数据、遥感影像数据、实测数据、共享数据、统计数据。按照数据的表现形式还可以将数据分为数字数据、多媒体数据及文本资料数据。

1. 地图数据

各种类型的地图是目前 GIS 最常见的数据源。地图是地理数据的传统描述形式，是具有共同参考坐标系统的点、线、面的二维平面形式的表示，内容丰富，图上实体间的空间关系直观，而且实体的类别或属性可以用各种不同的符号加以识别和表示。不同种类的地图，其研究的对象不同，应用的部门、行业不同，所表达的内容也不同。主要包括普通地图和专题地图两类。普通地图是以相对平衡的详细程度表示地球表面上的自然地理和社会经济要素，主要表达居民地、交通网、水系、地貌、境界、土质和植被等。其中大比例尺地形图具有较高的几何精度，真实反映区域地理要素的特征。专题地图着重反映一种或少数几种专题要素，如地质、地貌、土壤、植被和土地利用等原始资料。通常以地图作为

GIS 数据源时可将地图内容分解为点、线和面三类基本要素，然后以特定的编码方式进行组织和管理。此外，地图是经过系列制图综合的产物，在 GIS 趋势分析、模式分析等方面具有非常重要的作用。

在应用地图数据时应注意以下几点：

(1)地图存储介质的缺陷。由于地图多为纸质，在不同的存放条件下存在不同程度的变形，具体应用时，须对其进行纠正。

(2)地图现势性较差。传统地图更新周期较长，造成现存地图的现势性不能完全满足实际需要。

(3)地图投影的转换。使用不同投影的地图数据进行交流前，须先进行地图投影的转换。

2. 遥感影像数据

遥感影像(航空、卫星)数据是 GIS 中一个极其重要的信息源(如图 1-5、图 1-6 所示)。通过遥感影像可以快速、准确地获得大面积的、综合的各种专题信息，航天遥感影像还可以取得周期性的资料，这些都为 GIS 提供了丰富的信息。每种遥感影像都有其自身的成像规律、变形规律，所以在应用时要注意影像的纠正、影像的分辨率、影像的解译特征等方面的问题。利用遥感技术获取的数据一般是栅格结构数据，主要用来提取画线数据及生成数字正射影像数据(DOM)和数字高程模型数据(DEM)。

图 1-5 卫星遥感影像局部

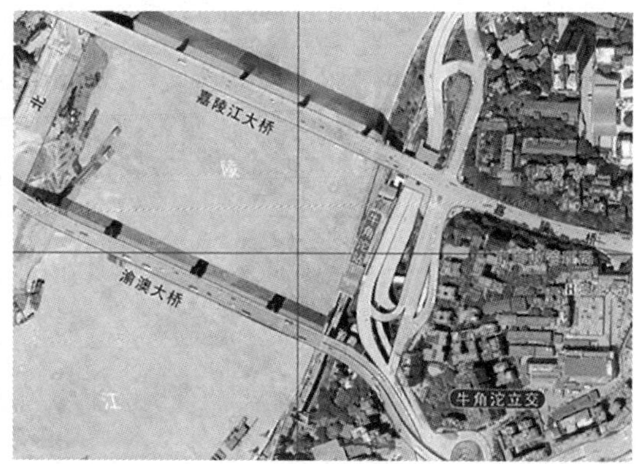

图 1-6 航空影像局部

3. 实测数据

实测数据主要指各种野外实验、实地测量所得数据，它们通过转换可直接进入 GIS 的空间数据库以用于实时分析和进一步应用。随着测绘仪器的更新和测绘技术、计算机的发展，传统的测绘技术方法逐渐被现代数据测绘技术方法所取代，各种测绘新技术可直接获得矢量数据，主要有 GNSS 的定位数据、全站仪实测数据、全数字摄影测量数据等。这些数据可以形成高精度的地形、地籍和其他专题电子地图，是 GIS 的一个很准确和现势的资料。

4. 共享数据

目前，随着各种专题图件的制作和各种 GIS 系统的建立，直接获取数字图形数据和属性数据的可能性越来越大。GIS 数据共享已成为地理信息系统技术的一个重要研究内容，已有数据的共享也成为 GIS 获取数据的重要来源之一。但对已有数据的采用需注意数据格式的转换和数据精度、可信度的问题。

5. 统计数据

许多部门和机构拥有不同领域如人口、自然资源、国民经济等方面的各种大量统计数据，这些常常也是 GIS 的数据源，尤其是属性数据的重要来源。统计数据一般是和一定范围内的统计单元或观测点联系在一起的，因此采集这些数据时，要注意包括研究对象的特征值、观测点的几何数据和统计资料的基本统计单元。当前，在很多部门和行业内，统计工作已经在很大程度上实现了信息化，除以传统的表格方式提供使用外，已建立起各种规模的数据库，数据的建立、传送、汇总已普遍使用计算机。各类统计数据可存储在属性数据库中与其他形式的数据一起参与分析。如表 1-1 所示，记录了不同地区不同月份的气温递减率。

表 1-1　**各地气温递减率(℃/100m)**

地区	测站	高度差(m)	1 月	4 月	7 月	10 月
天山南坡	阿克苏-阿合奇	883	0.03	0.57	0.59	0.31
天山北坡	乌鲁木齐-小渠子	1266	-0.40	0.50	0.74	0.40
祁连山北坡	玉门镇-玉门市	800	-0.03	0.49	0.50	0.26
贺兰山区	银川-贺兰山	1789	0.29	0.59	0.64	0.50

6. 数字数据

随着各种 GIS 系统的建立，直接获取数字图形数据和属性数据成为 GIS 信息源不可缺少的一部分。大数据时代的到来，对 GIS 也提出了诸多挑战，如海量、多源、异构数据的存储与管理等。作为空间数据管理、分析及可视化的重要工具，为适应大数据的需求，GIS 必须在大数据时代作出改变和调整。

7. 多媒体数据

多媒体数据(包括声音、图像、录像等)可以通过通信接口、数据文件、数据访问等方式传入 GIS 中，是属性数据的重要组成部分。通过多媒体数据与空间数据的关联，可以辅助 GIS 实现空间数据的采集、查询和分析。

例如，将公路的路况、临时建筑、桥涵、平交道口、广告牌、路政业务、养护数据、修建历史等图片和录像信息同步在电子地图上进行显示，可用于日常公路养护与管理工作。综合利用 GIS、数字图像处理/数字图像识别等技术，可以在 GIS 中实现基于视频图像的目标识别和跟踪，实现电子地图与视频图像的匹配与同步交互，实现基于视频图像的空间定位和空间量算等。

8. 兴趣点数据

兴趣点(Point of Information，POI)泛指一切可以抽象为点的地理对象，尤其是一些与人们生活密切相关的地理实体，如学校、银行、餐馆、加油站、医院、超市等。兴趣点的主要用途是对事物或事件的地址进行描述，以增强对事物或事件位置的描述能力和查询能力。一个兴趣点应该至少包含三个方面的信息：名称、类别和地理坐标。

兴趣点数据的准确性和实时性，对于基于位置服务(Location-Based Services，LBS)的可用性至关重要。由于城市建设快速发展，兴趣点也随着地形地貌、业务单位规划的变更而相应发生变化，这就要求兴趣点数据能进行持续丰富和更新。例如，利用手机电子地图的周边位置服务功能，可以获取手机位置周边的景点 POI 信息，并提供相应的服务。

9. 文本资料数据

文本资料是指各种行业、各部门的有关法律文档、行业规范、技术标准、条文条例等，如边界条约等，这些都属于 GIS 的数据。各种文字报告和立法文件在一些管理类的 GIS 系统中有很大的应用，如在城市规划管理信息系统中，各种城市管理法规及规划报告在规划管理工作中起着很大的作用。

在土地资源管理、灾害监测、水质和森林资源管理等专题信息系统中，各种文字说明资料对确定专题内容的属性特征起着重要的作用。在区域信息系统中，文字报告是区域综合研究不可缺少的参考资料。

1.2.2 数据源选择

地理信息系统可用的数据源多种多样，进行选择时，应注意从以下几个方面考虑：①是否能够满足系统功能的要求。②所选数据源是否已有使用经验。如果传统的数据源可用，就应避免使用其他的陌生数据源。一般情况下，当两种数据源的数据精度差别不大时，宜采用有使用经验的传统数据源。③系统成本。因为数据成本占 GIS 工程成本的 70%，甚至更多，所以数据源的选择对于系统整体的成本控制来说至关重要。

1.2.3 采集方法确定

根据所选数据源的特征，选择合适的采集方法。如图 1-7 所示，地图数据的采集通常采用扫描矢量化的方法；影像数据包括航空影像数据和卫星遥感影像两类，对于它们的采集与处理，已有完整的摄影测量、遥感图像处理的理论与方法；实测数据指各类野外测量所采集的数据，包括平板仪测量，一体化野外数字测图、空间定位测量(如 GNSS 测量)等；统计数据可采用扫描仪输入作为辅助性数据，也可直接用键盘输入；已有的数字化数据通常可通过相应的数据交换方法转换为当前系统可用的数据；多媒体数据通常也是以数据交换的形式进入系统；文本数据可用键盘直接输入。

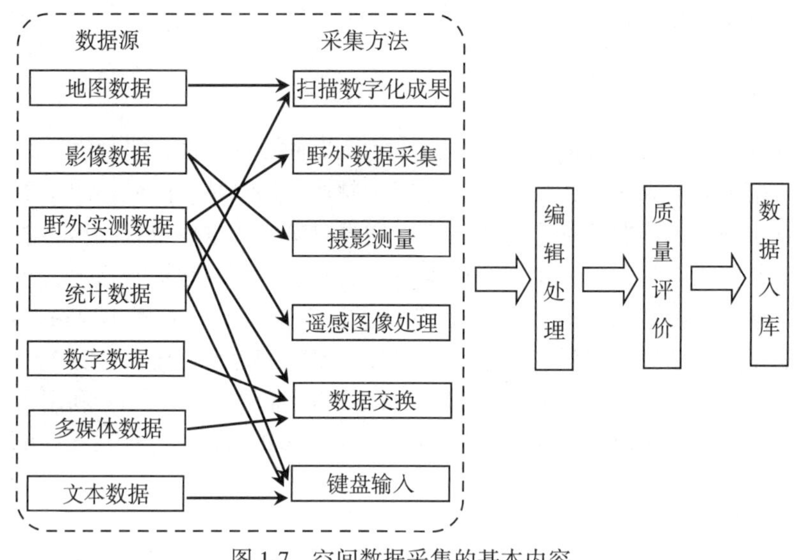

图1-7　空间数据采集的基本内容

1.3　任务三　空间数据采集

数据采集就是运用各种技术手段，通过各种渠道收集数据的过程。空间数据采集的方法主要包括野外数据采集、现有地图数字化、摄影测量方法、遥感图像处理、无人机测量方法等。

1.3.1　野外数据采集

野外数据采集是GIS数据采集的一个基础手段。对于大比例尺的城市地理信息系统而言，野外数据采集更是主要手段。通常有平板仪测量、全野外数字测图、空间定位测量、手持GIS数据采集等方法。

1. 平板仪测量

平板仪测量获取的是非数字化数据，虽然现在已不是GIS野外数据获取的主要手段，但由于它的成本低、技术容易掌握，少数部门和单位仍然在使用。平板仪测量包括小平板仪测量和大平板仪测量，测量的产品都是纸质地图。如图1-8所示，在传统的大比例尺地形图的生产过程中，一般在野外测量绘制铅笔草图，然后用小笔尖转绘在聚酯薄膜上，之后可以晒成蓝图提供给用户使用。如果要将测量结果变成数字化数据，可以在野外平板仪测量获得铅笔草图后，使用手扶跟踪数字化或扫描数字化，然后进行编辑、修改和符号化。

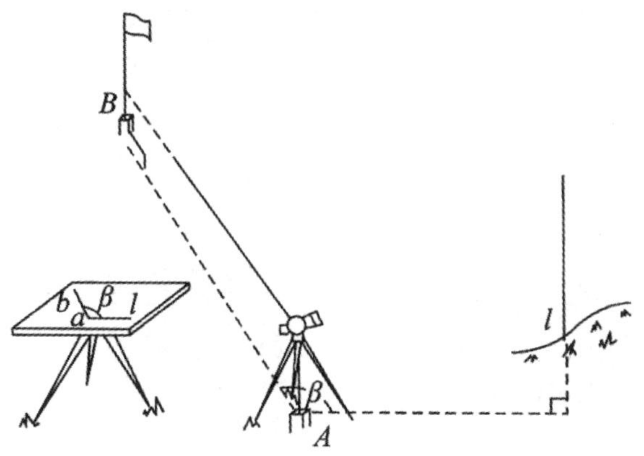

图 1-8 平板仪测量示意图

2. 全野外数字测图

全野外空间数据采集与成图分为三个阶段：数据采集、数据处理和地图数据输出。数据采集是在野外利用全站仪等仪器测量特征点，并计算其坐标，赋予代码，明确点的连接关系和符号化信息(如图 1-9 所示)。再经编辑、符号化、整饰等成图，通过绘图仪输出或直接存储成电子数据。数据采集和编码是计算机成图的基础，这一项工作主要在外业完成。内业进行数据的图形处理，在人机交互方式下进行图形编辑，进而生成地图。

图 1-9 全野外数字测图

3. 空间定位测量

空间定位测量就是利用人造卫星，向全球各地全天候地提供三维位置、三维速度等信息的一种无线电导航定位系统，是 GIS 空间数据的主要数据源。目前，常用的空间定位系统主要有美国的全球定位系统(GPS)，俄罗斯的格洛纳斯全球导航卫星系统(GLONASS)，欧洲的伽利略(GALILEO)卫星导航系统以及我国的北斗卫星导航系统(BDS)，如图 1-10 所示。卫星定位测量的基本原理是根据高速运动的卫星瞬间位置作为已知的起算数据，采用空间距离后方交会的方法，确定待测点的位置。北斗卫星导航系统运行必将给我国用户提供快速、高精度的定位服务，也必将给我国范围内 GIS 空间数据提供更丰富、高效的空间定位数据。

图 1-10　常用的空间定位系统

4. 手持 GIS 数据采集

手持 GIS 数据采集把移动 GIS 应用带到了一个全新的领域。它可进行数据采集、数据维护、数据更新等，如图 1-11 所示。手持 GIS 可以轻松地在树林、城市等任何我们所需要记录高精度 GIS 空间数据的地方，提供可靠的数据采集和数据维护功能。手持 GIS 数据采集具有以下两个特点：

1)数据格式标准化

采集数据可导出所有主流数据格式(如 *.shp，*.mif，*.dxf，*.csv)，直接与用户已有 GIS 平台对接，为数据的入库、管理、分析决策提供可靠依据，省去了繁琐的格式转换程序，有效地避免了因数据格式转换而产生的数据丢失和失真的风险。

2)数据采集专业化

点、线、面数据采集，优化采集器、属性库的操作流程，加强用户体验，强化易用性，更符合数据采集规范；快捷键采点设计，采点效率更好，操作更便捷。

1.3.2　地图数字化

地图数字化是指根据现有纸质地图，通过手扶跟踪或扫描矢量化的方法，生产出可在计算机上进行存储、处理和分析的数字化数据。

1. 手扶跟踪数字化

早期，地图数字化所采用的工具是手扶跟踪数字化仪，如图 1-12 所示。手扶跟踪数字化仪是利用电磁感应原理，当使用者在电磁感应板上移动游标到图件的指定位置，按动相应的按钮时，电磁感应板周围的多路开关等线路可以检测出最大信号的位置，从而得到该点的坐标值。利用手扶跟踪数字化仪可以输入点地物、线地物以及多边形边界的坐标。其具体的输入方式与 GIS 软件的实现有关。另外，有些 GIS 也支持用数字化仪输入非空间信息，如等高线的高程，地物的编码数值等。但由于这种方式数字化的速度比较慢，工作量大，自动化程度低，数字化精度与作业员的操作有很大关系，所以目前基本上不再采用。

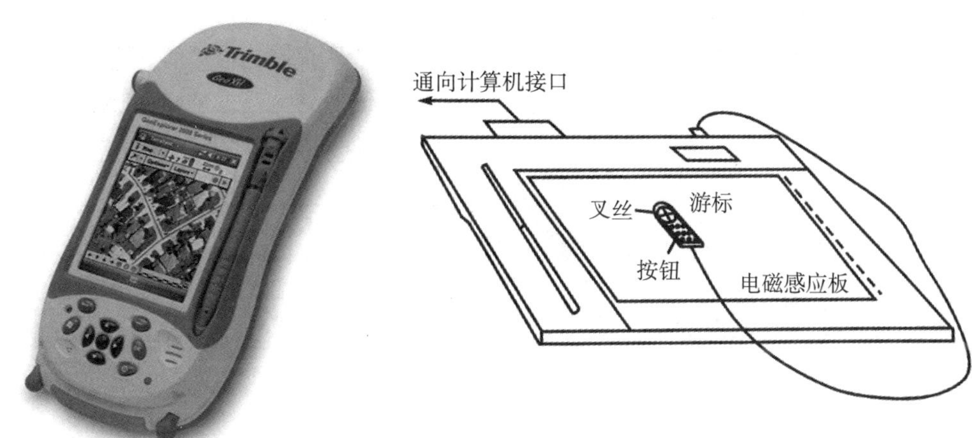

图 1-11 手持 GIS 数据采集系统终端

图 1-12 手扶跟踪数字化仪示意图

2. 扫描矢量化

目前，地图数字化一般采用扫描矢量化的方法。根据地图幅面大小，选择合适规格的扫描仪，对纸质地图扫描生成栅格图像。然后在经过几何纠正之后，即可进行矢量化。专用的扫描仪如图 1-13 所示。其工作流程为：扫描原始地图后会获得栅格文件，对经过校正等编辑的栅格文件进行矢量化得到矢量文件，最后经矢量编辑和格式转换入库到 GIS 系统中，如图 1-14 所示。

在扫描后处理中，需要进行栅格转矢量的运算，一般称为扫描矢量化过程。扫描矢量化过程通常有三种方法：①完全手工矢量化，这种方法与数字化仪的点方式基本一致，只是数字化仪在数字化面板上采点，而该方法是在计算机屏幕上采点；②交互跟踪矢量化，或者称为半自动矢量化，该方法首先要选择采集数据要素栅格的灰度阈值或者 RGB 色彩阈值，然后进行交互跟踪矢量化，这时计算机会根据设置的阈值自动进行跟踪矢量化，当计算机在模糊不清的地方无法跟踪时，操作者会给出提示；③完全自动矢量化，扫描图经过一系列的图像处理后，设置一定的条件矢量化可以自动进行。但是扫描地图中包含多种信息，系统难以自动识别、分辨，例如，在一幅地形图中，有等高线、道路、河流等多种线地物，尽管不同地物有不同的线型、颜色，但是对于计算机系统而言，仍然难以对它们进行自动区分，这使得完全自动矢量化的结果不那么“可靠”，除非扫描的质量非常好。所以在实际应用中，常常采用交互跟踪矢量化。

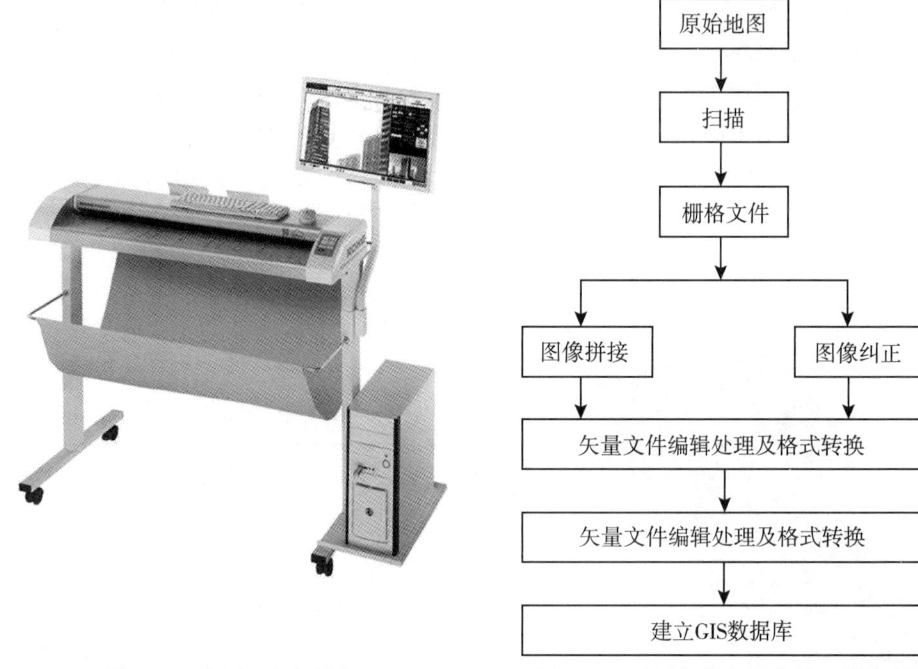

图1-13　专用工程扫描仪　　　　图1-14　地图扫描矢量化的工作流程

将栅格图像转换为矢量地图一般需要以下一系列步骤。

(1)图像二值。图像二值化用于从原始扫描图像计算得到黑白二值图像，通常将图像上的白色区域的栅格点赋值为0，而黑色区域的栅格点赋值为1，黑色区域对应了要矢量化提取的地物，又称为前景。

(2)平滑。图像平滑用于去除图像中的随机噪声，通常表现为斑点。

(3)细化。细化将一条线细化为只有一个像素宽，细化是矢量化过程中的重要步骤，也是矢量化的基础。

(4)链式编码。链式编码将细化后的图像转换成为点链的集合，其中每个点链对应一条弧段。

(5)矢量线提取。将每个点链转化成为一条矢量线。每条线由一系列点组成，点的数目取决于线的弯曲程度和要求的精度。

扫描矢量化能否快速完成，与扫描质量的好坏有关，与矢量化软件的程序算法有关。随着扫描技术、计算机技术、人工智能、神经网络技术的发展，扫描矢量化在半自动和全自动矢量化方面必将得到发展，地图矢量化将以扫描矢量化为主。

1.3.3　摄影测量方法

摄影测量技术在我国基本比例尺地形图生产过程中扮演了重要角色，我国绝大部分1：1万和1：5万基本比例尺地形图使用了摄影测量方法。随着数字摄影测量技术的推广，在GIS空间数据采集的过程中，摄影测量也起着越来越重要的作用。

1. 摄影测量原理

摄影测量包括航空摄影测量和地面摄影测量。地面摄影测量一般采用倾斜摄影或交向摄影，航空摄影一般采用垂直摄影。摄影机镜头中心垂直于聚焦平面(胶片平面)的连线称为相机的主轴线。航测上规定当主轴线与铅垂线方向的夹角小于3°时为垂直摄影。摄影测量通常采用立体摄影测量方法。采集某一地区空间数据，对同一地区同时摄取两张或多张重叠的像片，在室内的光学仪器上或计算机内恢复它们的摄影方位，重构地形表面，即把野外的地形表面搬到室内进行观测。航测上对立体覆盖的要求是当飞机沿一条航线飞行时相机拍摄的任意相邻两张像片的重叠度(航向重叠度)不少于55%~65%，在相邻航线上的两张相邻像片的旁向重叠度应保持在30%，如图1-15所示。

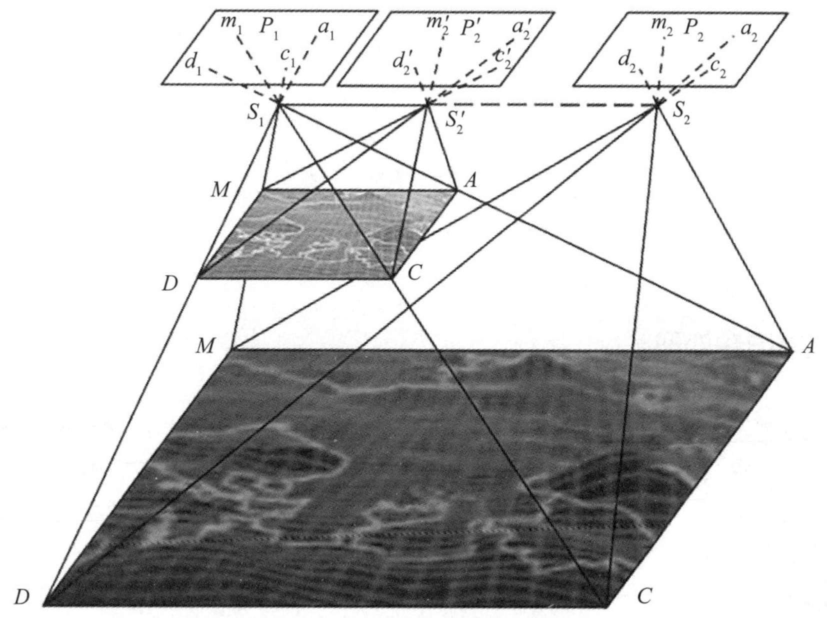

图1-15 立体摄影测量的原理

2. 数字摄影测量的数据处理流程

数字摄影测量一般指全数字摄影测量，它是基于数字影像与摄影测量的基本原理，应用计算机技术、数字影像处理、影像匹配、模式识别等多学科的理论与方法，提取所摄对象用数字方式表达的集合与物理信息的摄影测量方法。

数字摄影测量是摄影测量发展的全新阶段，与传统摄影测量不同的是，数字摄影测量所处理的原始影像是数字影像。数字摄影测量继承立体摄影测量和解析摄影测量的原理，同样需要内定向、相对定向和绝对定向。不同的是数字摄影测量直接在计算机内建立立体模型。由于数字摄影测量的影像已经完全实现了数字化，数据处理在计算机内进行，所以可以加入许多人工智能的算法，使它进行自动内定向、自动相对定向、半自动绝对定向。不仅如此，还可以进行自动相关、识别左右像片的同名点、自动获取数字高程模型，进而生产数字正射影像。还可以加入某些模式识别的功能，自动识别和提取数字影像上的地物目标，如图1-16所示。

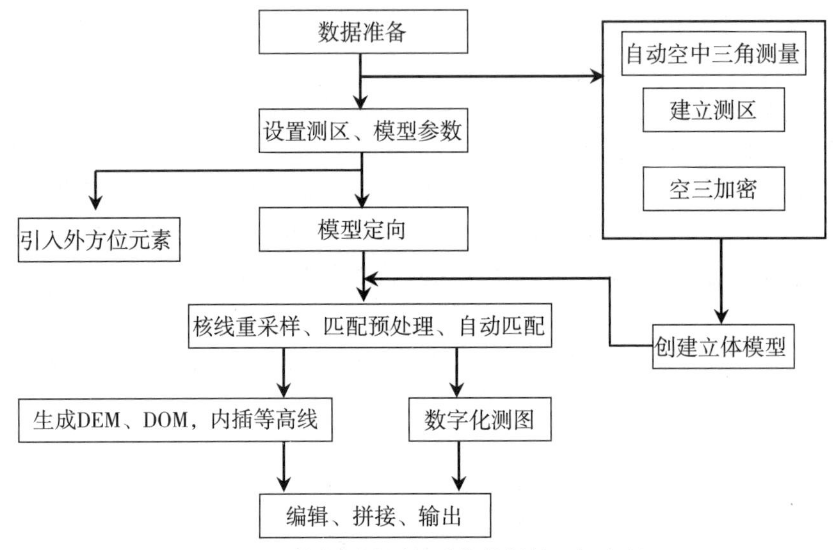

图1-16 数字摄影测量采集数据的一般流程

1.3.4 遥感图像处理

遥感是通过传感器这类对电磁波敏感的仪器，在远离目标和非接触目标物体条件下探测目标地物，获取其反射、辐射或散射的电磁波信息(如电场、磁场、电磁场、地震波等信息)，并进行提取、判定、加工处理、分析与应用的一门科学和技术。通常所称的遥感影像数据是指卫星遥感影像，其信息获取方式与航空像片不同。图1-17所示为遥感获取地球资源和环境信息的过程：地面接收太阳辐射，地表各类地物对其反射的特性各不相同，搭载在卫星上的传感器捕捉并记录这种信息，之后将数据传输回地面，从而获得数据。经过一系列处理过程，可得到满足GIS需求的数据。

遥感数据的处理与具体的数据类型(卫星影像、雷达影像)、存储介质等因素相关。基本处理流程如图1-18所示。

(1)观测数据的输入：采集的数据包括模拟数据和数字数据两种，为了把像片等模拟数据输入处理系统中，必须用胶片扫描仪等进行A/D变换。对数字数据来说，因为数据多记录在特殊的数字记录器(HDDT等)中，所以必须转换到一般的数字计算机都可以读出的CCT(Computer Compatible Tape)等通用载体上。

(2)再生、校正处理：对于进入处理系统的观测数据，首先，进行辐射量失真及几何畸变的校正，对于SAR的原始数据进行图像重建；其次，按照处理目的进行变换、分类，或者变换与分类结合的处理。

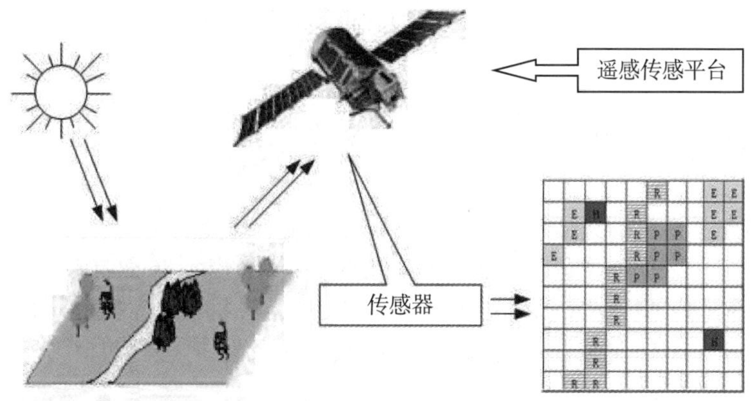

图 1-17 遥感数据采集过程

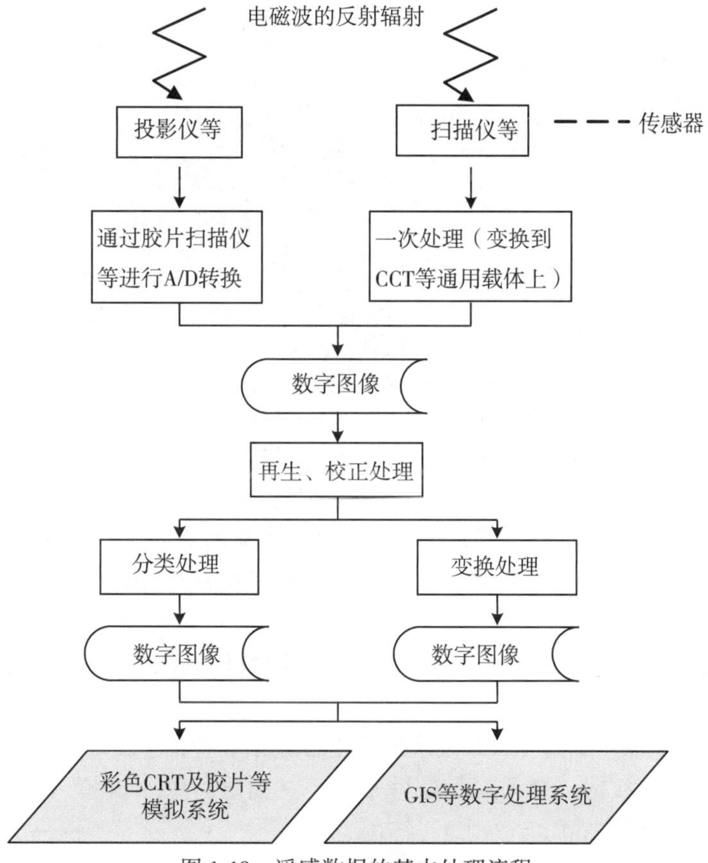

图 1-18 遥感数据的基本处理流程

(3)变换处理：意味着从某一空间投影到另一空间上，通常在这一过程中观测数据所含的一部分信息得到增强。因此，变换处理的结果多为增强的图像。

(4)分类处理：分类是以特征空间的分割为中心的处理，最终要确定图像数据与类别之间的对应关系。因此，分类处理的结果多为专题图的形式。

(5)处理结果的输出：处理结果可分为两种情况，一种是经 D/A 变换后作为模拟数据输出到显示装置及胶片上；另一种是作为地理信息系统等其他处理系统的输入数据而以数字数据输出。

1.3.5 无人机测量方法

无人机测绘具有机动灵活、高效快速、精细准确、作业成本低、适用范围广、生产周期短等特点，在小区域和飞行困难地区快速获取高分辨率影像方面具有明显优势。作为一种新的光栅数据的采集方法，无人机技术是卫星/载人飞机数据采集技术的有力补充，无人机可以获取中小型作业区域高质量的航拍影像，并可以把它们转换为所需的2D和3D成果，如图1-19所示。

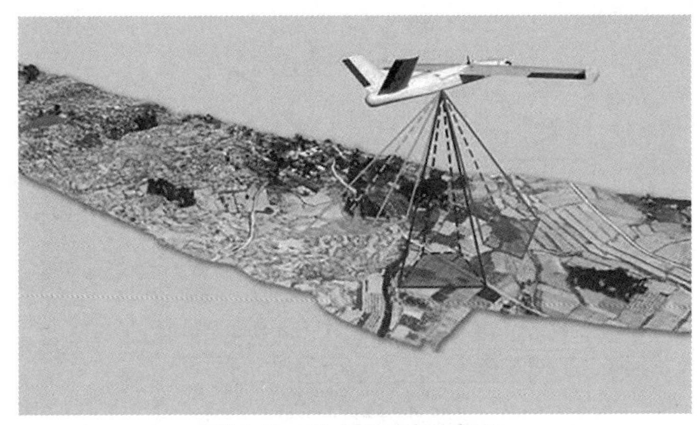

图1-19 无人机测绘示意图

无人机测绘前应根据测区的具体情况，确定航摄区域内最高点海拔、最低点海拔和区域平均海拔，以确定满足需要的飞行高度，规划无人机飞行航线，获取相关的无人机数据。无人机数据的获取主要包括无人机外业组进场、航测前准备、数据获取和航测后数据处理等工作，其间伴随严格的项目管理与监督和质量控制体系机制，具体流程如图1-20所示。具体可分为以下两个过程：

(1)生成光栅数据：制订飞行计划、起飞(影像数据获取)、影像下载与处理、生成DOM/DSM光栅数据。

(2)矢量数据提取：通过GNSS记录地理坐标数据、特征点提取、数字化、网络服务、点云等处理提取矢量数据，导入GIS软件平台，从而进行洪水模拟、项目规划、进展跟踪、特征识别等分析和决策。

无人机测绘技术已广泛应用于国家重大工程建设、灾害应急与处理、国土监察、资源开发、新农村和小城镇建设等方面，尤其在基础测绘、土地资源调查监测、土地利用动态监测、数字城市建设和应急救灾测绘数据获取等方面具有广阔前景。

1.3.6 互联网空间数据获取

随着计算机、卫星导航定位、移动终端和GIS等技术的发展，互联网上与空间位置相

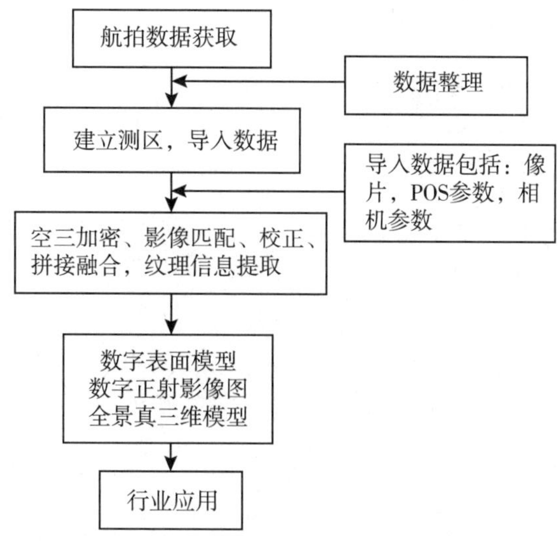

图 1-20 无人机数据获取流程

关的在线地图网站和社交网站迅速发展，存在海量的地理空间数据，基于互联网的空间数据获取技术和方法也随之发展起来。根据数据的内容特征，可以把互联网空间数据分为地理空间数据、地理标签数据和运动轨迹数据三类。

互联网获取的地理空间数据是指直接描述地理空间位置的数据，如电子地图数据、遥感影像数据和专题地图数据等。这些数据主要有三个来源：一是由官方测绘部门、相关专业机构、各种学术团体和相关网络社区等在互联网上公开的地理空间数据，如地震数据和城市空气质量数据等；二是由在线地图服务供应商以地图服务方式发布的地理空间数据，如谷歌地图、百度地图和"天地图"等发布的地图数据；三是以众包方式形成的地理数据，最典型的是公开地图(OpenStreetMap)，由用户基于手持卫星定位设备、航空摄影像片、卫星遥感影像、个人对有关区域的了解等绘制，如图 1-21 所示。

互联网获取的地理标签数据是指互联网用户发布的包含地理位置的文本、照片、视频、微博和日志等多媒体数据，通常包括地理标签文档、地理标签照片和地理标签微博等。地理标签数据主要来源于互联网用户使用嵌入了卫星定位芯片的笔记本电脑、平板电脑、手机、照相机等设备在互联网上发布的多媒体数据，其空间信息多以地址或经纬度方式描述。

互联网获取的运动轨迹数据是指互联网用户发布的各类物体在空间位置移动过程中所产生的连续位置数据，包括个体、群体等生物体，以及机动车、飞行器等机动设备运动产生的轨迹数据，其中最常见的是个人轨迹数据、浮动车轨迹数据和飞行器轨迹数据等。个人轨迹数据是互联网用户通过随身携带的卫星定位信息接收设备获得并上传的个人行程轨迹数据；浮动车轨迹数据来源于安装了车载卫星定位信息接收装置的公交车、出租车、私家车和公共自行车等各种车辆；飞行器轨迹数据主要来源于能够提供实时航班信息的互联网服务商。

互联网空间数据的获取方法主要有：①免费下载，科学界、政府机关和企业等会开放

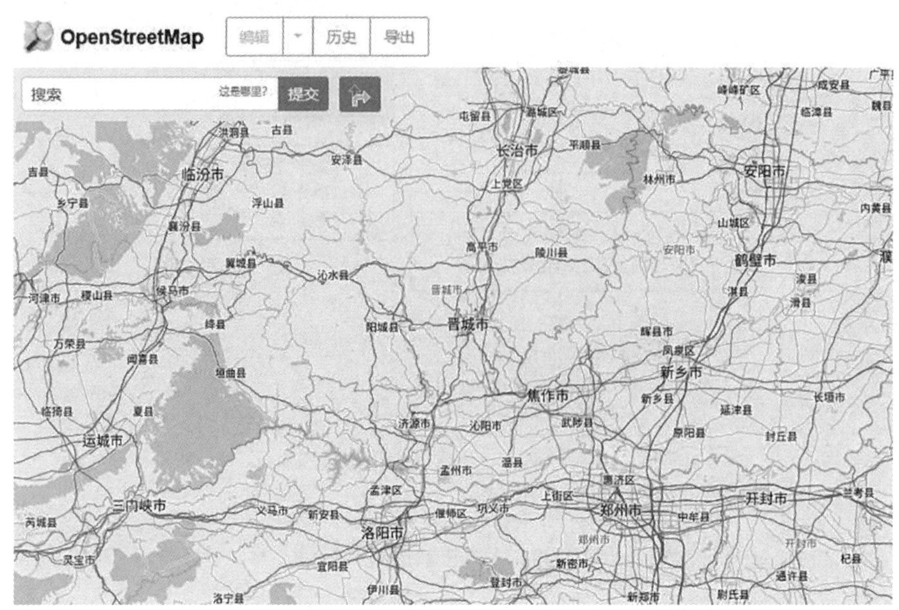

图1-21　互联网公开地图(OpenStreetMap)

一些经过挑选与许可的空间数据，这些数据不受著作权、专利权和管理机制等的限制，任何人都可以通过互联网免费下载；②付费购买，可以通过付费方式向互联网上的地理空间数据供应商购买，或者通过互联网上的大数据交易平台购买，通过购买方式得到的空间数据产品的精度和时效性等一般能得到较好的保证；③基于开放API获取，通过使用网站服务商提供的开放API接口获取地理空间数据，如Google、Facbook、Twiter、Flickr、百度、腾讯、新浪和“天地图”等网站都有与地理空间位置相关的开放API接口可以访问；④应用网络爬虫获取，通过设计对空间位置敏感的网络爬虫程序，自动登录互联网上各类网站的网页，发现并获取与空间位置相关的数据。

互联网空间数据无序分布在互联网空间中，具有类型多样、来源广泛、信息内容丰富、空间基准不同、语义描述不一致、现势性差别大、结构化与非结构化并存、数据质量参差不齐和可信度难以确认等特点。GIS应用互联网空间数据的过程中，要充分考虑上述特点，才能更好地发挥其效益。

1.3.7　物联网空间数据获取

物联网空间数据获取是指通过连接物联网的二维码识读设备、射频识别装置、红外感应器、激光扫描器等信息传感设备，获取设备的空间位置及其所采集信息的过程。

物联网是在互联网概念的基础上，将其用户端延伸和扩展到任何物品(如设备和设施等)，实现任何物品之间信息互联互通的一种网络概念。物联网主要通过射频识别、红外感应器、全球定位系统和激光扫描器等传感设备进行信息的采集，然后通过互联网等通信网络进行信息的传输、交换和控制。所以，可以把物联网简单地理解为传感器与互联网的连接与应用。物联网传感器数据的时空管理与应用需求催生了基于物联网的空间数据获取技术和方法。

基于物联网获取空间数据，是为了使得 GIS 能够实时或近实时地获得物联网上传感器的空间位置及其所采集的信息，并通过对传感器采集的数据进行统一存储管理、快速检索查询和综合时空分析，实现物联网传感器设备及其所采集数据在 GIS 中统一定位、统一显示、实时分析和高效管理。

物联网架构由感知层、网络层和应用层构成。感知层由传感器组成，实现各种信息的采集；网络层一般包括互联网、无线网络和数据中心等，实现对传感器采集的信息的连接、传输和存储，是感知层和应用层的中间环节；应用层则对网络层所存储的数据进行实际应用。物联网依靠感知层的传感器采集物品的信息(如物品的名称、规格、产地、生产日期等)和传感器周围环境的信息(如温度、湿度、加速度、气压、流量、图像、声音、视频等)。所以，物联网空间数据的类型多种多样。传感器类型多，使得数据的来源广泛、内容多样、格式不同、数据结构差异大；传感器实时或近实时地按一定频率持续获取数据，使得数据量庞大且增长快速；传感器的指标不同，使得采集的数据不仅在精确性上存在差异，而且在语义上也存在差异。

物联网空间数据的获取一般通过连接物联网的网络层来实现。GIS 将物联网中的终端、设施或传感器建模为具有一定感知能力或自主行为的地理对象，通过连接网络层，将这些终端、传感器"接入"GIS，与表征它们的地理对象建立映射；根据使用需要，GIS 对不同类型的终端、传感器的数据接口进行读取和解译，从而获得它们的时空位置，以及所采集的信息。接入 GIS 中的各类传感器源源不断地获得来自现实世界的真实信息，使得 GIS 更加"鲜活"，物联网数据为 GIS 与现实世界的联动提供了重要的实时数据源；同时，GIS 可以通过操作映射在其中的地理对象作用于对应的实体终端，对物联网进行监控、分析和优化，为管理物联网提供了一种新途径。

物联网数据获取主要包括实时数据获取、定期数据获取和按需数据获取等三种方式。实时数据获取，即不间断地获取传感器的数据；定期数据获取，即按一定的时间频率获取传感器的数据；按需数据获取，即在需要时才获取传感器的数据。因为物联网空间数据体量其巨大、内容复杂异构，所以需要特别关注数据的存储与管理问题；物联网空间数据在内容上、空间上、时间上具有关联性，因此需要进行数据的集成与整合处理。

1.4 任务四 属性数据采集

属性数据即空间实体的特征数据，一般包括名称、等级、数量、代码等多种形式。属性数据是空间数据的重要组成部分，是地理信息系统进行应用分析的核心对象，如何采集、整理、录入属性数据是数据采集过程中必不可少的内容。

1.4.1 属性数据的来源

属性数据采集

属性数据获取的方法多种多样，主要有摄影测量与遥感影像判读获取、实地调查或研讨、数据通信方式获取和其他系统属性数据共享四种方法。

《国家资源与环境信息系统规范》在“专业数据分类和数据项目建议总表”中，将数据分为社会环境、自然环境和资源与能源三大类共 14 小项，并规定了每项数据的内容及基本数据来源。

1. 社会环境数据

社会环境数据包括城市与人口、交通网、行政区划、地名、文化和通信设施五类。这几类数据可从人口普查办公室、外交部、民政部、自然资源部，以及林业、文化、教育、卫生、邮政等相关部门获取。

2. 自然环境数据

自然环境数据包括地形数据、海岸及海域数据、水系及流域数据、基础地质数据四类。这些数据可以从自然资源部、水利部以及地质、矿产、地震、石油等相关部门获取。

3. 资源与能源数据

资源与能源数据包括土地资源相关数据、气候和水热资源相关数据、生物资源相关数据、矿产资源相关数据、海洋资源相关数据五类。这几类数据可从中国科学院、自然资源部及农、林、气象、水电、海洋等相关部门获取。

1.4.2　属性数据的分类

属性数据作为空间数据的组成部分，是对地理实体空间特征之外的目标特性的详细描述，根据其性质可分为定性属性、定量属性和时间属性。

1. 定性属性

定性属性是描述实体性质的属性，用来描述要素的分类或对要素进行标名。例如，建筑物结构、植被种类、道路等级等属性。

2. 定量属性

定量属性是量化实体某一方面量的属性，用来说明要素的性质、特征或强度。例如，质量、重量、年龄、道路宽度等属性。

3. 时间属性

时间属性是描述实体时态性质的属性。注：次属性也可单独作为描述空间实体的一个方面，如空间数据可分为几何数据、属性数据、时态数据。

我国《基础地理信息要素分类与代码》(GB/T 13923—2022)用以标识数字形式的基础地理信息要素类型。在原有 9 个大类(测量控制点、水系、居民地、交通、管线与垣栅、境界、地形与土质、植被和其他类)的基础上进行了优化，新的标准依据要素类型从属关系依次划分为大类、中类、小类、子类四级，确定了定位基础、水系、居民地及设施、交通、管线、境界与政区、地貌、土质与植被 8 个大类，在各大类基础上划分出共计 46 个中类，再依次向下划分出小类、子类，如表 1-2 所示。

表 1-2 基础地理信息要素分类(大类、中类)

序号	要素大类	要素中类
1	定位基础	测量控制点 数学基础
2	水系	河流 沟渠 湖泊 水库 航洋要素 其他水系要素 水利及附属设施
3	居民地及设施	居民地 工矿及其设施 公共服务及其设施 名胜古迹 宗教设施 科学观测站 其他建筑物及其设施
4	交通	铁路 城际公路 城市道路 乡村道路 道路构造物及附属设施 水运设施 航道 空运设施 其他交通设施
5	管线	输电线 通信线 油、气、水输送主管道 城市管线
6	境界与政区	国外地区 国家行政区 省级行政区 地级行政区 县级行政区 乡级行政区 其他区域

续表

序号	要素大类	要素中类
7	地貌	等高线 高程注记点 水域等值线 水下注记点 自然地貌 人工地貌
8	植被与土质	农林用地 城市绿地 土质

1.4.3 属性数据的编码

属性数据的编码就是确定属性数据的代码，将各种属性数据变为计算机可以接收的数字或字符形式，便于GIS存储管理。代码是一个或一组有序的易于被计算机或人识别与处理的符号，是计算机鉴别和查找信息的主要依据和手段。编码的直接产物就是代码，而分类分级则是编码的基础。

1. 编码原则

属性数据编码一般要基于以下几个原则。

(1)编码的系统性和科学性。编码系统在逻辑上必须满足所涉及学科的科学分类方法，以体现该类属性本身的自然系统性；另外，还要能反映出同一类型中不同的级别特点。一个编码系统能否有效运作，其核心问题就在于此。

(2)编码的一致性和唯一性。一致性是指对象的专业名词，术语的定义等必须严格保证一致，对代码所定义的同一专业名词、术语必须是唯一的。

(3)编码的标准化和通用性。为满足未来有效的信息传输和交流，所制定的编码系统必须在有可能的条件下实现标准化。

(4)编码的简洁性。在满足国家标准的前提下，每一种编码应该是以最小的数据量负载最大的信息量，这样既便于计算机存储和处理，又具有相当的可读性。

(5)编码的可扩展性。虽然代码的码位一般要求紧凑经济、减少冗余代码，但应考虑到实际使用时往往会出现新的类型需要加入编码系统中，因此编码的设置应留有扩展的余地，避免新对象的出现而使原编码系统失效，造成编码错乱现象。

2. 编码内容

属性编码一般包括以下三个方面的内容。

(1)登记部分：用来标识属性数据的序号，可以是简单地连续编号，也可划分不同层次进行顺序编码。

(2)分类部分：用来标识属性的地理特征，可采用多位代码反映多种特征。

(3)控制部分：用来通过一定的查错算法，检查在编码、录入和传输中的错误，在属性数据量较大的情况下具有重要意义。

3. 编码方法

编码的一般方法步骤如下：

(1)列出全部制图对象清单。

(2)制定对象分类、分级原则和指标，将制图对象进行分类、分级。

(3)拟定分类代码系统。

(4)代码及其格式。设定代码使用的字符和数字、码位长度、码位分配等。

(5)建立代码和编码对象的对照表。这是编码最终成果档案，是数据输入计算机进行编码的依据。

属性的科学分类体系无疑是 GIS 中属性编码的基础。目前，较为常用的编码方法有层次分类编码法与多源分类编码法两种基本类型。

1)层次分类编码法

空间数据的分类是根据系统的功能以及相应的国际、国家和行业空间信息分类规范和标准，将具有不同空间特征和语义的空间要素区别开来的过程，是为了在空间数据的逻辑结构上将数据组织为不同的信息层，标识空间要素的类别。空间数据一般采用线分类法对空间实体进行分类，即将分类对象按选定的空间特征和语义信息作为分类划分的基础，逐次地分成相应的若干个层级的类目，并排列成一个有层次的、逐级展开的分类体系。同级类之间是并列关系，下级类与上级类存在隶属关系，同级类不重复、不交叉，从而将地理空间的空间实体组织为一个层级树，因此也称作层级分类法。

层次分类编码法是按照分类对象的从属和层次关系为排列顺序的一种代码，它的优点是能明确表示出分类对象的类别，代码结构有严格的隶属关系。目前我国已有的关于空间数据分类的国家标准如下。

国家基础 GIS 地形数据库境界和居民地要素执行国家标准《中华人民共和国行政区划代码》(GB/T 2260—2007)，并根据需要扩充了部分代码。代码的结构如图 1-22 所示。

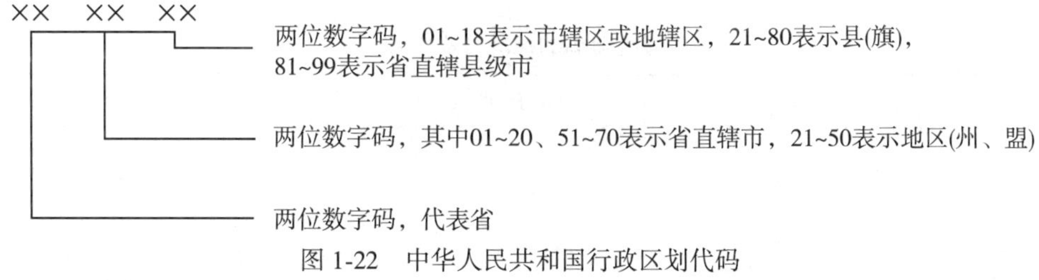

图 1-22　中华人民共和国行政区划代码

国家基础 GIS 地形数据库数据分类编码执行国家标准《基础地理信息要素分类与代码》(GB/T 13923—2022)，分类代码采用 6 位十进制数字码，分别为按数字顺序排列的大类、中类、小类和子类码，具体代码结构如图 1-23 所示。

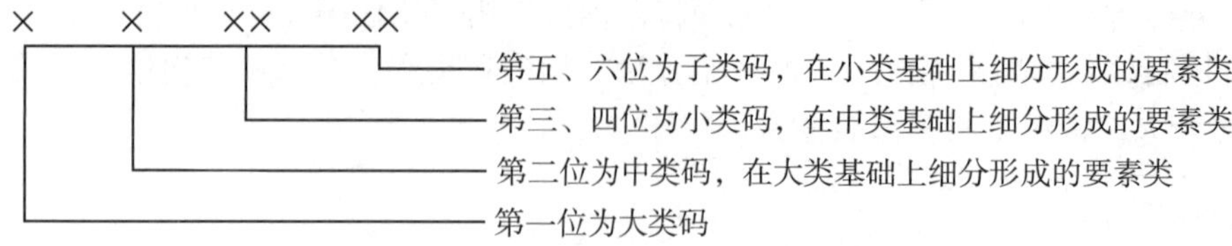

图 1-23　基础地理信息要素分类与代码

空间数据的分类体系是设计数据标准的前提，而分类体系应考虑专业领域专家的意见，并根据 GIS 的要求来制定，尽可能反映分类的合理性。图 1-24 以第八大类植被与土质的编码为例，说明层次分类编码法所构成的编码体系。

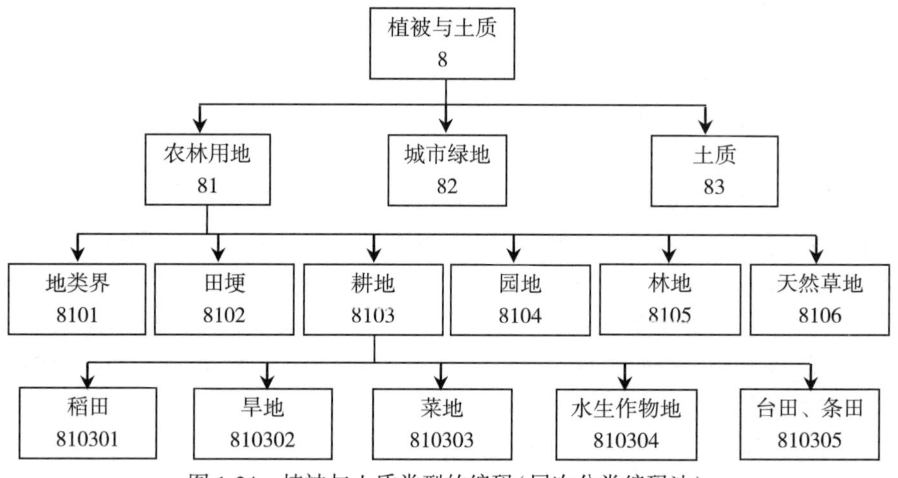

图 1-24　植被与土质类型的编码(层次分类编码法)

2) 多源分类编码法

多源分类编码法又称独立分类编码法，是指对于一个特定的分类目标，根据诸多不同的分类依据分别进行编码，各位数字代码之间并没有隶属关系。表 1-3 以河流为例说明了属性数据多源分类编码法的编码方法。

表 1-3　**河流编码的标准分类方案**

通航情况	流水季节	河流长度	河流宽度	河流深度
通航：　1 不通航：2	常年河：1 时令河：2 消失河：3	<1km：1 <2km：2 <5km：3 <10km　4 >10km　5	<1m：　1 1~2m：　2 2~5m：　3 5~20m：4 20~50m：5 >50m：　6	5~10m：　1 10~20m：　2 20~30m：　3 30~60m：　4 60~120m：5 120~300m：6 300~500m：7 >500m：　8

例如，表 1-3 中常年河，通航，河床形状为树形，主流长 7km，宽 25m，平均深度为

50m，在表中表示为：11454。由此可见，该种编码方法一般具有较大的信息载量。有利于对于空间信息的综合分析。

在实际工作中，也往往将以上两种编码方法结合使用，以达到更理想的效果。

1.5　案例一　A 级景区空间数据获取

1.5.1　案例场景

空间数据获取是 GIS 应用必须面对的首要工作。当前，空间数据的类型和来源非常多，各类数据的获取方法迥异，本案例以河南省为例，重点讲述与 A 级景区相关的多源空间数据的获取方法。

A 级景区相关的数据有哪些？不同类型的空间数据获取方法相同吗？获取的空间数据成果如何组织？这些问题都需要在数据获取工作过程中一一面对。

本案例以“A 级景区空间数据获取”为应用场景，获取与 A 级景区相关的空间数据和属性数据。其中，空间数据中的矢量数据包括行政区划数据、道路交通数据、河流水系数据、地级行政中心数据等，栅格数据包括标准地图数据和 DEM 数据；属性数据主要包括社会经济等统计数据，选取各要素数据的科学获取方法，形成 A 级景区空间数据成果。

1.5.2　目标与内容

1. 目标与要求

(1)能获取 A 级景区名录数据，并将其转换为点要素。

(2)能获取中国行政区划数据，提取出省级行政区划数据。

(3)能获取标准地图栅格数据，并进行地理配准及矢量化操作。

(4)能获取 DEM 数据和社会经济属性数据。

2. 案例内容

(1)A 级旅游景区数据获取。

(2)行政区划数据获取。

(3)基础要素数据获取。

(4)DEM 数据获取。

(5)社会经济数据获取。

1.5.3　数据与思路

1. 案例数据

本案例重点讲述空间数据的获取方法，学习者可按照本案例的方法自行获取数据。为了便于大家实践操作，提供案例数据如表 1-4 所示，数据存放在“data1”文件夹中。

表 1-4　　案例数据明细

数据名称	类型	描述
河南省 A 级景区 . xls	Excel 表格文件	A 级景区名录数据
河南省行政区 . shp	Shapefile 面要素	河南省行政区矢量数据
河南省标准地图-基础要素版 . jpg	Jpg 栅格数据	标准地图栅格数据
地理配准参考坐标 . xls	Excel 表格文件	用于地理配准的参考坐标
srtm_59_05. img 等 4 景数据	DEM 栅格数据	用于表示地形的 DEM 栅格数据
河南省社会经济数据 . xls	Excel 表格文件	用于表示社会经济发展的属性数据

2. 思路方法

(1)了解 A 级景区相关的空间数据，针对不同的空间数据类型选取合适的空间数据获取方法。

(2)通过文化和旅游厅等网站获取 A 级景区名录数据，并得到对应的经纬度坐标数据，将其转换为点要素数据。

(3)通过资源环境科学与数据中心获取中国行政区划数据，提取出省级行政区划数据。

(4)通过“天地图”获取标准地图栅格数据，进行地理配准，对道路、河流等基础要素数据通过矢量化方法获取。

(5)通过地理空间数据云网站获取 DEM 数据。

(6)从统计局网站的统计年鉴中获取社会经济数据。

1.5.4　过程与步骤

1. A 级旅游景区数据获取

1)A 级景区名录数据获取

河南省 A 级旅游景区名录从河南省文化和旅游厅官网上(https://hct. henan. gov. cn)下载。截至 2020 年底，河南省共有 580 家 A 级旅游景区。

2)A 级景区地理位置数据获取

地理位置数据可以通过百度地图拾取器进行，但当数据量较大时，逐一拾取比较费时，可借助 Map Location 批量转换地址为经纬度网站(https://maplocation. sjfkai. com)完成转换。如图 1-25 所示，将 A 级景区名录数据复制到【在下面输入地址，每个地址占一行】中，【选择平台】选择“Baidu”，点击【转换】按钮，转换完成后，将【坐标系】选择为 WGS-84 坐标，点击【下载】按钮，得到河南省 A 级景区的地理位置数据。将所有转换的坐标文件保存为 Excel 97-2003 工作簿(＊. xls)格式，如河南省 A 级景区 . xls，如表 1-5

所示。

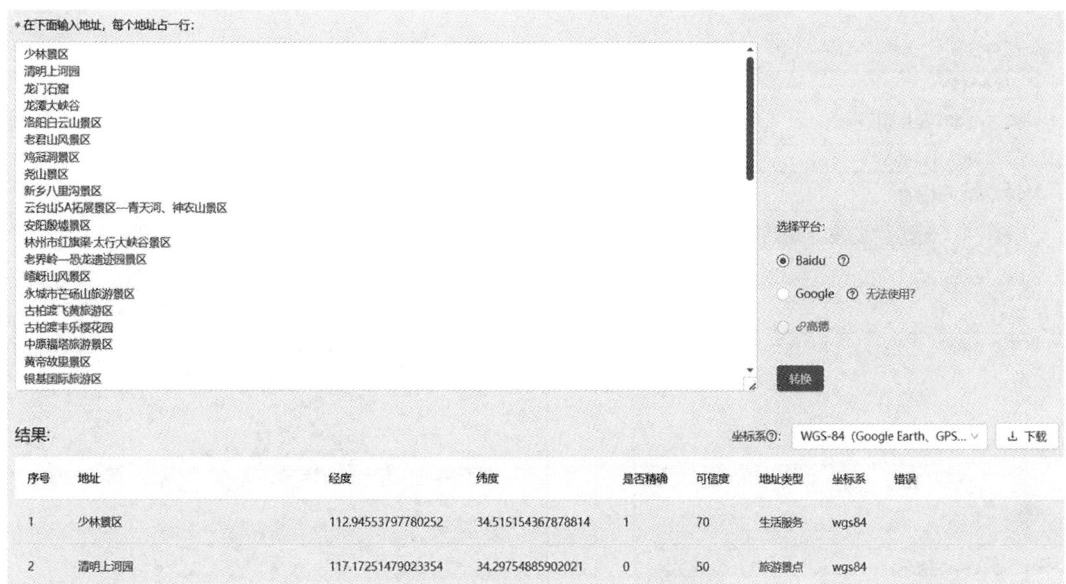

图 1-25　A 级景区地理位置数据获取

表 1-5　**河南省 A 级景区经纬度坐标示例**

序号	景区名称	星级	经度(°)	纬度(°)
1	少林景区	5A	112.946	34.515
2	郑州黄河文化公园	4A	113.507	34.955
3	汴梁小宋城	3A	114.305	34.803
4	山陕甘会馆	2A	114.347	34.798
……	……	……	……	……

3) A 级景区经纬度表格文件转点数据

启动 ArcMap 软件，打开菜单栏【文件】→【添加数据】→【添加 XY 数据】对话框，如图 1-26 所示。点击【文件夹】图标，在弹出的添加对话框中，点击【连接到文件夹】图标定位到文件存储目录，【从地图中选择一个表或浏览到另一个表】选择河南省 A 级景区表格文件的 Sheet1 $ 标签，【X 字段(X)】选择“经度”，【Y 字段(Y)】选择“纬度”，【Z 字段(Z)】选择“无”，点击【确定】，得到河南省 A 级景区事件数据，如图 1-27 所示。注意：如果有部分点数据位置错误，可查找该景点的具体省市区街道等详细位置，按照上述 2) 步骤重新获取。

右击【内容列表】窗口下的 Sheet1 $ 个事件，选择【打开属性表】，可以查看河南省 A 级景区的相关属性信息，如图 1-28 所示。

添加 XY 数据

包含 X 和 Y 坐标的表可以图层形式添加到地图中

从地图中选择一个表或浏览到另一个表:

Sheet1$

指定 X、Y 和 Z 坐标字段:

X 字段(X): 经度

Y 字段(Y): 纬度

Z 字段(Z): <无>

输入坐标的坐标系

描述:

未知坐标系

☐显示详细信息(D)　编辑(E)...

☑结果图层的功能将会受到限制时向我发出警告(W)

关于添加 XY 数据　确定　取消

图 1-26　【添加 XY 数据】对话框

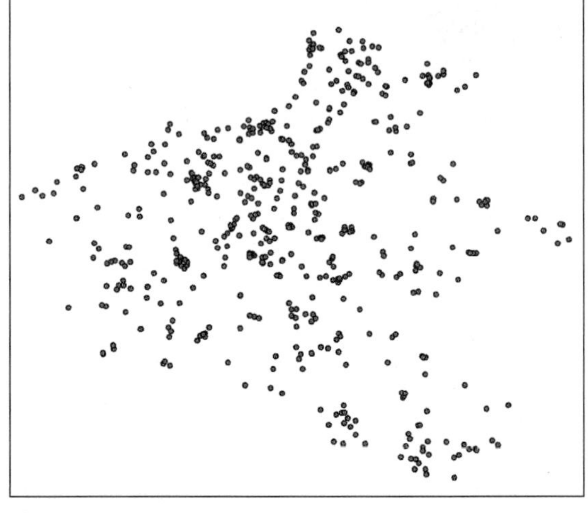

图 1-27　河南省 A 级景区

表

Sheet1$ 个事件

序号	景区名称	星级	经度	纬度	形状 *
1	少林景区	5A	112.945538	34.515154	点
2	清明上河园	5A	114.334707	34.809957	点
3	龙门石窟	5A	112.471296	34.559913	点
4	龙潭大峡谷	5A	111.987845	34.961491	点
5	洛阳白云山景区	5A	111.387032	33.911008	点
6	老君山风景区	5A	111.640908	33.758333	点
7	鸡冠洞景区	5A	111.564712	33.78494	点
8	尧山景区	5A	112.295419	33.730477	点
9	新乡八里沟景区	5A	113.79887	35.191382	点
10	云台山5A拓展景区—青天河、神农山	5A	112.810667	35.212984	点
11	安阳殷墟景区	5A	114.464412	36.082255	点
12	林州市红旗渠・太行大峡谷景区	5A	113.698701	36.159192	点
13	老界岭—恐龙遗迹园景区	5A	111.680547	33.232151	点
14	嵖岈山风景区	5A	113.724067	33.131458	点
15	永城市芒砀山旅游景区	5A	116.506036	34.170773	点
16	古柏渡飞黄旅游区	4A	113.231696	34.890385	点
17	古柏渡丰乐樱花园	4A	113.229257	34.879608	点
18	中原福塔旅游景区	4A	113.60696	34.749592	点

1　(0 / 580 已选择)

Sheet1$ 个事件

图 1-28　河南省 A 级景区属性信息

右击【内容列表】窗口下的 Sheet1 $ 个事件，选择【数据】→【导出数据】，显示【导出数据】对话框，如图 1-29 所示。【导出】选择“所有要素”，【使用与以下选项相同的坐标系】选择“此图层的源数据”，【输出要素类】选择【浏览】图标，打开【保存数据】对话框，如图 1-30 所示，【查找范围】定位到“data1”文件夹，【名称】保存为河南省 A 级景区，【保存类型】选择"Shapefile"，点击【保存】，再点击导出数据对话框的【确定】按钮，在弹出的消息对话框【是否要将导出的数据添加到地图图层中】，选择【是】按钮，完成数据的导出操作。从而实现了河南省 A 级景区表格数据到事件数据，再到 ArcGIS 点要素数据的转换。

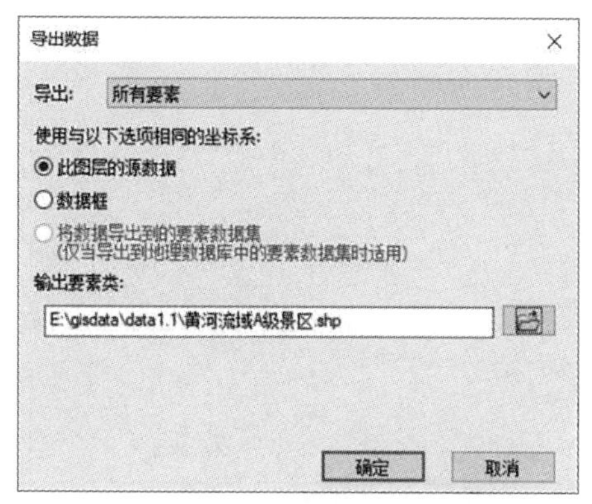

图 1-29 【导出数据】对话框

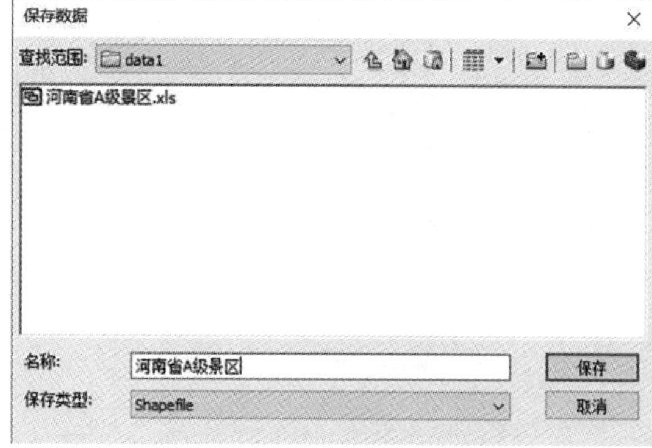

图 1-30 【保存数据】对话框

2. 行政区划数据获取

1)下载中国行政区划数据

从自然资源部全国地理信息资源目录服务系统网站(https://www.webmap.cn)的 1∶100万基础地理数据库或资源环境科学与数据中心(https://www.resdc.cn)获取。这里以从资源环境科学与数据中心获取为例介绍行政区划数据获取方法，打开该网站，注册账号后登录，从网站左侧选择【中国行政区划数据】→【中国多年度地市行政区划边界数据】，下载 2022 年地市边界数据。

2)提取河南省行政区划数据

在 ArcMap 中，点击工具条上的【添加数据】按钮，添加"shi2022"文件，将中国行政区划数据加载到数据视图窗口中。打开属性表，【表选项】→【按属性选择】，在弹出的【按属性选择】对话框中，输入"省" ='河南省'，如图 1-31 所示，选中所有河南省的地市(图 1-32)，将所选要素导出即可得到河南省行政区划数据。

3. 基础要素数据获取

基础要素数据主要包括道路、河流等数据，这里采用地图矢量化方法，以高速公路为例，详细介绍通过地理配准、创建要素、矢量化等操作完成基础要素数据获取的方法。

1)地理配准

登录"天地图·河南"网站，下载 2021 年"河南省标准地图-基础要素版 .jpg"数据，并将其加载到 ArcMap 中。

打开菜单栏【自定义】→【工具条】→【地理配准】工具条，如图 1-33 所示。首先，取消【地理配准】工具条下的【自动校正】的勾选；其次，使用【添加控制点】工具，进行配准，以濮阳市、三门峡市、信阳市和商丘市中心为配准点，其坐标如表 1-6 所示。点击某一点后，右击任意位置，选择【输入 X 和 Y】，依次将 WGS-84 坐标输入，如图 1-34 所示。

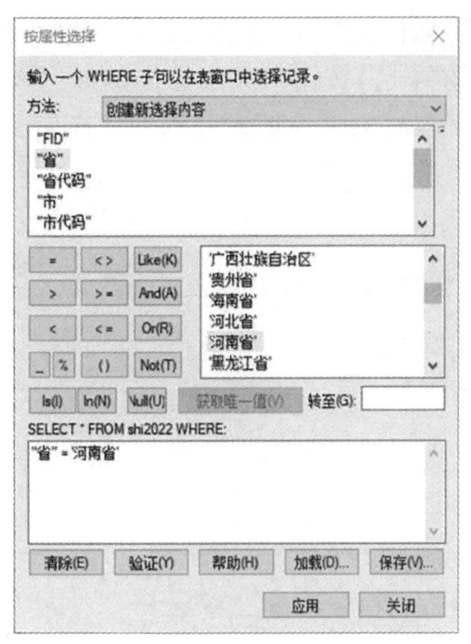

图 1-31　【按属性选择】对话框

图 1-32　河南省地市被选中

图 1-33　【地理配准】工具条

表 1-6　　配准点坐标

序号	名称	经度(°)	纬度(°)
1	濮阳市	115.02311	35.76190
2	三门峡市	111.19401	34.77349
3	信阳市	114.08511	32.14894
4	商丘市	115.65049	34.41547

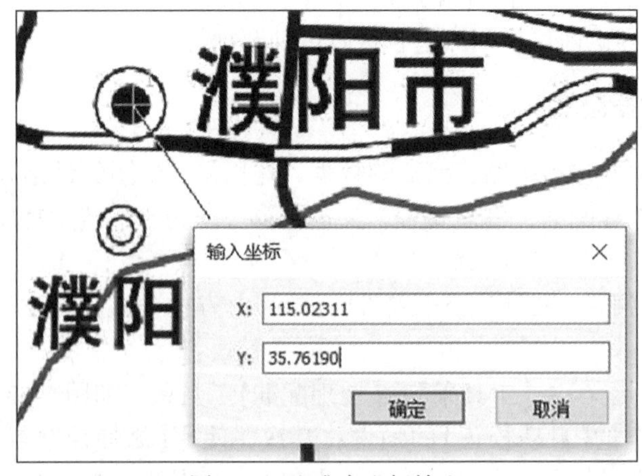

图 1-34　配准点坐标输入

点击工具条中【查看链接表】按钮，打开【链接】对话框，表中列出了从像素坐标系(原始 X 源、Y 源)到 WGS-84 坐标系(目标 X 地图、Y 地图)的控制点对应关系，残差列表为空，如图 1-35 所示。

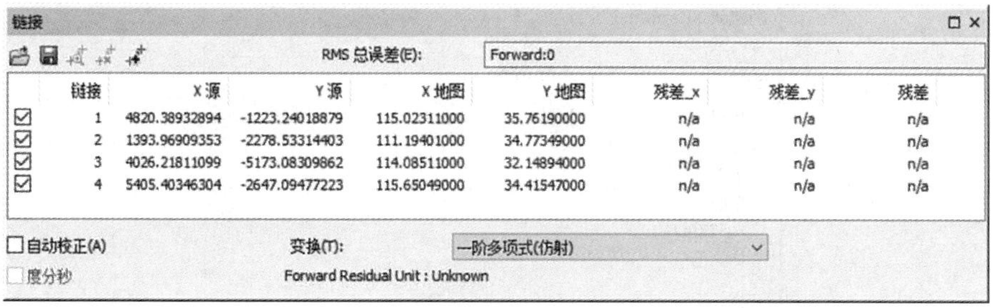

链接

RMS 总误差(E): Forward:0

链接	X 源	Y 源	X 地图	Y 地图	残差_x	残差_y	残差
1	4820.38932894	-1223.24018879	115.02311000	35.76190000	n/a	n/a	n/a
2	1393.96909353	-2278.53314403	111.19401000	34.77349000	n/a	n/a	n/a
3	4026.21811099	-5173.08309862	114.08511000	32.14894000	n/a	n/a	n/a
4	5405.40346304	-2647.09477223	115.65049000	34.41547000	n/a	n/a	n/a

自动校正(A) 变换(T): 一阶多项式(仿射)

度分秒 Forward Residual Unit : Unknown

图 1-35 【链接】对话框

在【链接】对话框中，变换选择【自动校正】或【一阶多项式(仿射)】，即可计算出四点校正前后产生的残差值。选择工具条【地理配准】下的【校正】工具，保存校正后的地图为“校正”，【格式】为 TIFF，【像元大小】默认，如图 1-36 所示。

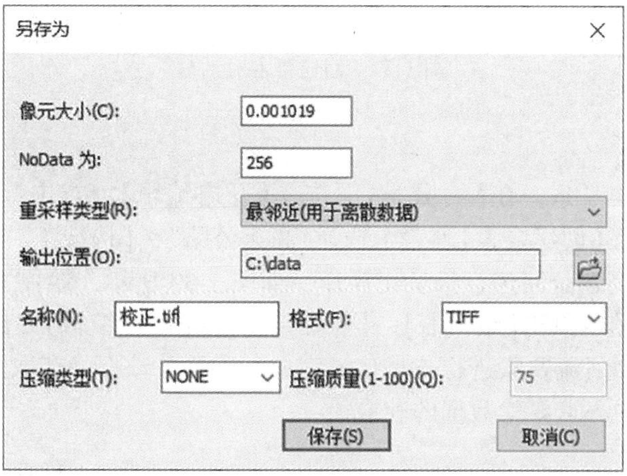

另存为

像元大小(C): 0.001019

NoData 为: 256

重采样类型(R): 最邻近(用于离散数据)

输出位置(O): C:\data

名称(N): 校正.tif 格式(F): TIFF

压缩类型(T): NONE 压缩质量(1-100)(Q): 75

保存(S) 取消(C)

图 1-36 保存地理配准结果对话框

最后对校正地图定义投影。重新打开 ArcMap，加载校正后的地图文件“校正”，可以查看到该图层的坐标范围已校正到 WGS-84 坐标下，但该数据只是具有隐式的坐标信息，需要进行定义投影后才具有显式坐标信息。点击工具条上的【ArcToolbox】工具，在工具箱中打开【数据管理工具】→【投影和变换】→【定义投影】对话框，输入数据集或要素类设置为“校正 . tif”，点击右侧【坐标系】按钮，打开【空间参考属性】对话框，点击【选择】，选择【地理坐标系】→【World】→【WGS 1984】，点击【确定】，执行定义投影工具，得到定义投影的地图。

2)创建要素

点击工具条上的【目录】工具按钮，在【目录】列表中找到“data1”文件夹，右击选择

【新建】→【Shapefile(S)】，打开【创建新 Shapefile】对话框，如图 1-37 所示。【名称】输入“高速公路”，【要素类型】选择“折线”，空间参考编辑为“GCS_WGS_1984”，点击【确定】，完成要素创建。用相同的方法可以创建铁路等其他要素。

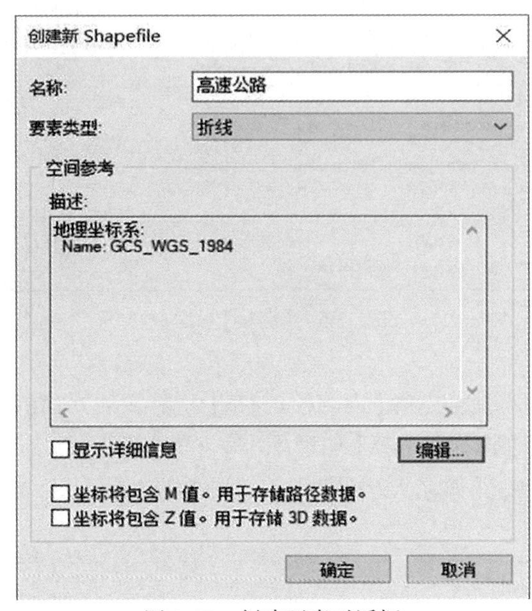

图 1-37　创建要素对话框

3)矢量化

打开【编辑器】工具条，在【编辑器】下选择【开启编辑】，点击【编辑器】工具条上的【创建要素】按钮，在【创建要素】列表中选择“高速公路”，【构造工具】列表中选择线工具(图 1-38)，开始对高速公路进行矢量化操作，如图 1-39 所示，绘制完成后双击结束。在【编辑器】工具条上依次点击【编辑器】→【保存编辑】或【停止编辑】并保存。用相同的方法对其他公路、铁路和河流要素进行矢量化，完成基础要素数据的获取。同时，也可利用该方法进行地级行政中心点要素数据的获取。

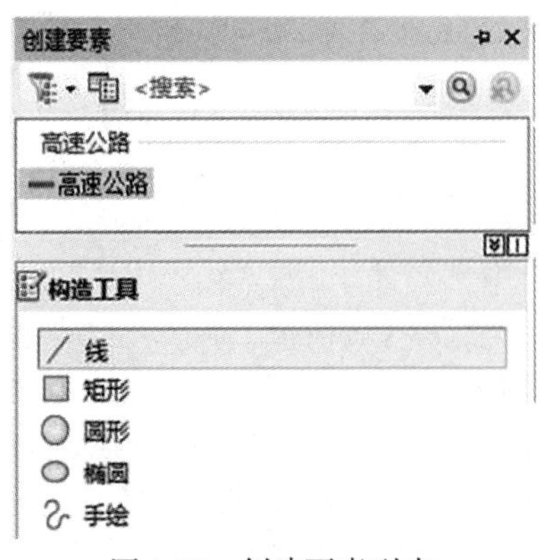

图 1-38　创建要素列表

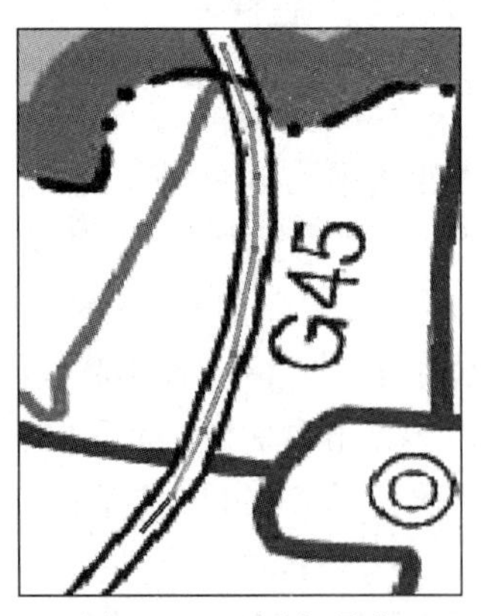

图 1-39　地图矢量化

说明：矢量化过程中，通过快捷键可以提高矢量化的效率：Z—放大；X—缩小；C—移动；S—手工加点；F2—结束矢量化；Ctrl+Z—回退；鼠标中键短按—手工移动；鼠标中键长按—鼠标移动。

4. DEM 数据获取

打开地理空间数据云网站(https：//www. gscloud. cn)，注册账号后登录，选择高级检索，弹出数据检索窗口(图1-40)，数据集选择DEM数字高程数据中的“SRTMDEM 90M分辨率原始高程数据”，空间位置选择“行政区”，找到“河南省”，其余项默认，点击【检索】后，搜索到4景数据，如图1-41所示，点击下载按钮将4景DEM数据保存到“data1”文件夹，通过ArcMap软件加载DEM数据，可浏览河南省地形情况。

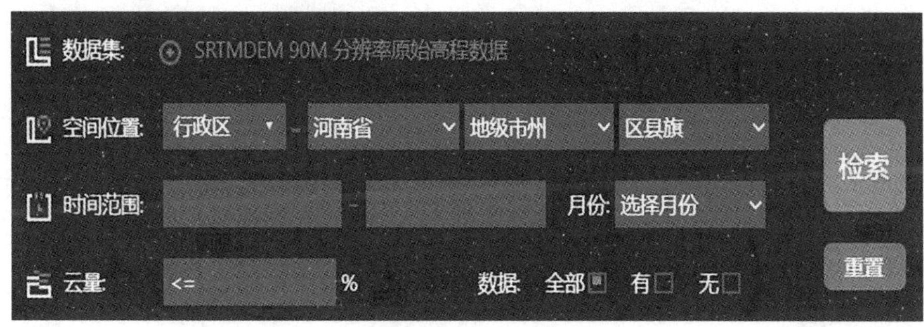

图1-40 数据检索窗口

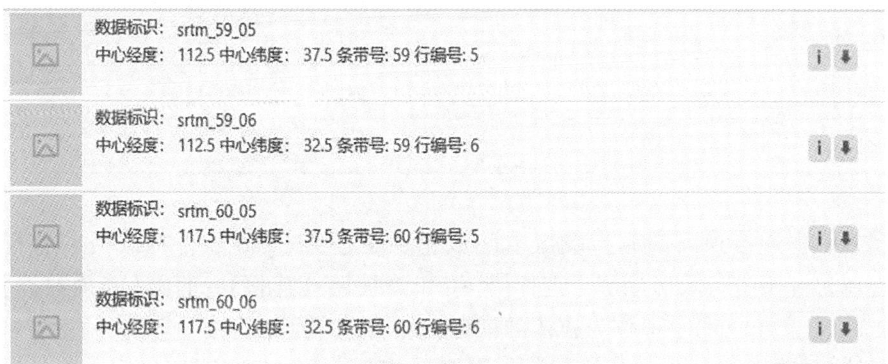

图1-41 DEM数据检索结果

5. 社会经济数据获取

打开河南省统计局网站(https：//tjj. henan. gov. cn)，找到【统计年鉴】标签，下载“2-10各市生产总值(2021年)”和“3-3各市常住人口数”，对下载的数据进行整理，得到河南省2021年生产总值、人均产值和常住人口数据(表1-7)。

表 1-7　　**河南省部分社会经济数据**

地区	生产总值(亿元)	人均产值(元)	常住人口(万人)
郑州市	12691.02	100092	1274
开封市	2557.03	53173	478
洛阳市	5447.12	77110	707
平顶山市	2694.16	54122	497
安阳市	2435.47	44690	542
鹤壁市	1064.64	67803	157
新乡市	3232.53	52028	617
焦作市	2136.84	60643	352
濮阳市	1771.54	47131	374
许昌市	3655.42	83415	438
漯河市	1721.08	72560	237
三门峡市	1582.54	77701	204
南阳市	4342.22	44894	963
商丘市	3083.32	39678	772
信阳市	3064.96	49345	619
周口市	3496.23	39126	885
驻马店市	3082.82	44266	692
济源市	762.23	104515	73

将属性数据连接到河南省行政区空间数据。通过 ArcMap 软件加载河南省行政区数据，右键单击河南省行政区图层，选择【连接和关联】→【连接】，打开【连接数据】对话框(图 1-42)，先选择“市”字段作为连接的依据，然后选择用来连接的表格“河南省社会经济数据 . xls”，再选择该表格中用来连接的字段“地区”，最后点击【确定】完成表格连接，浏览属性表最右侧连接上的数据。采用该方法连接的属性数据是临时的，可通过导出图层的方法将连接数据保存下来，右键单击河南省行政区图层，【数据】→【导出数据】，打开【导出数据】对话框，选择输出路径为“data1”，名称命名为“河南省行政区 2”，点击【确定】。

说明：连接外部属性数据时，必须保证空间数据属性表和 xls 属性表格有一列公共字段，且 xls 表格数据必须是较低版本的文件。

6. 案例结果

本案例最终成果具体内容如表 1-8 所示。

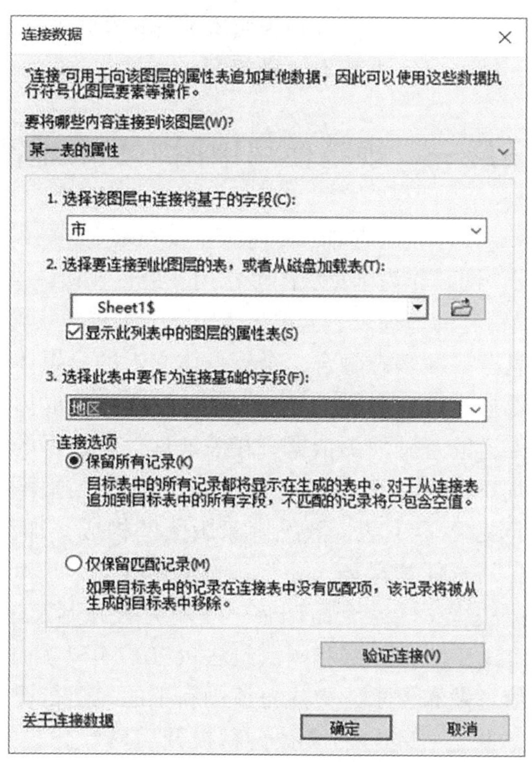

图 1-42 【连接数据】对话框

表 1-8 **成果数据**

数据名称	类型	描述
河南省 A 级景区 . xls	Excel 表格文件	获取的 A 级景区名录数据
河南省 A 级景区 . shp	Shapefile 点要素	A 级景区地理位置坐标转点数据
河南省行政区 . shp	Shapefile 面要素	从中国行政区提取河南省行政区数据
河南省标准地图-基础要素版 . jpg	Jpg 栅格数据	获取的标准地图栅格数据
校正 . tif	Tiff 栅格数据	对标准地图进行地理配准获得的校正结果数据
高速公路 . shp	Shapefile 线要素	进行地图矢量化获得的高速公路数据
干线公路 . shp	Shapefile 线要素	进行地图矢量化获得的干线公路数据
铁路 . shp	Shapefile 线要素	进行地图矢量化获得的铁路数据
河流 . shp	Shapefile 线要素	进行地图矢量化获得的河流数据
地级行政中心 . shp	Shapefile 点要素	进行地图矢量化获得的地级行政中心数据
srtm_59_05. img 等 4 景	DEM 栅格数据	从地理空间数据云获取的 DEM 栅格数据
河南省社会经济数据 . xls	Excel 表格文件	从统计局获取的社会经济数据

说明：本书案例紧密结合 ArcGIS 软件，以 ArcGIS 10. 8 版本为基础编写，同时能够兼容 10. 8 以下的多个版本。因为 ArcGIS 的不同版本之间在处理某些应用操作时有一些差

异，所以读者在开展案例学习时可能会碰到因版本差异产生的部分问题。一般情况下，适当调整案例方法或过程，都可以解决版本差异问题。

1.6　拓展一　规范使用地图　标准地图获取

国家版图指一个国家行使主权的疆域，是国家主权和领土完整的象征，深刻影响着国民对本国领土意识的认知与认同。作为国家版图最常用、最直观和最主要的表现形式，地图以其强有力的隐喻特征和最精髓的地理表达，被视为国际上主权国家确认领土的一种证据。

身处于网络主导信息、多元多态融合、个体群体交汇的全媒体时代，对以地图来表达与传播空间信息的需求更加广泛、多样。但是，各种社会机构群体以及公众在使用来自非官方、非标准的信息源渠道的基础地图依据、相关地理信息数据的过程中，无法有效甄别这些原始空间信息及其加工处理后的信息表达产品是否符合国家标准、是否经过正规审查。“问题地图”的监管问题不容小觑，熟悉国家版图的构成，加深对祖国领土知识的了解，是每个中华儿女应尽的责任和义务。

基于原有的相关法律法规，国家全面调整、新增完善并制定出台了《地图管理条例》(2016年1月1日施行)与《中华人民共和国测绘法》(2017年1月1日施行)，使得地图管理更适应大数据时代的信息发布要求，更规范蓬勃新生的地图行业及相关领域，更助推纵深延展的社会经济发展，并进一步号召全社会积极开展广泛化、常态化、长效化、多元化、本地化的宣传教育活动，以此开启以地图为核心载体、全民多数参与的国家版图意识教育的新时代。

自2019年8月29日第16个全国测绘法宣传日以来，全国各自然资源系统围绕“规范使用地图　一点都不能错”这一主题，以新思路开展形式多样、内容丰富、氛围浓烈、覆盖面广的系列宣传活动，以新气象普及测绘法律知识、强化公民国家版图意识、维护国家版图尊严，以新生机展现测绘地理信息成果和技术的正确利用，以新动能持续推进美丽中国建设。

标准地图服务系统(http：//bzdt.ch.mnr.gov.cn/)提供中国地图、世界地图、专题地图、参考地图以及自助制图几种服务类型，首页对标准地图的下载和使用进行了详细说明。社会公众可以免费浏览、下载标准地图，用于新闻宣传用图、书刊报纸插图、广告展示背景图、工艺品设计底图等，也可作为编制公开版地图的参考底图。直接使用标准地图时需要标注审图号，注意新制作的地图需向相关主管部门申请审核(详见《地图审核管理规定(2019修正)》)。

职业技能等级考核测试

1. 单选题

(1)GIS所包含的数据均与______相联系。　　　　(　　)

A. 非空间属性　　　　B. 空间位置

C. 地理事物的类别　　　　D. 地理数据的时间特征

(2)下列有关 GIS 的叙述错误的是________。 (　　)

A. GIS 是一个决策支持系统

B. GIS 的操作对象是空间数据，即点、线、面、体这类具有三维要素的地理实体

C. GIS 从用户的角度可分为实用型的与应用型

D. GIS 按研究的范围大小可分为全球性的、区域性的和局部性的

(3)GIS 数据采集与输入设备不包括________。 (　　)

A. 数字化仪　　B. 扫描仪　　C. 显示器　　D. 键盘

(4)下列 GIS 软件中哪个不是国产的? (　　)

A. MapInfo　　B. MapGIS　　C. SuperMap　　D. GeoStar

(5)全野外空间数据采集与成图不包括以下哪个过程? (　　)

A. 空间分析　　B. 数据输出　　C. 数据处理　　D. 数据采集

(6)地理信息系统中的数据来源和数据类型很多，下面哪个不属于? (　　)

A. 地形数据　　B. 大气参数　　C. 影像数据　　D. 几何图形数据

(7)关于 GIS 的发展说法正确的是________。 (　　)

A. 世界上第一个地理信息系统是美国地理信息系统

B. 世界上第一个商业化的工具型软件是加拿大地理信息系统

C. 1995 年，中国研制出微机地理信息系统——MapGIS

D. 我国 GIS 发展速度极快，20 世纪 70 年代就进入了快速发展期

(8)下列 GIS 的基本功能中哪个是 GIS 特有的功能? (　　)

A. 数据采集与编辑　　B. 数据存储与管理

C. 数据处理与变换　　D. 空间查询与分析

(9)图形编辑、接边、分层、图形与属性连接、加注记等操作属于 GIS 哪个基本功能?

(　　)

A. 数据采集与编辑　　B. 数据存储与管理

C. 数据处理与变换　　D. 空间查询与分析

(10)基础 GIS 工程建设的关键是________。 (　　)

A. 数据检索　　B. 数据挖掘　　C. 数据分析　　D. 数据采集

2. 判断题

(1)信息是通过数据形式来表示的，是加载在数据之上的。 (　　)

(2)世界上第一个地理信息系统是加拿大的人口地理信息系统 CGIS。 (　　)

(3)GIS 技术起源于计算机地图制图技术，因此，地理信息系统与计算机地图制图系统在本质上是同一种系统。 (　　)

(4)数据是客观对象的表示，而信息则是数据内涵的意义，是数据的内容和解释。

(　　)

(5)地理数据一般具有的三个基本特征是空间特征、属性特征和拓扑特征。 (　　)

(6)GIS 是在计算机软硬件支持下，以采集、存储、管理、检索、分析和描述空间物体的地理分布数据及与之相关的属性，并回答用户问题等为主要任务的技术系统。

(　　)

(7)常用的 GIS 软件有 MapGIS、CAD、MapInfo、ArcGIS 等。（　）

(8)地理信息区别于其他信息的显著标志是属于社会经济信息。（　）

(9)GIS 与 CAD 系统两者都有空间坐标，都能把目标和参考系统联系起来，描述图形拓扑关系，也能处理属性数据，因而无本质差别。（　）

(10)从功能上看，GIS 有别于其他信息系统、CAD、DBS 的地方是 GIS 具有空间分析功能。（　）

(11)在描述空间对象时，可以将其抽象为点、线、面三类基本元素。（　）

(12)栅格数据表示地物的精度取决于数字化方法。（　）

(13)数据处理是对地图数字化前的预处理。（　）

(14)遥感影像属于典型的栅格数据结构，其特点是位置明显，属性隐含。（　）

(15)GIS 所包含的数据均与地理空间位置相联系。（　）

项目 2　地理空间数据处理

【项目概述】

随着信息技术的发展，地理信息系统的应用日益广泛，地理空间数据的来源也更加多种多样。不同来源的数据具有不同的类型、不同的格式、不同的语义、不同的时间和空间尺度、不同的空间维数、不同的精度、不同的参考系统和不同的表达方式等，在图形数据录入完毕后，仍需要进行多种处理，由此空间数据处理显得越来越重要。

本项目由空间数据编辑处理、空间数据变换处理、空间数据拓扑处理、空间数据拼接与裁剪 4 个学习型工作任务组成。通过本项目的实施，为学生从事地理信息处理员岗位工作打下基础。

【教学目标】

◆**知识目标**

(1)掌握地理实体要素编辑与处理的方法。

(2)掌握空间数据几何纠正与坐标变换的方法。

(3)掌握建立矢量数据拓扑关系的方法。

(4)理解图形拼接与裁剪的含义及其方法。

◆**能力目标**

(1)识别图形数据错误，进行点、线、面实体要素的编辑与处理。

(2)建立矢量数据拓扑关系，对拓扑关系进行识别与修改。

(3)识别空间数据几何误差，进行误差校正。

(4)对空间数据定义投影，进行投影变换。

(5)对影像数据进行镶嵌与剪裁。

◆**素质目标**

(1)引导学生认识地理空间数据对社会发展的重要性，培养学生的社会责任感。

(2)具备地理空间数据处理过程中的分工合作、有效沟通与团队协作能力。

(3)在地理空间数据处理的各个环节，做到准确可靠，实事求是，培养学生严谨、专注、精益、创新的工匠精神。

2.1　任务一　空间数据编辑处理

空间数据编辑

由于各种空间数据源本身的误差，以及数据采集过程中的错误，使得获取的空间数据中不可避免地存在各种错误。为此在数据采集完成后，必须对数据进行必要的检查，包括空间实体是否遗漏，是否重复录入某些实体，图形定位是否错误，属性数据是否准确以及与图形数据的关联是否正确等。空间数据编辑是数据处理的主要环节，贯穿于整个空间数据的采集与处理过程。空间数据的编辑是对采集后的数据进行编辑操作，以满足数据库建库的需要。它是丰富完善空间数据以及纠正错误的重要手段。

2.1.1　图形数据错误

由于地图数字化，特别是手扶跟踪数字化是一件耗时、繁杂的人力劳动。在数字化过程中，错误几乎是不可避免的，造成数字化错误的具体原因包括如下三点。

(1)遗漏某些实体。

(2)某些实体重复录入，由于地图信息是二维分布的，并且信息量一般很大，所以要准确记录哪些实体已经录入、哪些实体尚未录入是困难的，这就容易造成重复录入和遗漏。

(3)定位的不准确，数字化仪分辨率可以造成定位误差，但是人的因素是位置不准确的主要原因，如手扶跟踪数字化过程中手的抖动，两次录入之间图纸的移动都可以使位置不准确；更重要的，在手扶跟踪数字化过程中，难以实现完全精确的定位。

在数字化后的矢量数据图上，经常出现的错误涉及节点、弧段和多边形三种类型，其表现形式有以下几种，如图 2-1 所示。

(1)伪节点(Pseudo Node)。当一条线没有一次录入完毕时，就会产生伪节点。伪节点使一条完整的线变成两段。

(2)悬挂节点(Dangling Node)。当一个节点只与一条线相连接，那么该节点称为悬挂节点。悬挂节点有过头和不及、多边形不闭合、节点不吻合等几种情形。

(3)碎屑多边形(Sliver Polygon)，也称条带多边形。因为前后两次录入同一条线的位置不可能完全一致，就会产生碎屑多边形，即由于重复录入而引起。另外，当用不同比例尺的地图进行数据更新时也可能产生。

(4)不正规的多边形(Weird Polygon)。在输入线的过程中，点的次序倒置或者位置不准确。

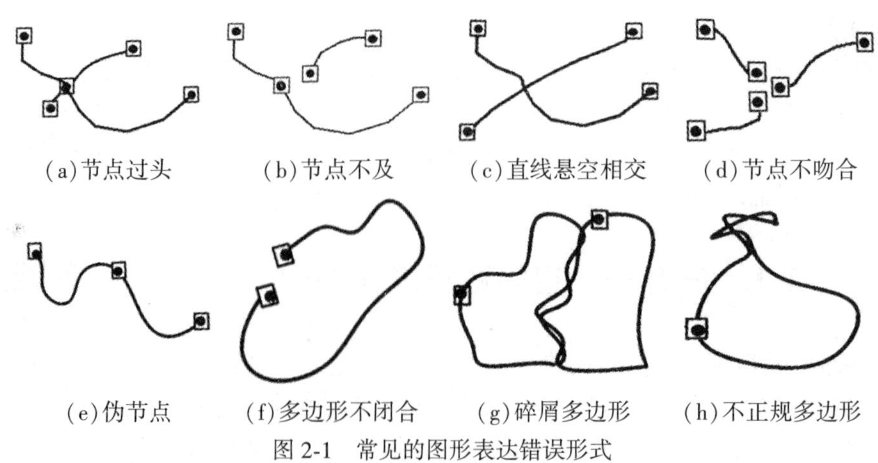

图 2-1　常见的图形表达错误形式

空间数据采集过程中，人为因素是造成图形数据错误的主要原因。如数字化过程中手的抖动、两次录入之间图纸的移动等都会导致位置不准确，并且在数字化过程中，难以实现完全精确的定位。常见的数字化错误是线条连接过头和不及两种情况。

2.1.2 属性数据错误

属性数据的错误检查，主要包括属性数据本身的正确性和属性数据与空间几何图形的对应关系两部分内容。

(1)检查属性数据中每条记录是否与几何图形数据中的每个图形对象一一对应且相互关联，检查每条记录的标识码是否与图形对象标识码一一对应且唯一，检查每条记录的标识码是否为空值。

(2)检查属性数据本身的每项字段的记录是否准确，属性数据的值是否超过每个数据项的取值范围等。

带入属性数据错误的原因很多，因此错误检查比较困难。主要通过如下一些方法检查属性数据的错误。

(1)借助 GIS 平台软件进行逻辑检查，或者针对特殊问题自编小插件来检查，通过计算机执行程序自动完成。主要检查属性数据的取值是否在值域内、属性数据与几何图形之间的关联。

(2)把录入属性数据库的属性数据打印出来与属性数据源进行人工比对。

2.1.3 数据错误检查方法

1. 图形错误检查

为了发现并有效消除图形误差，一般采用以下方法进行图形错误检查。

(1)叠合比较法。叠合比较法是空间数据数字化正确与否的最佳检核方法之一。该方法把数字化的内容绘制在透明材料上，然后与原图叠合在一起，在透光桌上仔细观察和比较，可以观察出来空间数据的比例尺不准确和空间的变形。如果数字化的范围比较大，分块数字化时，除检核一幅图内的差错外，还应该检核已存入计算机的其他图幅的接边情况。

(2)目视检查法。指在屏幕上用目视检查的方法，检查一些明显的数字化误差与错误。包括线段过长或过短、多边形的重叠和裂口、线段的断裂等情况。

(3)逻辑检查法。根据数据拓扑一致性进行检核，将弧段连成多边形，进行数字化误差的检查。有许多软件已能自动进行多边形节点的自动平差。

2. 属性错误检查

首先可以利用逻辑检查，检查属性数据的值是否超过其取值范围、属性数据之间或属性数据与地理实体之间是否有荒谬的组合。在许多数字化软件中，这种检查通常使用程序来自动完成。例如，有些软件可以自动进行多边形节点的自动平差、属性编码的自动查错等。

把属性数据打印出来进行人工校对，与用校核图来检查空间数据准确性相似。对属性数据的输入与编辑，一般在属性数据处理模块中进行。但为了建立属性描述数据与几何图形的联系，通常需要在图形编辑系统中设计属性数据的编辑功能，主要是将一个实体的属性数据连接到相应的几何目标上，亦可在数字化及建立图形拓扑关系的同时或之后，对照一个几何目标直接输入属性数据。一个功能强的图形编辑系统可提供删除、修改、复制属性等功能。

2.1.4　图形数据编辑

图形编辑是在数字地图上增加、删除和修改地理空间数据的过程，主要目的是消除数字化的错误。主要有两种类型的数字化错误：定位错误和拓扑错误。定位错误包括多边形缺失或与空间要素几何错误有关的线条扭曲，而拓扑错误则与空间要素之间的逻辑不一致有关，如悬挂弧段和未闭合多边形等。

图形编辑的基本功能要求包括：①具有友好的人机界面，即操作灵活、易于理解、响应迅速等；②具有对几何数据和属性编码的修改功能，如点、线、面的增加、删除、修改等；③具有分层显示和窗口显示功能，便于用户的使用。图形编辑的首要问题是点、线、面的捕捉，即如何根据光标的位置找到需要编辑的地理空间数据。

1. 点的捕捉

图形编辑是在计算机屏幕上进行的，因此首先应把图幅的坐标转换为当前屏幕状态的坐标系和比例尺。如图 2-2 所示，设光标点为 $S(x, y)$，图幅上某一点状要素的坐标为 $A(X, Y)$，则可设一捕捉半径 D(通常为 3~5 个像素，这主要由屏幕的分辨率和屏幕的尺寸决定)。若 S 和 A 的距离 d 小于 D，则认为捕捉成功，即认为找到的点是 A；否则失败，继续搜索其他点。d 可由下列公式计算，即

$$d = \sqrt{(X - x)^2 + (Y - y)^2} \tag{2-1}$$

但是因为在计算 d 时需要进行乘方运算，影响了搜索的速度，所以把距离 d 的计算改为

$$d = \max(|X - x|, |Y - y|) \tag{2-2}$$

即把捕捉范围由圆形改为矩形，如图 2-3 所示，这可大大加快搜索速度。

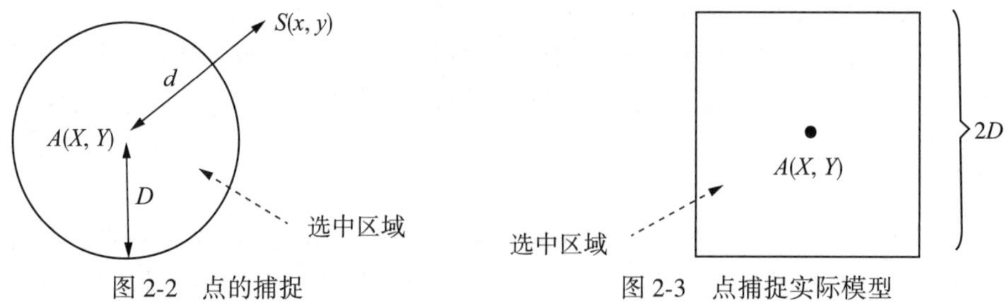

图 2-2　点的捕捉　　图 2-3　点捕捉实际模型

2. 线的捕捉

线的捕捉就是计算机屏幕上进行图形编辑时，如何根据光标的位置找到需要编辑的线，方法是计算点到直线的距离。

设光标点坐标为 $S(x, y)$，D 为捕捉半径，线的坐标为 (x_1, y_1)，(x_2, y_2)，…，(x_n, y_n)。通过计算 S 到该线的每个直线段的距离 d_i，如图 2-4 所示，若 $\min(d_1, d_2, \cdots, d_{n-1})<D$，则认为光标 S 捕捉到该条线，否则为未捕捉到。在实际的捕捉中，可每计算一个距离 d 就进行一次比较，若 $d_i<D$，则捕捉成功，不需要再进行下面直线段到点 S 的距离计算。

为了加快线捕捉的速度，可以把不可能被光标捕捉到的线以简单算法去除。如图 2-5 所示，对一条线可求出其最大、最小坐标值$(X_{\min}, Y_{\min})$、$(X_{\max}, Y_{\max})$，对由此构成的矩形再向外扩 D 的距离，若光标点 S 落在该矩形内，才可能捕捉到该条线，因而通过简单的比较运算就可去除大量的不可能捕捉到的情况。

对于线段与光标点也应该采用类似的方法处理。即在对一个线段进行捕捉时，应先检查光标点是否可能捕捉到该线段。即对由线段两端点组成的矩形再往外扩 D 的距离，构成新的矩形，若 S 落在该矩形内，才计算点到该直线段的距离；否则，应放弃该直线段，而取下一直线段继续搜索。

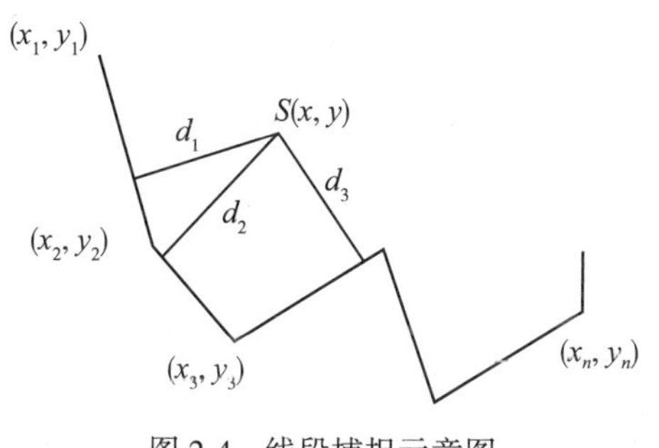

图 2-4 线段捕捉示意图

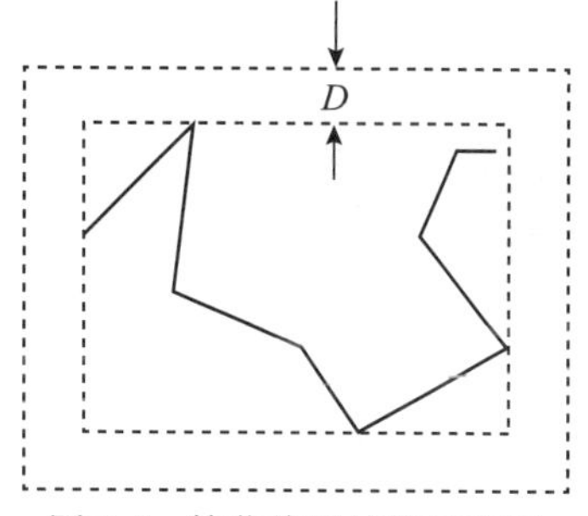

图 2-5 简化线段捕捉示意图

如图 2-4 所示，点 $S(x, y)$ 到直线段 (x_1, y_1)，(x_2, y_2) 的距离 d 的计算公式为

$$d = \frac{|(x - x_1)(y_2 - y_1) - (y - y_1)(x_2 - x_1)|}{\sqrt{(x_2 - x_1)^2 + (y_2 - y_1)^2}} \tag{2-3}$$

可以看出计算量较大、速度较慢，因此可按如下方法计算，即从 $S(x, y)$ 向线段 (x_1, y_1)，(x_2, y_2) 作水平和垂直方向的射线，取 d_x，d_y 的最小值作为 S 点到该线段的近似距离。由此可大大减小运算量，提高搜索速度。计算方法为

$$\begin{cases} x' = \dfrac{(x_2 - x_1)(y - y_1)}{y_2 - y_1} + x_1 \\ y' = \dfrac{(y_2 - y_1)(x - x_1)}{x_2 - x_1} + y_1 \end{cases} \tag{2-4}$$

$$\begin{cases} d_x = |x' - x| \\ d_y = |y' - y| \\ d = \min(d_x, d_y) \end{cases} \tag{2-5}$$

3. 面的捕捉

面的捕捉实际上就是判断光标点 $S(x, y)$ 是否在多边形内，若在多边形内则说明捕捉到。判断点是否在多边形内的算法主要有垂线法或转角法，这里介绍垂线法。

垂线法的基本思想是从光标点引垂线(实际上可以是任意方向的射线)，计算与多边形的交点个数。若交点个数为奇数，则说明该点在多边形内；若交点个数为偶数，则该点在多边形外，如图 2-6 所示。

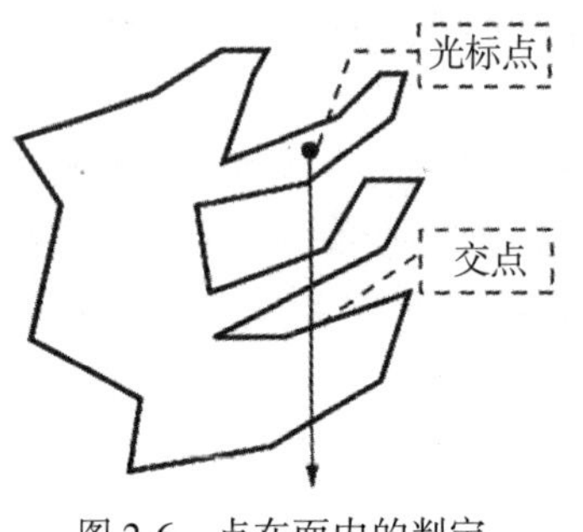

图 2-6　点在面内的判定

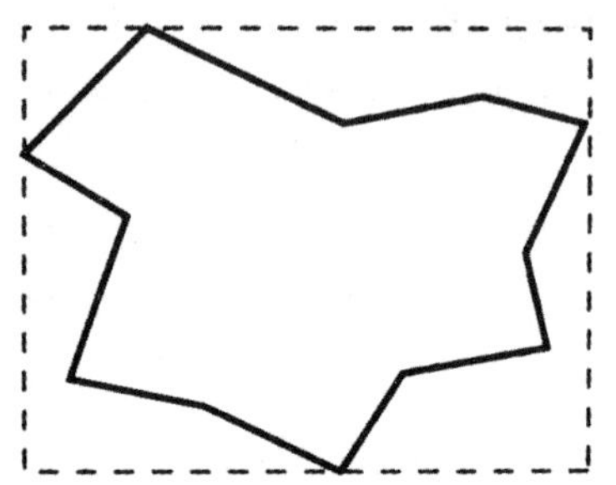
图 2-7　面外接矩形

为了加速搜索速度，可先找出该多边形的外接矩形，即由该多边形的最大最小坐标值构成的矩形，如图 2-7 所示。若光标点落在该矩形中，才有可能捕捉到该面，否则放弃对该多边形的进一步计算和判断，即不需进行作垂线并求交点个数的复杂运算。通过这一步骤，可去除大量不可能捕捉的情况，大大减少了运算量，提高了系统的响应速度。在计算垂线与多边形的交点个数时，并不需要每次都对每一线段进行交点坐标的具体计算。对不可能有交点的线段应通过简单的坐标比较迅速去除。对图 2-8 所示的情况，多边形的边分别为 1~8，而其中只有第 3、7 条边可能与 S 所引的垂直方向的射线相交。即若直线段为 (x_1, y_1)，(x_2, y_2) 时，若 $x_1 \leqslant x \leqslant x_2$，或 $x_2 \leqslant x \leqslant x_1$ 时才有可能与垂线相交，这样就可不对 1，2，4，5，6，8 边继续进行交点判断了。

对于 3、7 边的情况，若 $y>y_1$ 且 $y>y_2$ 时，必然与 S 点所作的垂线相交(如边 7)；若 $y<y_1$ 且 $y<y_2$ 时，必然不与 S 点所作的垂线相交。这样不必进行交点坐标的计算就能判断出是否有交点。

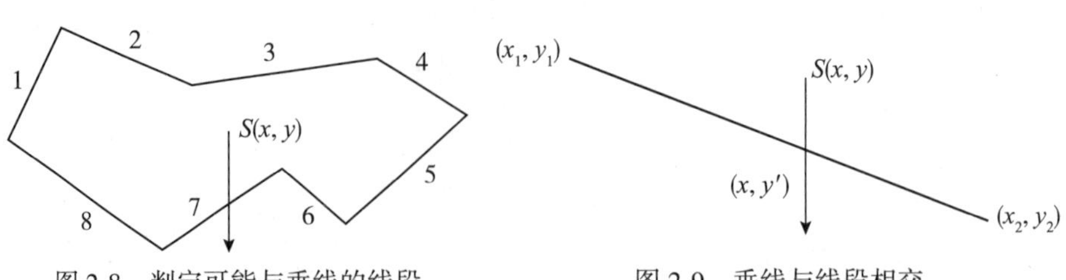

图 2-8　判定可能与垂线的线段　　图 2-9　垂线与线段相交

对于 $y_1 \leqslant y \leqslant y_2$ 或 $y_2 \leqslant y \leqslant y_1$，且 $x_1 \leqslant x \leqslant x_2$ 或 $x_2 \leqslant x \leqslant x_1$ 时，如图 2-9 所示。这时可求出铅垂线与直线段的交点(x, y)，若 $y'<y$，则是交点；若 $y'>y$，则不是交点；若 $y'=y$ 则交点在线上，即光标在多边形的边上。

2.1.5 属性数据编辑

属性数据的编辑通常同数据库管理结合在一起，典型功能包括删除、插入、添加、修改、移动、合并及复制数据等。

属性数据的编辑相对比较简单，一方面，检查属性数据是否正确地与空间数据(几何数据)相连接，也就是检查属性数据文件中包含的实体标识码(ID)是否唯一，是否在正确的数值范围内，如果实体标识码重复或不正确，应予以校正；另一方面，检查属性数据本身的正确性和有效性，纠正属性数据的输入错误。属性数据错误的检查与识别可以采用手工对照、异常值检查或程序自动检查及统计检查等方式。

2.2 任务二 空间数据变换处理

每一个地理信息系统所包含的空间数据都应具有同样的地理数学基础，包括坐标系统、地图投影等。扫描得到的图像数据和遥感影像数据往往会有变形，与标准地形图不符，这时需要对其进行几何纠正。当在一个系统内使用不同来源的空间数据时，它们之间可能会有不同的投影方式和坐标系统，需要进行坐标变换使它们具有统一的空间参照系统。统一的数学基础是运用各种分析方法的前提。

2.2.1 几何纠正

空间数据误差校正

由于如下原因，使扫描得到的地形图数据和遥感数据发生变形，必须加以纠正。①地形图的实际尺寸发生变形。②在扫描过程中，工作人员的操作会产生一定的误差，如扫描时地形图或遥感影像没被压紧、产生斜置或扫描参数的设置不恰当等，都会使被扫入的地形图或遥感影像产生变形，直接影响扫描质量和精度。③遥感影像本身就存在几何变形。④地图图幅的投影与其他资料的投影不同，或需将遥感影像的中心投影或多中心投影转换为正射投影等。⑤扫描时受扫描仪幅面大小的影响，有时需将一幅地形图或遥感影像分成几块扫描，这样会使地形图或遥感影像在拼接时难以保证精度。

对扫描得到的图像进行纠正，主要是建立要纠正的图像与标准的地形图或地形图的理论数值或纠正过的正射影像之间的变换关系，消除各类图形的变形误差。目前，主要的变换函数有仿射变换、双线性变换、平方变换、双平方变换、立方变换、四阶多项式变换等。具体采用哪一种函数，则要根据纠正图像的变形情况、所在区域的地理特征及所选点数来决定。

1. 地形图纠正

对地形图的纠正，一般采用四点纠正法或逐格网纠正法。

四点纠正法，一般是根据选定的数学变换函数，输入需纠正地形图的图幅行、列号、地形图的比例尺、图幅名称等，生成标准图廓，分别采集四个图廓控制点坐标来完成。

逐格网纠正法，是在四点纠正法不能满足精度要求的情况下采用的。这种方法与四点纠正法的不同点就在于采样点数目的不同，它是逐方里网进行的，也就是说，对每一个方里网，都进行采点。

具体采点时，一般要先采源点(需纠正的地形图)，后采目标点(标准图廓)；先采图廓点和控制点，后采方里网点。

2. 遥感影像纠正

遥感影像的纠正，一般选用和遥感影像比例尺相近的地形图或正射影像图作为变换标准，选用合适的变换函数，分别在要纠正的遥感影像和标准地形图或正射影像图上采集同名地物点。具体采点时，要先采源点(影像)，后采目标点(地形图)。选点时，要注意选点应均匀分布，点不能太多。如果在选点时没有注意点位的分布或点太多，这样不但不能保证精度，反而会使影像产生变形。另外选点时，点位应选由人工建筑构成的并且不会移动的地物点，如道路交点、桥梁等，尽量不要选易变动的河流交叉点处的河床，以避免点的移位影响配准精度。

2.2.2　坐标变换

对于采集完毕的数据，由于原始数据来自不同的空间参考系统，或者数据输入时是一种投影，输出是另外一种投影，造成同一空间区域的不同数据，它们的空间参考有时并不相同，为了进行空间分析和数据管理，经常需要进行坐标变换，将数据统一到同一空间参考系下。坐标变换的实质是建立两个空间参考系之间点的一一对应关系。常用的坐标变换方法如图2-10所示。

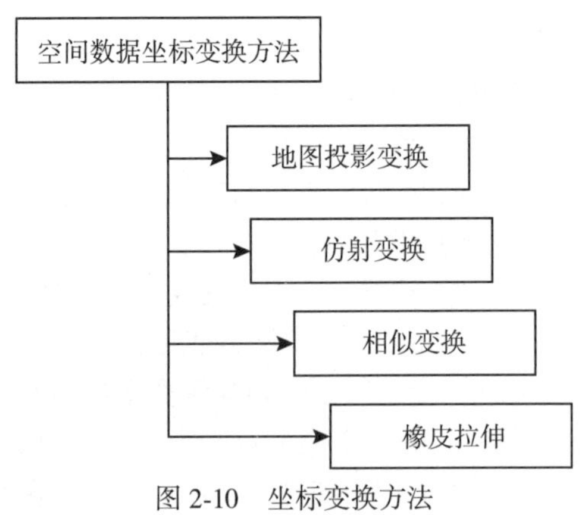

图2-10　坐标变换方法

1. 地图投影变换

将一种地图投影转换为另一种投影的过程与方法，称为地图投影变换。地图投影变换是 GIS 数据处理中常会遇到的重要环节之一。由于 GIS 空间数据来源的多样性，不同来源的地图上具有不同的投影坐标，对其处理时，往往需要统一地图坐标系，以便各种地图都处于同一参考框架下。

空间数据投影变换

利用计算机进行地图投影变换，首先必须提供地图投影变换的数学模型，然后进行编程实现，所以投影变换的数学模型与方法是地图投影变换中的主要研究内容。地图投影变换的实质是建立两平面场之间点与点的一一对应关系。

地理信息系统的数据大多来自各种类型的地图资料，这些不同的地图资料根据成图的目的与需要的不同而采用不同的地图投影。为保证同一地理信息系统内(甚至不同地理信息系统之间)的信息数据能够实现交换、配准和共享，在不同地图投影地图的数据输入计算机时，首先就必须将它们进行投影变换，用共同的地理坐标系统和直角坐标系统作为参照来记录存储各种信息要素的地理位置和属性。

因此，地图投影变换对于数据输入和数据可视化都具有重要意义，否则由于投影参数不准确定义所带来的地图记录误差，使以后所有基于地理位置的分析、处理与应用都没有意义。投影转换的方法可以采用：正解变换、反解变换和数值变换。

1)正解变换

通过建立一种投影变换为另一种投影的严密或近似的解析关系式，直接由一种投影的数字化坐标(x，y)变换到另一种投影的直角坐标(X，Y)。

2)反解变换

即由一种投影的坐标反解出地理坐标(x，$y \to B$，L)，然后将地理坐标代入另一种投影的坐标公式中(B，$L \to X$，Y)，从而实现由一种投影的坐标到另一种投影坐标的变换(x，$y \to X$，Y)。

3)数值变换

根据两种投影在变换区内的若干同名数字化点，采用插值法，或有限差分法，或有限元法，或待定系数法等，从而实现由一种投影的坐标到另一种投影坐标的变换。

地理信息系统中地图投影配置的一般原则为：

(1)所配置的地图投影应与相应比例尺的国家基本图(基本比例尺地形图基本省区图或国家大地图集)投影系统一致。

(2)系统一般只采用两种投影系统，一种服务于大比例尺的数据输入输出，另一种服务于中小比例尺。

(3)所用投影以等角投影为宜。

(4)所用投影应能与格网坐标系统相适应，即所用的格网系统在投影带中应保持完整。

2. 仿射变换

仿射变换是使用最多的一种几何纠正方式，此变换认为两个坐标系之间存在夹角，两坐标轴(x 轴和 y 轴)具有不同的比例因子，坐标原点需要平移，如图 2-11 所示。仿射变换的特性是：直线变换后仍为直线；平行线变换后仍为平行线；不同方向上的长度比发生变化。变换公式为

$$\begin{cases} X = a_1x + a_2x + a_3x \\ Y = b_1y + b_2y + b_3y \end{cases} \tag{2-6}$$

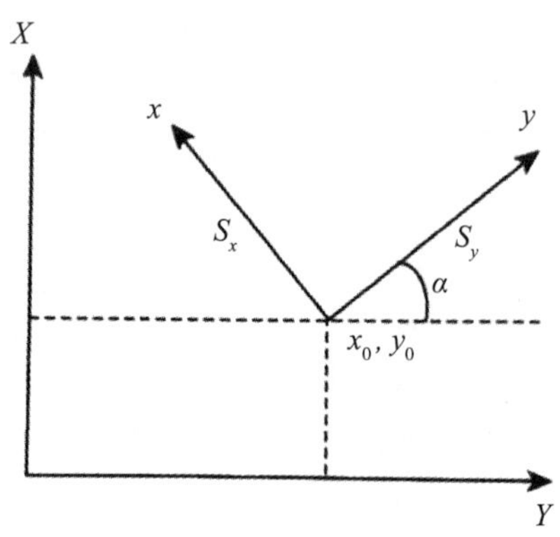

图 2-11　仿射变换示意图

对于仿射变换，只需知道不在同一直线上的 3 对控制点的坐标及理论值，就可以求出待定系数。但在实际使用时，往往利用 4 个以上的控制点进行纠正，利用最小二乘法处理，以提高变换的精度。

3. 相似变换

相似变换是由一个图形变换为另一个图形，在改变的过程中保持形状不变(大小可以改变)。在二维坐标变换过程中，经常遇到的是平移、旋转和缩放三种基本的相似变换操作。

(1)平移：平移是将图形的一部分或者整体移动到笛卡儿直角坐标系中另外的位置，如图 2-12 所示，其变换公式为

$$\begin{cases} X' = X + T_x \\ Y' = Y + T_y \end{cases} \tag{2-7}$$

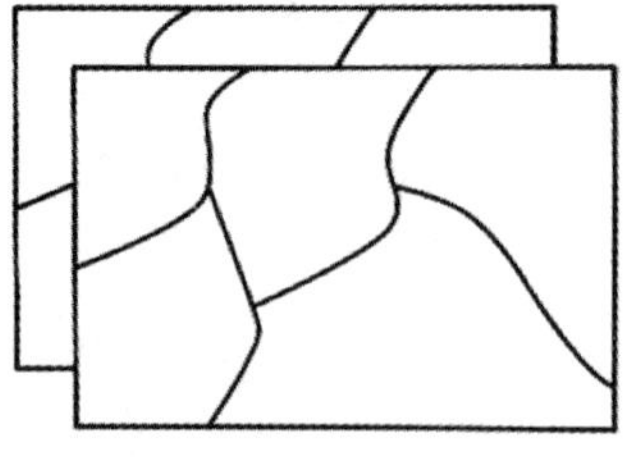

图 2-12　图形平移

(2)旋转：在地图投影变换中，经常要应用旋转操作，如图 2-13 所示。实现旋转操作要用到三角函数，假定顺时针旋转角度为 θ，其公式为

$$\begin{cases} X' = X\cos\theta + Y\sin\theta \\ Y' = -X\sin\theta + Y\cos\theta \end{cases} \tag{2-8}$$

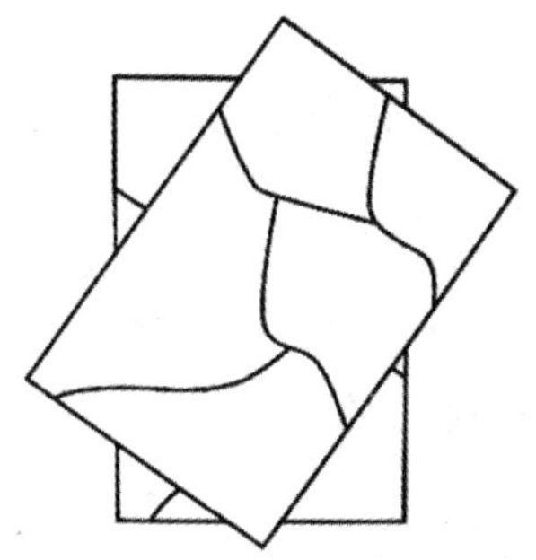

图 2-13 图形旋转

(3)缩放：缩放操作可用于输出大小不同的图形，如图 2-14 所示，其公式为

$$\begin{cases} X' = XS_x \\ Y' = YS_y \end{cases} \tag{2-9}$$

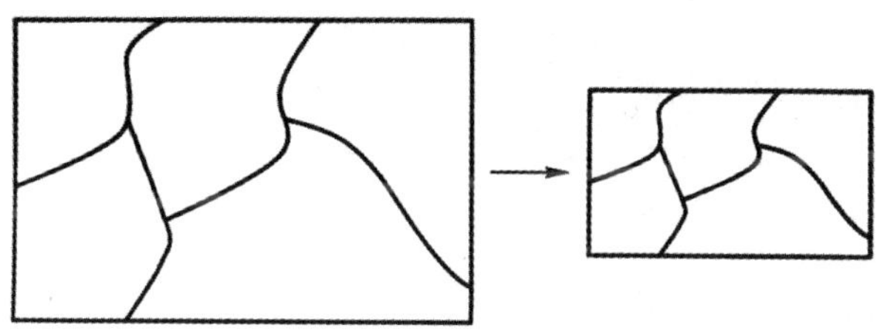

图 2-14 图形缩放

4. 橡皮拉伸

橡皮拉伸通过坐标几何纠正来修正缺陷。主要针对几何变形，通常发生在原图上。它们可能是由于在地图编绘中出现的配准缺陷、缺乏大地控制或其他各种因素产生的。

如图 2-15 所示，原图层(实心线)被纠正成更精确的目标(虚线)。类似于变换，位移关联点在橡皮拉伸中被用于确定要素移动的位置。

目前，大多数 GIS 软件是采用正解变换法来完成不同投影之间的转换的，并直接在 GIS 软件中提供常见投影之间的转换。

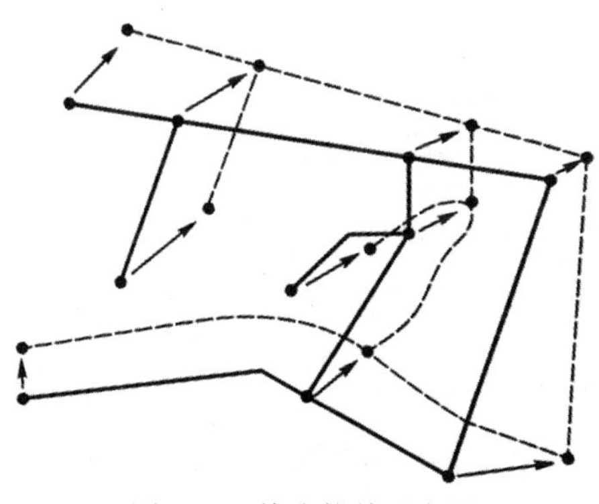

图 2-15 橡皮拉伸示意图

2.3　任务三　空间数据拓扑处理

拓扑关系建立

空间数据变换处理完毕后，就意味着可以建立空间数据之间正确的拓扑关系。拓扑关系可以由计算机自动生成，目前大多数 GIS 软件提供了完善的拓扑功能，但在某些情况下，需要对计算机创建的拓扑关系进行手工修改，典型的例子就是网络连通性。

正如拓扑的定义所描述的，建立拓扑关系时只需要关注实体之间的连接、相邻关系，而节点的位置、弧段的具体形状等非拓扑属性则不影响拓扑的建立过程。

2.3.1　拓扑关系

拓扑关系是一种对空间结构关系进行明确定义的数学方法，是指图形在保持连续状态下变形，但图形关系不变的性质。可以假设图形绘在一张高质量的橡皮平面上，将橡皮任意拉伸和压缩，但不能扭转或折叠，这时原来图形的有些属性保留，有些属性发生改变，前者称为拓扑属性，后者称为非拓扑属性或几何属性。这种变换称为拓扑变换或橡皮变换。

1. 拓扑元素的种类

点(节点)、线(链、弧段、边)、面(多边形)三种要素是拓扑元素。

节点是指地图平面上反映一定意义的零维图形。如孤立点，线要素的端点、连接点，面要素边界线的首尾点等。

链是指两节点间的有序线段。如线要素，线要素的某一段，面要素边界线。

面是指一条或若干条链构成的闭合区域。如面要素，线要素和面边界围成的区域。

2. 拓扑关系的种类

拓扑关系指拓扑元素之间的空间关系，具有以下几种(图 2-16)：

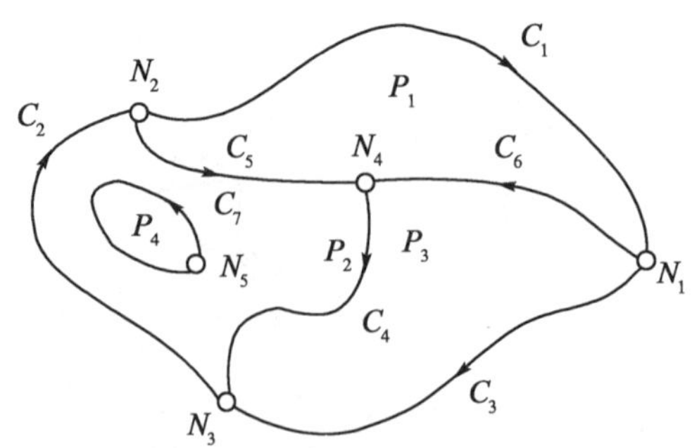

图 2-16　空间数据的拓扑关系

1)拓扑邻接

拓扑邻接指存在于空间图形的同类元素之间的拓扑关系。例如，节点之间邻接关系有 N_1/N_4，N_1/N_2 等；多边形(面)之间邻接关系有 P_1/P_3，P_2/P_3 等。

2)拓扑关联

拓扑关联指存在于空间图形的不同类元素之间的拓扑关系。例如，节点与弧段(链)关联关系有 N_1/C_1、C_3、C_6，N_2/C_1、C_2、C_5 等。多边形(面)与线段(链)的关联关系有 P_1/C_1、C_5、C_6，P_2/C_2、C_4、C_5、C_7 等。

3)拓扑包含

拓扑包含指存在于空间图形的同类但不同级的元素之间的拓扑关系，例如，多边形(面)P_2 包含多边形(面)P_4。

3. 拓扑关系的表示

在目前的 GIS 中，主要表示基本的拓扑关系，而且表示方法不尽相同。在矢量数据中拓扑关系可以由图 2-17 中四个表格来表示。

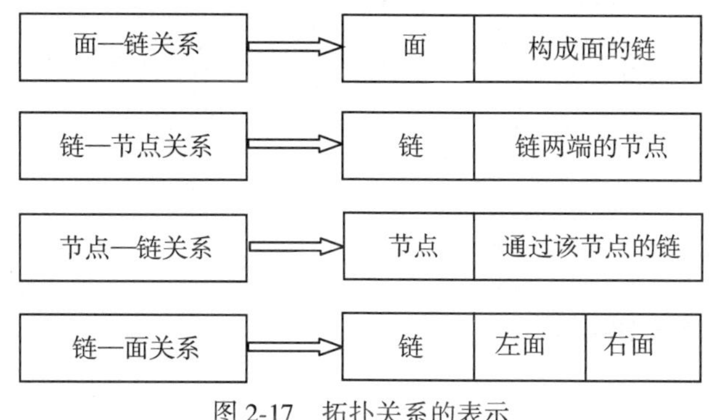

图 2-17 拓扑关系的表示

2.3.2 点线拓扑关系建立

点线拓扑关系的建立方法有两种方案。一种是在图形采集和编辑中实时建立，此时有两个文件表，一个记录节点所关联的弧段，一个记录弧段两端点的节点。如图 2-18 所示，已经数字化了两条弧段 A_1、A_2，涉及 3 个节点，当从 N_2 出发数字化第三条弧段 A_3时，起始节点首先根据空间坐标，寻找它附近是否存在已有的节点或弧段，若存在节点，则弧段 A_3不产生新的起节点号，而将 N_2 作为它的起节点。当它到终节点时，进行同样的判断和处理，由于 A_2 的终节点不能匹配到现有节点，因而产生一个新节点。将新弧段和新节点分别填入弧段表中，同时在节点表一栏的 N_2 的记录添加 N_2 所关联的新弧段 A_3。同理在数字化弧段 A_4时，由于起节点和终节点都匹配到原有的节点，所以不需要创建新节点记录，只是创建一个新的弧段记录，然后在原来的 N_3和 N_4节点关联的弧段记录中分别增加这一条弧段号 A_4。

建立节点弧段拓扑关系的第二种方案是在图形采集与编辑之后，系统自动建立拓扑关系。其基本思想与前面类似，在执行过程中逐渐建立弧段与起终节点和节点关联的弧段表。

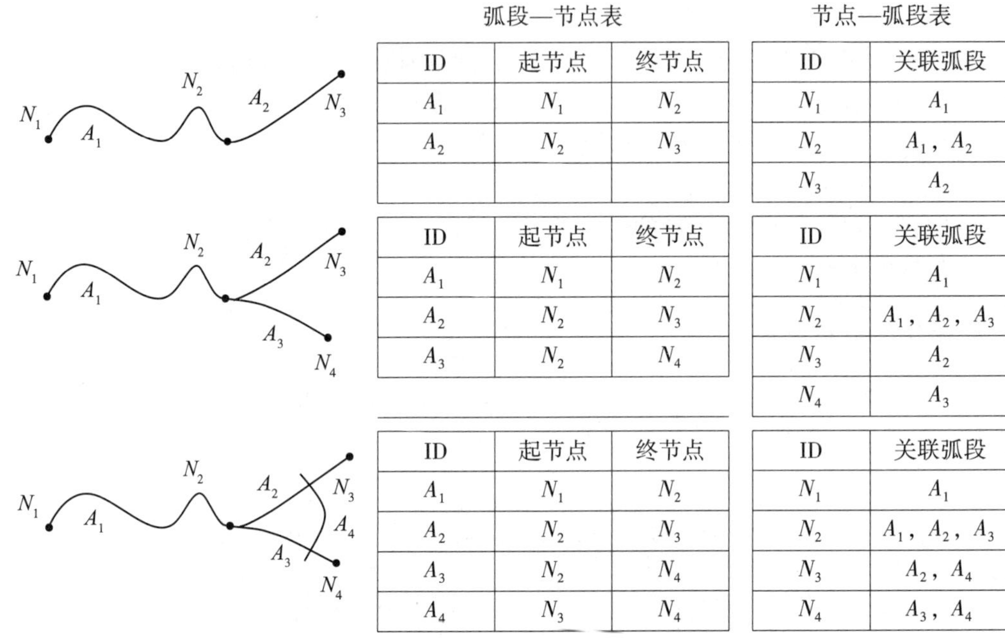

ID	起节点	终节点
A_1	N_1	N_2
A_2	N_2	N_3

ID	关联弧段
N_1	A_1
N_2	A_1，A_2
N_3	A_2

ID	起节点	终节点
A_1	N_1	N_2
A_2	N_2	N_3
A_3	N_2	N_4

ID	关联弧段
N_1	A_1
N_2	A_1，A_2，A_3
N_3	A_2
N_4	A_3

ID	起节点	终节点
A_1	N_1	N_2
A_2	N_2	N_3
A_3	N_2	N_4
A_4	N_3	N_4

ID	关联弧段
N_1	A_1
N_2	A_1，A_2，A_3
N_3	A_2，A_4
N_4	A_3，A_4

图 2-18　节点与弧段拓扑关系的实时建立

2.3.3　多边形拓扑关系建立

多边形有三种情况：①独立多边形，它与其他多边形没有共同边界，如独立房屋，这种多边形可以在数字化过程中直接生成，因为它仅涉及一条封闭的弧段；②具有公共边界的简单多边形，在数据采集时，仅输入了边界弧段数据，然后用一种算法自动将多边形的边界聚合起来，建立多边形文件；③嵌套的多边形，除了要按第二种方法自动建立多边形外，还要考虑多边形内的多边形(也称作内岛)。

下面以第二种情况为例，讨论多边形自动生成的步骤和方法。

首先进行节点匹配(Snap)。如图 2-19 所示的 3 条弧段的端点本来应该是同一节点，但由于数字化误差，三点坐标不完全一致，造成它们之间不能建立关联关系。因此，以任意弧段的端点为圆心，以给定容差为半径，产生一个搜索圆，搜索落入该搜索圆内的其他弧段的端点，若有，则取这些端点坐标的平均值作为节点位置，并代替原来各弧段的端点坐标。

然后建立节点—弧段拓扑关系。在节点匹配的基础上，对产生的节点进行编号，并产生两个文件表，一个记录节点所关联的弧段，另一个记录弧段两端的节点，如图 2-20 所示。

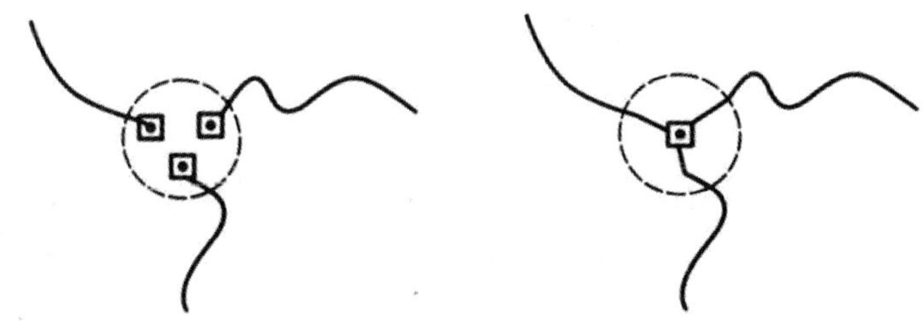

(a) 三个没有吻合在一起的弧段端点 (b) 经节点匹配处理后产生的同一节点

图 2-19 节点匹配示意图

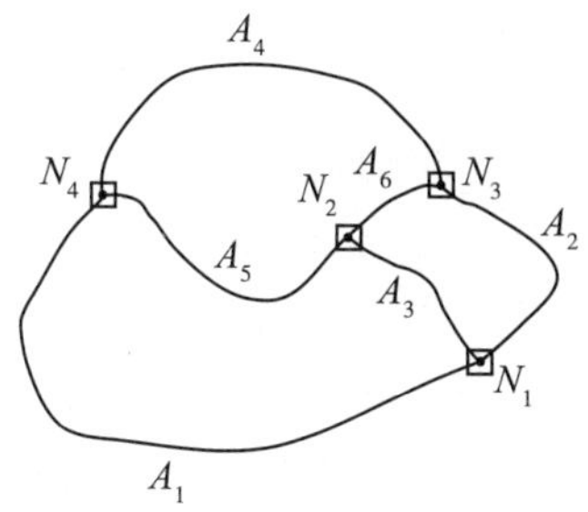

ID	起节点	终节点
A_1	N_1	N_4
A_2	N_1	N_3
A_3	N_1	N_2
A_4	N_4	N_3
A_5	N_4	N_2
A_6	N_2	N_3

ID	关联弧段
N_1	A_2, A_3, A_1
N_2	A_6, A_5, A_3
N_3	A_4, A_6, A_2
N_4	A_4, A_1, A_5

图 2-20 节点与弧段拓扑关系的建立

最后进行多边形的自动生成。多边形的自动生成实际上就是建立多边形与弧段的关系，并将弧段关联的左右多边形填入弧段文件中。建立多边形拓扑关系时，必须考虑弧段的方向性，即弧段沿起节点出发，到终节点结束，沿该弧段前进方向，将其关联的两个多边形定义为左多边形和右多边形。多边形拓扑关系是从弧段文件出发建立的。

在建立多边形拓扑关系之前，首先将所有弧段的左、右多边形都置为空，并将已经建立的节点—弧段拓扑关系中各个节点所关联的弧段按方位角大小排序。方位角是指从 x 轴按逆时针方向量至节点与它相邻的该弧段上后一个(或前一个)顶点的连线的夹角，如2-21所示。建立多边形拓扑关系的算法如下：

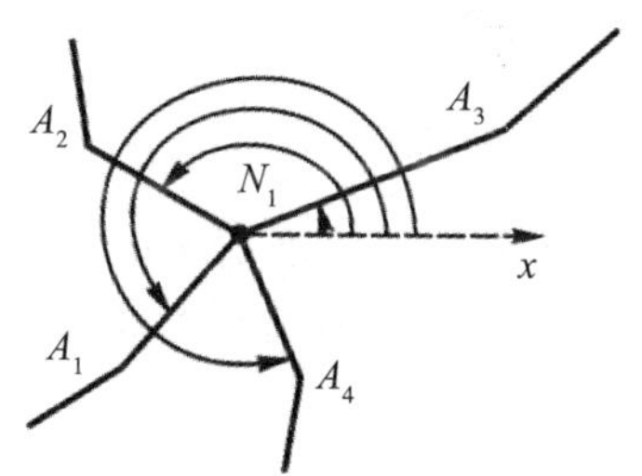

ID	关联弧段
N_1	A_3, A_2, A_1, A_4

图 2-21 在节点处弧段按方位角大小排序

从弧段文件中得到第一条弧段，以该弧段为起始弧段，并以顺时针方向为搜索方向，若起终点号相同，则这是一条单封闭弧段，否则根据前进方向的节点号在节点—弧段拓扑关系表中搜索下一个待连接的弧段。由于与每个节点有关的弧段都已按方位角大小排过序，则下一个待连接的弧段就是它的后续弧段。如图 2-20 所示，假如从 A_4 开始，其起节点为 N_4，终节点为 N_3，在节点 N_3 上，连接的弧段分别为 A_4、A_6、A_2，则后续弧段为 A_6，沿 A_6 向前追踪，其下一节点为 N_2，N_2 连接的弧段为 A_6、A_5、A_3，后续弧段为 A_5，A_5 的下一节点为 N_4，回到弧段追踪的起点，形成一个弧段号顺时针排列的闭合的多边形，该多边形—弧段的拓扑关系表建立完毕。在多边形建立过程中将形成的多边形号逐步填弧段—多边形关系表的左、右多边形内。

对于嵌套多边形，需要在建立简单多边形以后或建立过程中，采用多边形包含分析方法判别个多边形包含了哪些多边形，并将这些内多边形按逆时针排列。

2.3.4 网络拓扑关系建立

在输入道路、水系、管网、通信线路等信息时，为了进行流量、连通性、最佳线路分析，需要确定实体间的连接关系。网络拓扑关系的建立主要是确定节点与弧段之间的拓扑关系，这一工作可以由 GIS 软件自动完成，其方法与建立多边形拓扑关系时相似，只是不需要建立多边形。但在些特殊情况下，两条相交的弧段在交点处不一定需要节点，如道路交通中的立交桥，在平面上相交，但实际上不连通，这时需要手工修改，将在交叉处连通的节点删除，如图 2-22 所示。

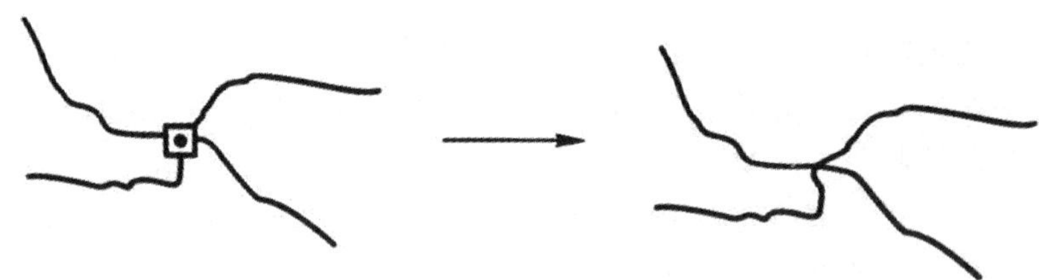

图 2-22　删除不需要的节点

2.4 任务四　空间数据拼接与裁剪

图形裁剪与合并

在使用计算机处理图形信息时，计算机内部存储的图形往往比较大，而屏幕显示的只是图的一部分。为了确定图形中哪些部分落在显示区之内，哪些落在显示区之外，通过图形的裁剪与合并，使图形数据适用不同的应用目的。

2.4.1 空间数据拼接

由于测图区域、比例尺大小、成图纸张大小、图纸的改变、绘图误差、数字化误差和分幅数字化等因素的影响，位于接边处的数据通常不太可能结合在一起，在 GIS 建库的过程中需要对一幅幅地图进行拼接处理，主要包括空间数据的接边以及空间要素与对应的属性的合并等。空间数据的拼接过程如图 2-23 所示。

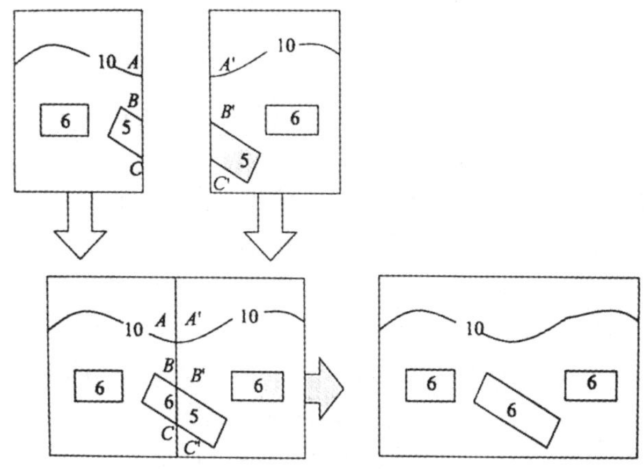

图 2-23 空间数据的拼接过程

1. 空间数据的拼接

接边处理可以分为人工处理和软件自动处理两种，其本质是把具有相同要素类型的两个或多个要素合并成一个要素，得到的结果将包含所有的属性内容。空间数据接边时要分等高线与地物要素类别两部分来匹配。

1) 地物要素匹配

在拼接时必须满足以下条件：相邻图幅的要素编码一致；相邻图幅要素的同名边界点坐标差在某一允许范围内(距离为 0.5mm)。在具体接边时，修改边界上同名点的坐标到两同名点的中间点坐标上，重新生成要素即可。

2) 等高线匹配

理论上，在接边处附近的某一条等高线，应与相邻图幅上对应的等高线咬合在一起，即这两点对应的等高线至少有一个节点的坐标是相同的。但在实际中，由于误差的影响，对应等高线在接边处常常发生偏移和断裂，需要人工或自动修改坐标使它们合并在一起。

在拼接时必须满足以下条件：相邻图幅的等高线要素的属性编码必须为等高线且属性高程值一致；相邻图幅的等高线要素，其同名边界点坐标差在某一允许值范围内。在具体接边时，修改等高线边界上的同名点坐标到同名点的中间点坐标上，利用等高线节点坐标重新生成光滑等高线。

2. 要素合并

虽然相邻图幅的同一空间要素在经过接边后解决了相邻图幅要素间位置一致性的问题，但实质上还是两个要素，因此需要进行要素合并。

1) 逻辑一致性处理

相邻图幅的同名要素有可能在属性上存在逻辑错误：如有一条道路要素在一幅图中的名称是中山北路，在另一相邻图幅中是中山南路；有一房屋要素在一幅图中楼层是 5 层，另一相邻图幅中却是 6 层。可由程序自动找出逻辑不一致的地方，并进行人工交互编辑检查。

2)要素合并处理

经过空间要素接边与逻辑检查后，就可将相邻图幅中的同名要素合并成一个要素，包括相同属性值的删除和相同属性公共边界线的删除，采用的方法与分类类似，如采用 ArcGIS 的融合命令。

另外，在同一图幅中，等高线要素也存在分段问题。表面上看似为一条完全闭合的等高线，实质上却是多条等高线，这同样需要合并处理。

在 GIS 中经常要将一幅图内的多层数据合并在一起，或者将相邻的多幅图的同一层数据或多层数据合并在一起，此时涉及空间拓扑关系的重建。但对于多边形数据，因为同一个多边形已在不同的图幅内形成独立的多边形，合并时需要去掉公共边界。跨越图幅的同一个多边形，在它左右两个图幅内，借助于图廓边形成了两个独立的多边形。为了便于查询与制图(多边形填充符号)，现在要将它们合并在一起，形成一个多边形。此时，需要去掉公共边。实际处理过程是先删掉两个多边形，解除空间拓扑关系，删除公共边(实际上是图廓边)，然后重建拓扑关系(图 2-24)。

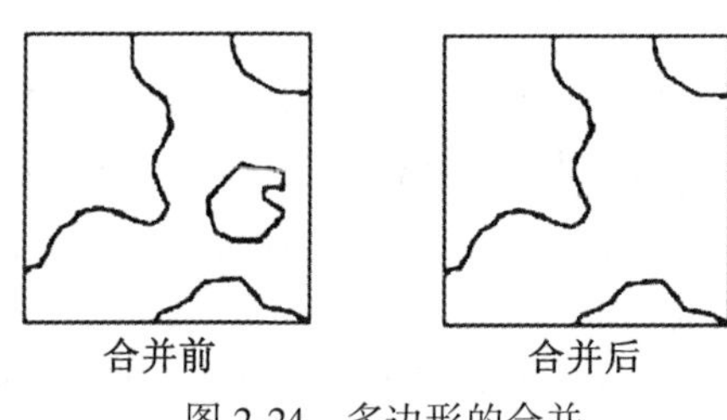

图 2-24　多边形的合并

2.4.2　图形裁剪

在计算机地图制图过程中，会遇到图幅划分及图形编辑过程中对某个区域进行局部放大的问题，这些问题要求确定一个区域，并使区域内的图形能显示出来，而将区域之外的图形删去(不显示或分段显示)，这个过程就是图形裁剪，这里提到的区域也称窗口，根据窗口形状分为矩形窗口或任意多边形。简言之，图形裁剪就是描述某一图形要素(如直线、圆等)是否与一多边形窗口(如矩形窗口)相交的过程。

在许多情况下需要用到图形的裁剪，包括窗口的开窗、放大、漫游显示，地形图的裁剪输出，空间目标的提取，多边形叠置分析等。这里主要介绍多边形裁剪的基本原理和多边形的合并操作。

图形裁剪的主要用途是清除窗口之外的图形，在 GIS 应用中，许多情况下需要用到图形的裁剪，包括窗口的开窗、放大、漫游显示，地形图的裁剪输出，空间目标的提取，多边形叠置分析等。

在图形裁剪，首先要确定图形要素是否全部位于窗口之内，若只有部分在窗口内，要计算出图形元素与窗口边界的交点，正确选取显示部分内容，裁剪掉窗口外的图形，从而只显示窗口内的内容。对于一个完整的图形要素，开窗口时可能使得其一部分在窗口之内，一部分位于窗口外，为了显示窗口内的内容，就需要用裁剪的方法对图形要素进行剪取处理。

1. 直线的窗口剪裁

在裁剪时不同的线段可能被窗口分成几段，但其中只有一段位于窗口内可见，这种算法的思想是将图形所在的平面利用窗口的边界分成的九个区，每一区都有一个四位二进制编码表示，每一位数字表示一个方位，其含义分别为：上、下、右、左，以 1 代表"真"，0 代表"假"，中间区域的编号为 0000，代表窗口。这样，当线段的端点位于某一区时，该点的位置可以用其所在区域的四位二进制码来唯一确定，通过对线段两端点的编码进行逻辑运算，就可确定线段相对于窗口的关系。

如图 2-25 所示，编码顺序从右到左，每一编码对应线段端点的位置为：第一位为 1 表示端点位于窗口左边界的左边；第二位为 1 表示端点位于右边界的右边；第三位为 1 表示端点位于下边界的下边；第四位为 1 表示端点位于上边界的上边。若某位为 0 则表示端点的位置情况与取值 1 时相反。

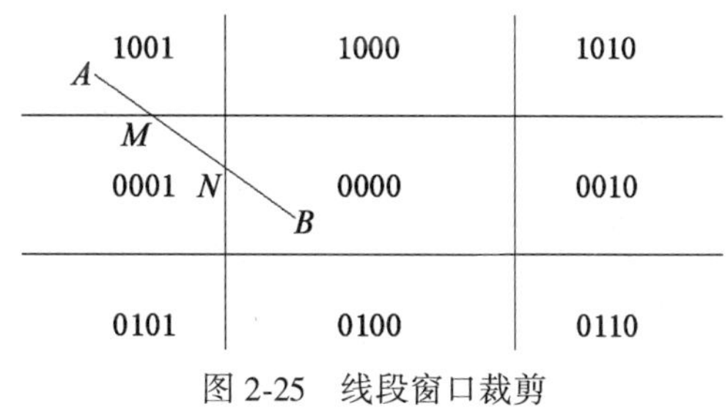

图 2-25 线段窗口裁剪

很显然，如果线段的两个端点的四位编码全为 0，则此线段全部位于窗口内；若线段两个端点的四位编码进行逻辑乘运算的结果为非 0，则此线段全部在窗口外。对这两种情况无须做裁剪处理。

如果一条线段用上述方法无法确定是否全部在窗口内或全部在窗口外，则需要对线段进行裁剪分割，对分割后的每一子线段重复以上编码判断，把不在窗口内的子线段裁剪掉，直到找到位于窗口内的线段为止。

如图 2-25 中的线段 *AB*，第一次分割成了线段 *AM* 和 *MB*，利用编码判断可把线段 *AM* 裁剪掉，对线段 *MB* 再分割成子线段 *MN* 和 *NB*，再利用编码判断又裁剪掉子线段 *MN*，而 *NB* 全部位于窗口内，即为裁剪后的线段，裁剪过程结束。

2. 多边形的窗口剪裁

多边形的窗口裁剪是以线段裁剪为基础的，但又不同于线段的窗口裁剪。多边形的裁剪比线段要复杂得多。因为经过裁剪后，多边形的轮廓线仍要闭合，而裁剪后的边数可能增加，也可能减少，或者被裁剪成几个多边形，这样必须适当地插入窗口边界才能保持多边形的封闭性。这就使得多边形的裁剪不能简单地用裁剪直线的方法来实现。在线段裁剪中，是把一条线段的两个端点孤立地考虑的。而多边形裁剪是由若干条首尾相连的有序线段组成的，裁剪后的多边形仍应保持原多边形各自的连接顺序。另外，封闭的多边形裁剪后仍应是封闭的。因此，多边形的裁剪应着重考虑以下问题：如何把多边形落在窗口边界上的交点正确、按序地连接起来构成多边形，包括决定窗口边界及拐角点的取舍。

对于多边形的裁剪，人们研究出多种算法，这里仅介绍较为常用的有逐边裁剪法和双边裁剪法，有兴趣的读者可以参阅相关的研究文章了解更多的算法。

其中常用的有萨瑟兰德-霍奇曼(Sutherland-Hodgman)提出的“逐边裁剪法”，它根据相对于一条边界线裁剪多边形比较容易这一点，把整个多边形先相对于窗口的第一条边界裁剪，把落在窗口外部的图形去掉，只保留窗口内的图形，然后再把形成的新多边形相对于窗口的第二条边界裁剪，如此进行到窗口的最后一条边界，从而把多边形相对于窗口的全部边界进行了裁剪，最后得到的多边形即为裁剪后的多边形。

图2-26说明了这个过程，其中原始多边形为 $V_0V_1V_2V_3$，经过窗口的四条边界裁剪后得到 $V_0V_1V_2V_3V_4V_5V_6V_7V_8$多边形。在这个过程中，对于每一条窗口边框，都要计算其余多边形各条边的交点，然后把这些交点按照一定的规则连成线段。而与窗口边界不相交的多边形的其他部分则保留不变。

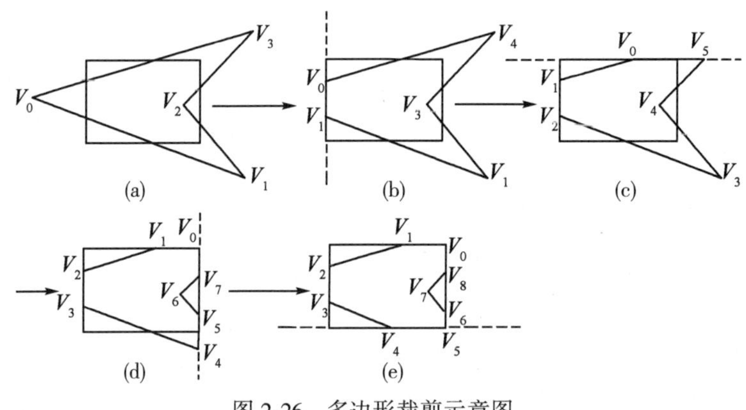

图2-26 多边形裁剪示意图

2.5 案例二 A级景区空间数据处理

2.5.1 案例场景

地理空间数据的来源广泛，任何格式的数据都显式或隐式地包含坐标系信息，坐标系包括地理坐标系和投影坐标系。为了能够对不同来源的地理数据进行可视化、数据分析，必须保证每个数据的坐标系是一致的，需要对数据进行投影变换。拓扑查错是对输入的要素进行质量检查的最有效方法，通过对线进行拓扑检查与编辑，可以确保边界线之间首尾相接。获取到的DEM影像数据往往都是分图幅存储的，在具体应用时需要对其进行拼接与裁剪。

对于不同类型坐标系统的空间数据如何实现其参考系统的统一？矢量数据和栅格数据进行投影变换有何区别？要素类数据能否进行拓扑数据处理？拓扑查错后如何进行编辑处理？影像数据如何进行拼接？拼接后如何进行裁剪？都需要通过空间数据处理一一解决。

本案例以“A级景区空间数据处理”为应用场景，面向基础要素数据、A级景区数据、DEM数据，讲解以投影变换、拓扑处理与编辑、DEM影像拼接与裁剪为主的空间数据处理过程，为数据组织与管理提供高质量的空间数据源。

2.5.2 目标与内容

1. 目标与要求

(1)掌握矢量数据和栅格数据进行投影变换的方法。
(2)掌握拓扑生成的一般工序和处理方法。
(3)掌握影像数据拼接与裁剪的方法。

2. 案例内容

(1)投影变换。
(2)拓扑处理与编辑。
(3)DEM影像拼接与裁剪。

2.5.3 数据与思路

1. 案例数据

本案例讲述空间数据的处理方法，数据存放在“data2”文件夹中，具体如表2-1所示。

表2-1 **数据明细**

数据名称	类型	描述
基础要素数据	Shapefile点、线要素	用于投影变换的地级行政中心、河流、铁路、高速公路等数据
河南省A级景区	Shapefile点要素	用于投影变换的A级景区点要素数据
河南DEM数据	DEM栅格数据	用于投影栅格的DEM影像数据
拓扑处理数据	GDB文件地理数据库	用于拓扑处理的河南省市界限数据库

2. 思路方法

A级景区空间数据处理，主要解决投影变换、拓扑处理、影像拼接与裁剪的问题。

(1)针对“投影变换”处理过程，首先，明确将所有数据的参考系统通过投影变换处理，转换为与河南省行政区相同的坐标系；其次，对基础要素数据和河南省A级景区数据采用矢量数据投影变换的方法实现；最后，对河南省 DEM 影像数据，利用“投影栅格”功能进行处理。

(2)针对“拓扑处理与编辑”过程，通过 ArcGIS 软件的“新建拓扑”功能，利用拓扑规则检查河南省市界限间的拓扑关系，对查出的错误利用【延伸与修剪】工具编辑。

(3)针对“影像拼接与裁剪”处理过程，通过 ArcGIS 软件的“镶嵌至新栅格”实现影像拼接，通过“按掩膜提取”功能实现影像裁剪。

2.5.4　步骤与过程

1. 投影变换

由于 A 级景区相关数据采用不同方法获取，其空间参考不统一，在进行 GIS 数据应用时，往往需要将其空间参考统一到相同的坐标中，本案例将所有空间数据全部转换为与河南省行政区数据所属的空间参考。

1)基础要素数据投影变换

在 ArcMap 中，点击工具条上的 ArcToolbox 工具，在工具箱中选择【数据管理工具】→【投影和变换】→【投影】，打开【投影】对话框(图 2-27)，【输入数据集或要素类】选择“高速公路”，【输出数据集或要素类】保存到“data2”文件夹下的“投影结果”中，点击输出坐标系后的图标，在弹出的【空间参考属性】对话框中，选择【添加坐标系】下的【导入】菜单，导入河南省行政区数据的坐标，可以看到其坐标为“Krasovsky_1940_Albers”，如图 2-28所示，两次点击【确定】后，完成高速公路数据的投影变换。用相同的方法对铁路、河流等基础要素数据进行投影变换。

图 2-27　【投影】对话框

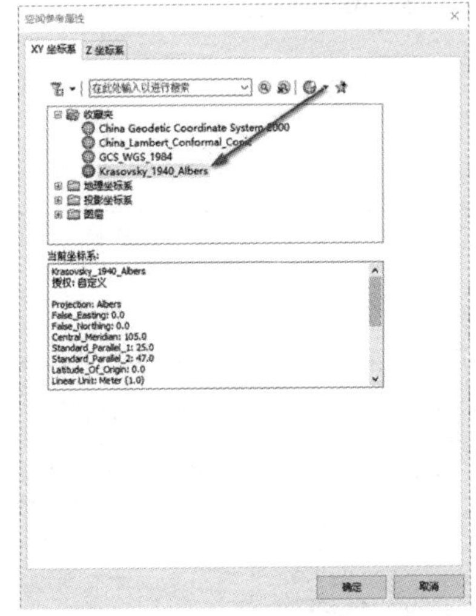

图 2-28　【空间参考属性】对话框

2)A 级景区数据投影变换

由 Excel 表格数据转换的 A 级景区点数据没有投影信息，在 ArcMap 中进行加载时会弹出警告消息对话框(图 2-29),因此在投影变换前需要先对该数据定义投影。在 ArcToolbox 工具箱,打开【数据管理工具】→【投影和变换】→【定义投影】对话框,【输入数据集或要素类】设置为“河南省 A 级景区”,点击右侧坐标系按钮,打开【空间参考属性】对话框,点击【选择】,选择【地理坐标系】→【World】→【WGS 1984】,点击【确定】执行定义投影工具,得到定义投影后的数据。按照上述步骤 1)再对定义投影后的数据进行投影变换,得到坐标为“Krasovsky_1940_Albers”的 A 级景区数据。

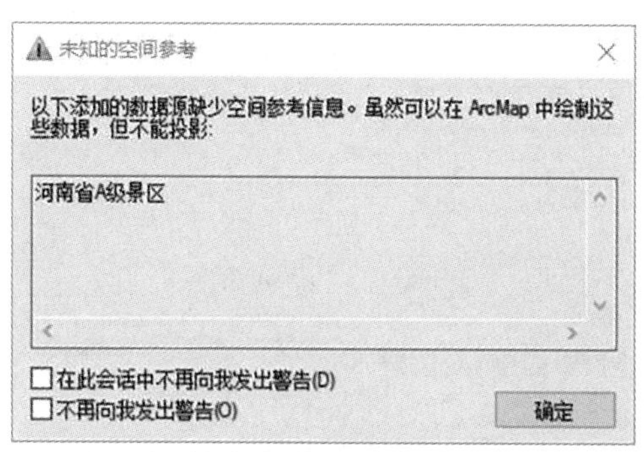

图 2-29 警告消息对话框

3) DEM 数据投影变换

由于 DEM 是栅格数据,进行投影变换时与上述的矢量数据不同。在 ArcToolbox 工具箱,打开【数据管理工具】→【投影和变换】→【栅格】→【投影栅格】对话框,如图2-30所示。【输入栅格】选择“srtm_59_05. img”,【输出栅格数据集】保存到“data2”文件夹下的“河南 DEM 投影结果”中,名称与原名保持一致,输入“srtm_59_05”,不加 img 后缀,【输出坐标系】选择“Krasovsky_1940_Albers”,点击【确定】后,完成投影变换。用相同的方法对其他 3 景数据进行投影变换。

注意:如果点击【确定】后,弹出“未定义的地理(坐标)变换”【错误】消息对话框(图 2-31),则需要先对原始栅格数据定义投影,按照上述步骤 2)进行定义投影操作,将投影定义为【地理坐标系】→【Asia】→【China Geodetic Coordinate System 2000】后,再通过“投影栅格”完成 DEM 数据的投影变换。

2. 拓扑处理与编辑

拓扑查错是对输入的要素进行质量检查的最有效方法,尤其是边界线输入过程中会出现错误,可通过对线进行拓扑检查,确保边界线之间首尾相接(拓扑规则为“无悬挂节点”),最后通过编辑完成错误处的修改。

1) 新建拓扑

在 ArcCatalog 的目录树中,展开“拓扑处理 . gdb”数据库,右击“拓扑要素”数据集,点击【新建】→【拓扑】,两次点击【下一步】后,勾选“市界限”图层,两次点击【下一步】,点击【添加规则】,在【规则】下拉框中选择“不能有悬挂节点”,如图 2-32 所示,点击【确定】,点击【下一步】→【完成】→【是】,完成拓扑关系的建立。

注意:新建拓扑必须在“要素数据集”才可以完成。

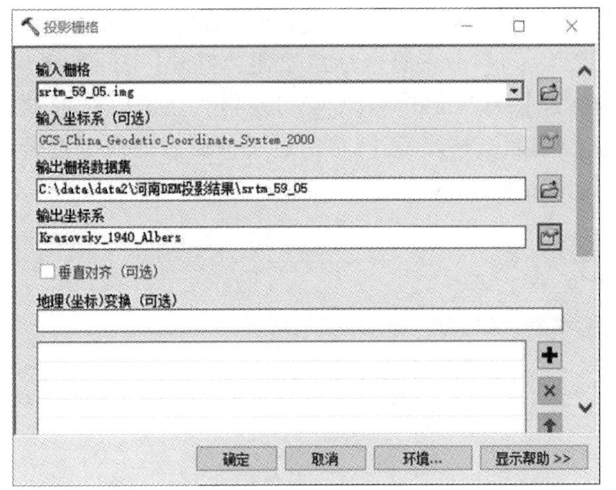

图 2-30　【投影栅格】对话框

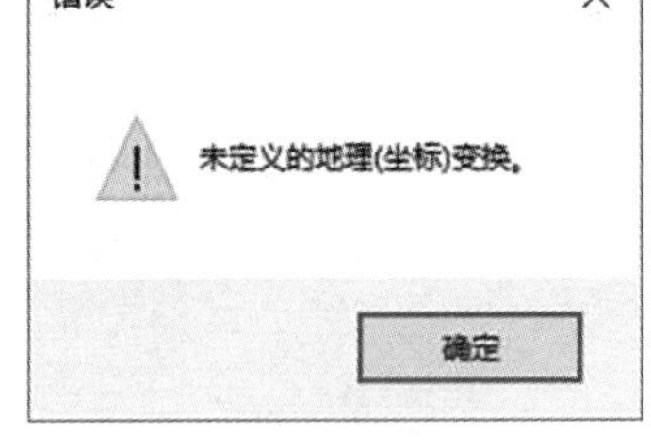

图 2-31　【错误】消息对话框

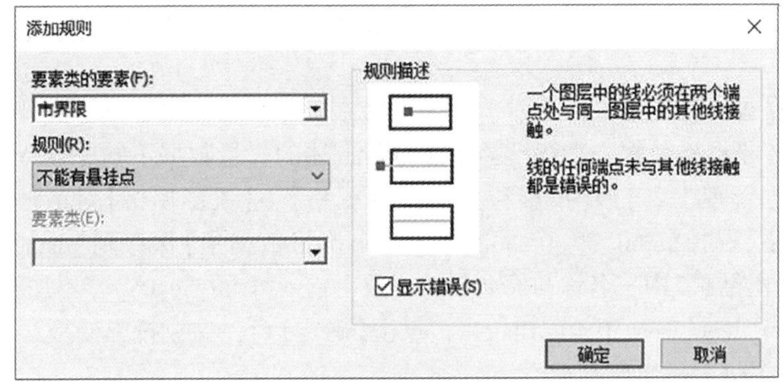

图 2-32　【添加规则】对话框

2）预览拓扑错误

在 ArcCatalog 左侧的目录树中选择新建的拓扑关系（拓扑要素_Topology），在右侧的显示区中选择【预览】选项卡，浏览是否存在拓扑错误。红点所示的位置即存在拓扑错误，发现有 2 处错误。

3）修改错误并保存

启动 ArcMap，加载拓扑关系及其相联系的数据，放大红点处的数据（图 2-33），观察发现拓扑错误主要是“不及和过头”两种错误类型，可通过延伸与修剪进行编辑。

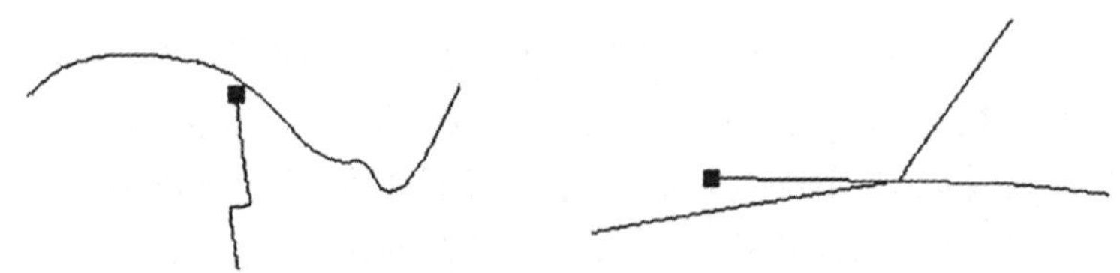

图 2-33　拓扑错误

打开【编辑器】工具条，依次点击【编辑器】→【开始编辑】，启动编辑。选择【菜单栏】→【自定义】→【工具条】→【高级编辑】工具条(图 2-34)，加载【高级编辑】工具条。利用标准工具条上的【选择要素】工具选中要被延伸到的那条线，这时【高级编辑】工具条上的【延伸】工具会被激活，利用【延伸】工具选中“不及”的这条线，其线头会自动捕捉到要被延伸的线边上。利用【清除所选要素】工具取消刚才选中的要被延伸到的那条线。继续用【选择要素】工具选中被“过头”的那条线，利用【高级编辑】工具条上的【修剪工具】选中过头的线头部分，即可剪掉超出的过头线。

图 2-34　【高级编辑】工具条

打开【编辑器】下拉列表，点击【更多编辑工具】→【拓扑】，打开【拓扑】工具条，点击【拓扑】工具条上的【验证当前范围中的拓扑】工具，红点消失即表明该错误已经修改成功。确认所有错误都修改后，保存编辑。

3. DEM 影像拼接与裁剪

1)影像拼接

打开 ArcMap 软件，加载 4 幅已经过投影变换的 DEM 影像。在 ArcToolbox 工具箱，打开【数据管理工具】→【栅格】→【栅格数据集】→【镶嵌至新栅格】对话框，如图2-35所示。【输入栅格】依次选择 4 幅影像，【输出位置】定位到“data2”文件中的河南 DEM 数据，【数据集名称】输入“河南 DEM. img”(注意：这里必须带扩展名，也可将扩展名设置为 tif)，【像素类型】选择“16_BIT_SIGNED”，【波段数】输入 1，该信息可通过查看原始 DEM 图层属性的【源】选项得知(图 2-36)，其余项默认，点击【确定】后，完成 4 幅 DEM 影像的拼接。

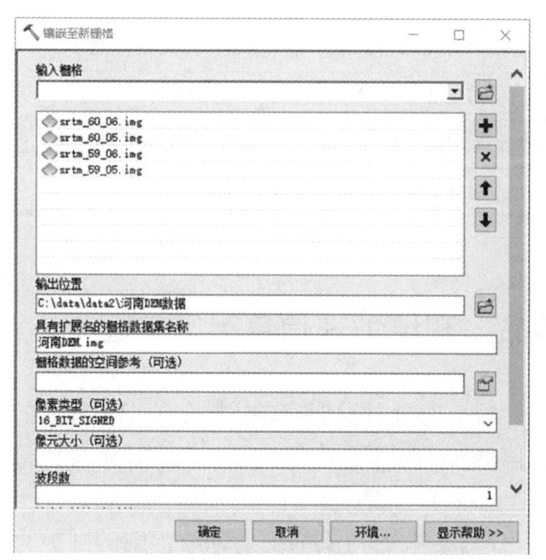

图 2-35　【镶嵌至新栅格】对话框

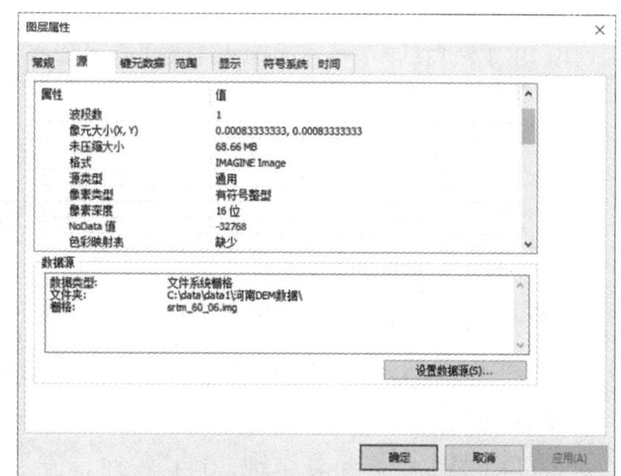

图 2-36　【图层属性】对话框

2)影像裁剪

打开 ArcMap 软件，加载拼接好的河南 DEM 影像和河南行政区数据。在 ArcToolbox 工具箱，打开【Spatial Analyst 工具】→【提取分析】→【按掩膜提取】对话框，如图 2-37 所示。【输入栅格】选择“河南 DEM. img”，【输入栅格数据或要素掩膜数据】选择“河南省行政区”，【输出栅格】保存至“data2”文件中的河南 DEM 数据，命名为“河南 DEM 裁剪”；点击【环境】按钮，打开【环境设置】对话框，将【处理范围】设置为与图层“河南省行政区”相同，将【栅格分析】中的【掩膜】设置为“河南省行政区”，两次点击【确定】后，得到裁剪结果，如图 2-38 所示。

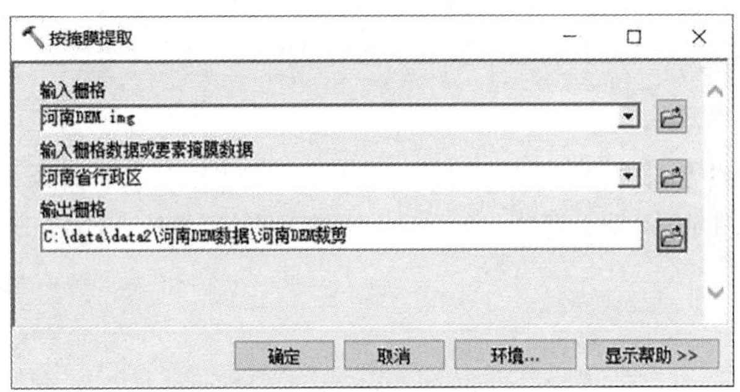

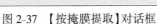

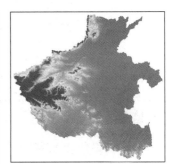

图 2-37 【按掩膜提取】对话框

图 2-38 裁剪结果

4. 案例结果

本案例最终成果具体内容如表 2-2 所示。

表 2-2 **成果数据**

数据名称	类型	描　　述
投影结果	Shapefile 点、线要素	投影变换完成后得到的基础要素、A 级景区数据
河南 DEM 投影结果	DEM 栅格数据	DEM 影像数据投影栅格后的结果
拓扑处理数据	GDB 文件地理数据库	拓扑处理与编辑后没有错误的河南省市界限数据库
河南 DEM 裁剪结果	DEM 栅格数据	对拼接好的 DEM 影像裁剪后的结果

2.6 拓展二 独具匠心铸精品 测绘地理信息大国工匠

齐耳的短发，正如她的性格，朴实、干练，娇小的身材没能掩饰住她在工作中释放的巨大能量和干劲儿。舒畅，黑龙江省测绘地理信息技术能手，高级技师，黑龙江地理信息工程院作业员、检查员。

百炼钢化为绕指柔，她 20 年来独具匠心，抒写了大图乃成的纸上乾坤，她的图被大家啧啧称赞为“工艺品”，她是测绘内业的“全面手”，是急重项目中让人信赖的“定心砣”，是将全身心奉献于测绘内业生产一线的“老工匠”。

2.6.1 “老工匠”不忘初心

舒畅的父亲曾是一名外业测绘队员，受其影响，她从小便对测绘事业充满向往与希冀。1998 年，大专毕业的舒畅女承父业，成为测绘战线的一员。

“干测绘这一行，要沉得下气，耐得住寂寞，将枯燥的工作变得有趣起来，才能更上层楼，求得其中真谛。”老父亲当年的谆谆教导，让她在这样的家传之下，对待制图精雕细琢，便成为她初心不改的工作态度。

随后的 20 年间，她经历了从手工刻绘到计算机制图再到全数字测图的技术革命革新，先后从事了 4D 产品的生产及质量检查，空三加密、立体测图、入库一体化、影像制作等整套测绘内业生产工作，成为了测绘内业的“全面手”，她熟练掌握 Geoway、Microstation、ArcGIS、Photoshop 等生产软件，对测绘业务知识掌握得全面，是众人眼中名副其实的“全能王”。

“我想绘好每一个制图符号，画好每一幅图，让经我手的每一幅地图都能彰显价值。这是我的职责，也是我的荣耀。”舒畅每每回想 19 岁的自己，谈起当初的那份初心，感慨良多。刚参加工作时，她怀揣满腔热情，把全部时间和精力投到测绘生产上，每天第一个进作业室，最后一个关灯离开。上班时她虚心向老师学习，反复苦练，回家后让父亲给自己“开小灶”接着练，就是这种“初生牛犊”的冲劲儿，日积月累，使她练就扎实的生产技艺和过硬的生产技能，成长为一名技术过硬、经验丰富、勇于创新的行家里手，连续 10 余年被院里评为质量技术标兵。

不忘初心方得始终，舒畅带着初心上路，20 年如一日，积极探索，除弊革新，兢兢业业，凭借过硬的技术与不断钻研的态度，在全国第四届测绘地理信息行业职业技能竞赛地图制图赛项获得个人第三名的好成绩，并且荣膺“全国测绘地理信息技术能手”称号。

善其事者探其源。舒畅从未间断对测绘理论知识的渴求，多年来她已养成测绘书本不离手的习惯，理论上与时俱进，实践中勤学苦练、精耕细作，2010 年，她通过努力完成了武汉大学信息工程专业本科学习，系统而深入地充实了业务原理和先进技术，理论知识的不断丰满和爆棚的爱岗敬业精神，使她一步一个脚印地走上了测绘工匠路。

2.6.2 “老工匠”追求卓越

“工”，其技必硬。舒畅作业思路清晰，作图井井有条，她的图准确、清晰、直观，各地理要素符号关系处理得当，地貌形态逼真，图内外整饰到位。她凭借过硬的技术在多项国家、省重大测绘项目中发挥了“定心砣”“顶梁柱”的作用。2016 年底，她所在的部门承担了黑乌基础测绘项目，测区位于黑龙江和乌苏里江的交汇处，老年河形态明显，等高线的表达非常困难，地貌表达不够充分，这样就给后期编辑工作造成很大困难，甚至难以识别，舒畅悉心研究，仔细辨识，通过反复比对，一次又一次立体核查，找到了解决问题的办法。她参照 DOM 影像上色调深浅的变化，判断出等高线的走势，并给出了明确操作实例，色调深的地方地势低，势必要有封闭的洼地，并且要绘制示坡线……她凭借着充足的经验为大家解决了燃眉之急，保障了项目的顺利进行。

在国家 927 海岛(礁)工程和海岛(礁)识别项目中，她凭借过硬的生产技艺再立战功。面对这片“处女图”，她迎难而上，在反复试验，仔细研究数据结构和软件的基础上，独立钻研基于 ArcGIS 软件平台的数据检查方法和流程，将上交的所用图幅数据整体拼接，逐层、逐项地检查，得出了有效控制数据质量的方法，使项目进展一路绿灯。

舒畅善于思考，她一直把技术创新、方式方法创新作为制图工匠历久弥新的重要途径。2013 年她被选派到国家基础地理信息中心负责 927 海岛礁的成果整理工作。这个项目要集中融合多家生产单位的数据，统计全国岛礁面积及数量。为了使成果精准，她认真思考，反复推敲行之有效的方法，先是熟悉了各单位数据，把最终 MDB 数据在 ArcGIS 软件中转换成表格形式，在表格中按属性整合，既能避免数据丢失，又可以清晰地看到全部岛屿面积和数量，她的方法解决了“数据荒”“漏洞盲”等统计综合征，多、快、好、省地完成了原本繁重的工作，将工作效率提高了 30%，将准确率提升到 100%，使得负责人与单位领导频频为她点赞。

“每一幅图都是匠心之作。”在领导和同事的眼中，舒畅经手的每一幅图都是精雕细琢的艺术品，似乎也只有在舒畅手里，才能将制图差错的纪录保持在不可思议的水平，用其精湛绝伦的技艺，穷尽一位匠人的精品概念，将绘图制图这门古老技艺，焕发出崭新的时代活力。

室主任汲旭生对舒畅点头称赞道：“我们的工作是单调而枯燥的，需要长时间坐在电脑前专注地进行数据描绘或者处理、加工。要想把工作做好、做出色，就必须具有沉心、静气、精雕细琢的工匠精神，舒畅工作 20 年，工匠精神的品质愈加凸显出来。”

2.6.3　“老工匠”精益求精

“书痴文必工，艺痴技必良”。地图制图讲求速度，更讲求质量。舒畅做的图一点一线清雅秀美，一笔一画气韵流畅，是众人眼中的“工艺品”，而且经她手完成的测绘产品，质量合格率均为 100%，经得住岁月的检验。

多年来，舒畅经历了手工刻绘到计算机制图再到全数字测图技术革新的淬炼，熟谙各种比例尺地形图编辑，练就了如今一身地图制图的“绝世武功”。

舒畅是一个用脑、用心在工作的人。作图前，她会反复查看调绘片，将所有细节了然于胸，这时一幅地图便已在她脑海中成型，再在电脑上完美呈现出来，大大提高了工作的效率和质量。地图制图工作量大，工序琐碎复杂，一个项目成千上万幅图，拼的是成图速率。舒畅将各类内业测绘产品技术重点牢记于心，对新项目新技术能够触类旁通，迅速掌握。舒畅把图式、数据规定收藏在手机里，只要有空就习惯性地翻看，并且做到熟记于心，对于上千个 6 位的入库数据国标码，她烂熟于心，张口便能说出各代表什么地物。她是同事眼中的“人工智能”，被大家称为“全智能版制图规范和数据规定”，是内业测绘生产的“小百科全书”。

她凭借丰富的工作经验，娴熟的操作技能改良优化了地图生产方式。在 1∶1 万基础测绘编辑中，她发现依据影像和实地外业调绘成果进行编辑，再将采集的矢量数据符号化之后，由于地物符号大小、线宽等因素，呈现在图纸上的地物会产生粘连，影响读图。她转变思维方式，转换生产工艺，在矢量数据采集过程中兼顾了符号化对图面的影响，仅这一个步骤既实现了数据的精准，又满足了成图美观，且避免了工作反复，达到整洁、有序、整饰美观的效果。

2015 年，国家地理国情监测进入攻坚之年，这是国家立项的重点项目，涉及地表覆盖的各类自然要素和人工要素都必须精确采集，然后进行分类统计、综合分析、合理利用，为国家及相关部门统筹规划、科学决策提供信息服务，有着丰富立体测图和影像制作经验的舒畅如鱼得水，凭借丰富的制图经验和娴熟的编辑技术，悉心揣摩技术设计，认真分析原始资料，充分利用外业核查的影像数据库，剔除不良的影像信息影响，适时纠偏，避免了许多重复枯燥的工作。她主动配合研发人员完成了基础地理信息数据转换和数据检查系统的研发，有效提高了工作效率和成果的精度，为全国地理国情普查制图工作的顺利完成作出了贡献。

舒畅积极探索总结先进的方法和技术经验，执着追求效率和质量，全身心地奔赴在属于她的测绘内业战场上。高效率的同时，她尽量压缩休息的时间，争分夺秒地多画一根线，多查一幅图，“与时间赛跑”“不知疲倦的人”，这种充满活力的精神时时体现在舒畅工作的每个细节中，她年平均工作时长高于 300 天，被同事称为“辛勤的小蜜蜂”。

2.6.4 “老工匠”桃李满园

“匠”，其德必高。在遇到问题时，大家首先想到的是“有问题找舒畅”，她不厌其烦地解答同事们的技术难题，解答过程中她不仅拿出依据，还举一反三地列举出和问题有关的其他知识点，直到同事对问题理解得透彻、门清。对于新入职的测绘院校大学生具有理论基础较为全面，但对于地图图面知识的了解较欠缺的特点，舒畅有针对性地为他们编写培训材料；同时，结合实习过程中遇到的问题，给他们讲解不同图种、不同比例尺地形图的表示方法，以及软件应用技巧。经过她“传、帮、带”的新同事，在较短时间内就能上机操作进行作业，并成为生产的重要后续力量。据不完全统计，经她教辅的作业员已有上百人次，其中大部分已成长为测绘内业生产一线的业务骨干。组里年轻人居多，工作经验欠缺，为了帮助大家快速成长，任务下来后她总是甘当第一个吃螃蟹的人，然后将作业中遇到的问题和自己总结出的经验以图文形式记录下来，毫无保留传授给年轻职工。

舒畅既是严师又是益友。2017 年 3 月末，接到新疆喀什测区 1∶500 内业编辑任务。她认为：一名优秀的地图制图技师，如果不能从实地测绘、野外数据采集介入进去，就无法融会贯通，成为行家，她主动请缨，带领 12 名年轻作业员奔赴喀什测区。到达当天，她便组织大家安装机器，开展测区环境勘察，直到工作至凌晨。由于团队大多是年轻人，舒畅将严师、知心姐姐的身份完美结合一体，将驻喀什的小分队紧密融合在一起，除了日常测绘工作，为了让团队里的兄弟姐妹们吃得舒服一点，她自掏腰包买了一口大汤锅，为大家做起了“厨娘”，为队友烧菜煲汤。正是她生活上主动关心，不分彼此，工作时不畏艰险，迎难而上的精神，使队友们在南疆这片苍凉的戈壁滩上夜以继日且执着而温馨地并肩奋战了两个月，最终高质量、高标准地完成任务，成果质量得到了甲方的认可与好评。

“质量就是生命！我最大的愿望，就是一辈子不让别人挑出瑕疵。”她是这样说的，也是这样做的，按照咬定青山不放松的质量标准为年轻人定了规矩、打了样。2014 年，院里根据任务情况组建了 1∶5 万制图更新项目组，项目中她负责查图工作，她电脑旁的图纸一直保持着 10cm 的峰值，“恨活儿”的她丝毫没有因为量的压力而降低质的追求，她放弃周末及假日休息时间，牺牲了陪伴年幼的儿子跨越幼小衔接的宝贵时光，经常连续几十个小时“蜗居在图纸中”，从无怨言。每次出图前，舒畅总要一遍遍地检查，一遍遍地与作业员核实，确保成果准确无误。她硬是凭借宁可查出一千也不错漏一个的原则，让 1200 余幅 1∶5 万地形图成果 100%一次性通过产品验收。

巾帼不让须眉，才华自当横溢。舒畅以勤勉的工作态度诠释了“热爱祖国，忠诚事业，艰苦奋斗，无私奉献”的测绘精神，为测绘地理信息事业倾注了全部心血，树立了巾帼形象，发挥了榜样力量，用实际行动诠释了测绘“老工匠”的信念追求！

追求卓越、精益求精是工匠精神的应有之义。“神圣工巧，备出天造”，这些年来，舒畅专注、坚守，把手中的每一幅图制成了工艺品，用点和线绘就出大美天下，唱响了测绘人的匠心之歌。

资料来源：刘鑫. 独具匠心铸精品——记黑龙江地理信息工程院舒畅[J]. 中国测绘，2017(5)：36-41.

职业技能等级考核测试

1. 单选题

(1)几何纠正是对______进行校正，影像纠正是对______进行校正。（　）

A. 栅格数据，矢量数据　　B. 矢量数据，栅格数据

C. 矢量数据，矢量数据　　D. 栅格数据，栅格数据

(2)在进行图形比例变换时，若比例因子 $SX \neq SY$，则图形变化为______。（　）

A. 图形发生变形　　B. 图形没有变化

C. 图形按比例放大　　D. 图形按比例缩小

(3)以下哪个不属于图形校正范围之列？（　）

A. 删除　　B. 缩放　　C. 旋转　　D. 平移

(4)下面哪种情况下不会引起空间数据误差？（　）

A. 地类界线与行政界线重叠时，分别对其进行了矢量化

B. 将数据从 32 位计算机移至 64 位计算机进行数据处理

C. 相邻图幅的接边

D. 由于原始地图数据的个别图元破损，图面信息表示不全

(5)地形图数字化中的数字化错误通过哪种方式来纠正？（　）

A. 连接编辑　　B. 栅格编辑　　C. 整体编辑　　D. 矢量编辑

(6)以下选项中不属于空间数据编辑与处理过程的是______。（　）

A. 数据格式转换　　B. 投影转换　　C. 图幅拼接　　D. 数据分发

(7)京沪铁路线上有很多站点，这些站点和京沪线之间的拓扑关系是______。（　）

A. 拓扑邻接　　B. 拓扑关联　　C. 拓扑包含　　D. 无拓扑关系

(8)地球椭球体表面是不可展曲面，要将曲面上的客观事物表示在有限的平面图纸

上，必须经过由曲面到平面的转换，这个转换是______。 (　　)

A. 坐标转换　　B. 数据转换　　C. 图形转换　　D. 投影转换

(9)两平面坐标系统间坐标转换不包括哪个原始转换因子？ (　　)

A. 缩放因子　　B. 平移因子　　C. 时间因子　　D. 旋转因子

(10)我国基本比例尺地形图(1∶1000)使用的投影是______。 (　　)

A. 墨卡托投影　　B. 经纬度投影　　C. 高斯投影　　D. 兰勃特投影

2. 判断题

(1)拓扑邻接是存在于空间图形的同类元素之间的拓扑关系。 (　　)

(2)不同图层的两个不同类型要素的文件可以进行合并。 (　　)

(3)由矢量数据向栅格数据转换时，格网尺寸一般是根据制图区域内较大图斑面积来确定。 (　　)

(4)根据拓扑关系可以确定地理实体的空间位置，而无须利用坐标和距离。 (　　)

(5)存在于空间图形的不同类元素之间的拓扑关系属于拓扑关联。 (　　)

(6)由于各种空间数据源本身的误差，以及数据采集过程中不可避免的错误，使得获得的空间数据不可避免地存在各种错误。 (　　)

(7)当一条线没有一次录入完毕时，会产生伪节点。 (　　)

(8)由于 GIS 与 CAD 所处理的对象的规则程度不同，因此二者很难交换数据。 (　　)

(9)检查多边形闭合可以通过判断一条弧的端点是否有与之匹配的端点来进行。 (　　)

(10)地图投影就是将地球椭球面上的经纬线网按照一定的数学法则转移到平面上。 (　　)

项目3　地理空间数据管理

【项目概述】

数据库技术产生于20世纪60年代，是计算机领域中最重要的技术之一，是一种理想的数据管理技术。地理信息系统中的空间数据库是一种专门化的数据库，是地理信息系统中空间数据的存储场所。空间数据库建设是地理信息系统功能实现的前提和基础，是最重要、最复杂、工作量最大的工作之一。空间数据库的结构和质量将直接影响工作的效率和结果；空间数据库的可靠性、数据的分层、数据组织和数据量的大小对功能实现和工作效率会产生直接影响。

本项目由空间数据组织、空间数据管理、空间数据库建立3个学习型工作任务组成。通过本项目的实施，为学生从事地理信息处理员岗位工作打下基础。

【教学目标】

◆知识目标

(1)了解空间数据的分级、分块、无缝组织及多尺度空间数据组织方式。

(2)了解矢量数据、栅格数据、时空大数据管理模式。

(3)掌握空间数据库建立的原则、步骤与过程。

◆能力目标

(1)创建地理数据库对空间数据进行组织。

(2)创建数据集并导入矢量与栅格数据。

(3)浏览并检查数据库。

◆素质目标

(1)引导学生认识到地理空间数据管理责任重大，培养学生的严谨态度和高度责任感。

(2)具备地理空间数据潜在安全风险意识，树立法治观念，确保数据管理工作的合法性。

(3)能依据地理空间数据管理的相关规定，明确国家基础地理信息的保密范畴，强化地理信息安全、树立地理信息保密意识。

3.1　任务一　空间数据组织

地理信息系统的开发和应用与文件关系十分密切，文件系统是数据库系统的基础，从数据库的内部构造看，还是文件的集合。对数据库的各种操作最终是对文件执行相应的操作。

文件是地理信息系统物理存在的基本单位，所有系统软件、数据库，包括文件目录都是以文件方式存储和管理的；对地理信息系统功能的调用，对空间数据的检索插入、删除、修改、访问，最终都是转换为对物理文件的相应操作，由访问程序付诸实现，文件组织是地理信息系统的物理形式。

文件组织主要指数据记录在外存设备上的组织，由操作系统进行管理，具体解决在外存设备上如何安排数据和组织数据，以及实施对数据的访问方式等问题。下面仅简单介绍常用的数据文件组织形式。

3.1.1 空间数据的分级组织

空间数据文件组织

将表示同一地理范围内众多地理要素和地理现象的空间数据采用“分层”方式进行数据组织，这是一种起源于地图制图的空间数据组织方式。在分层数据组织中，图层(Layer)可根据地理事物或地理现象的分类，按数据类型(矢量、栅格、影像等)、专题内容(Theme)、要素几何类别(点、线和面)、时间次序等设定，如图3-1所示。

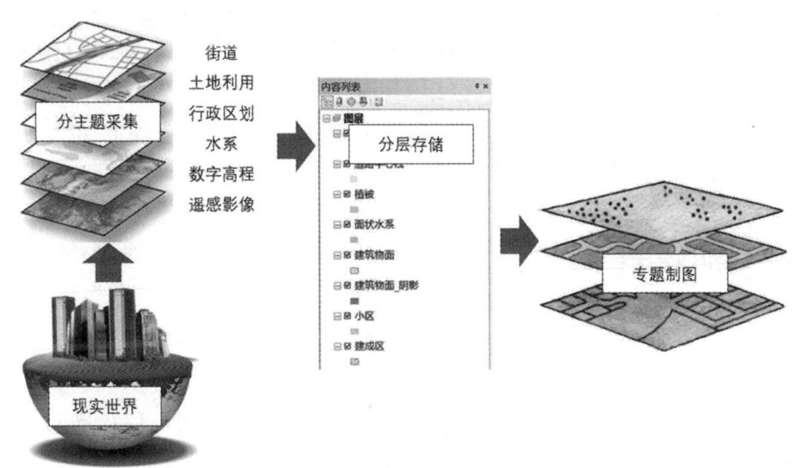

图3-1 空间数据的分层组织

分层数据组织方式的优点是有利于用户根据实际需要灵活地选择若干图层，并将其叠加组合在一起，构成数据层组(Group)或子集(Subset)，进行分析和制图表达；分层数据组织既适用于矢量数据，也适用于栅格数据，也是当今大多数GIS空间数据库所采用的主要数据组织形式。其缺点是层与层之间的数据必须经过层叠置(Overlay)处理才能关联在一起，在叠置处理中，对栅格数据常需要大量存储空间来完成操作，而矢量数据则需大量的计算处理；同一图层内各要素的空间关系较为简单并易于处理，而不同图层上地理要素之间的空间关系则较难处理。

3.1.2 空间数据的分块组织

当对大范围区域内众多类型空间数据进行存储和管理时，为了提高数据存储与管理的效率，可将空间数据所覆盖的区域范围分割为若干个块或分区，按块分别进行空间数据的组织。块可以是规则的，如遵照国家标准《国家基本比例尺地形图分幅和编号》(GB/T 13989—2012)的各级比例尺地形图图幅范围所划分的规则块，也可以是不规则的，如按照行政区边界范围进行不规则分块，如图 3-2 所示。

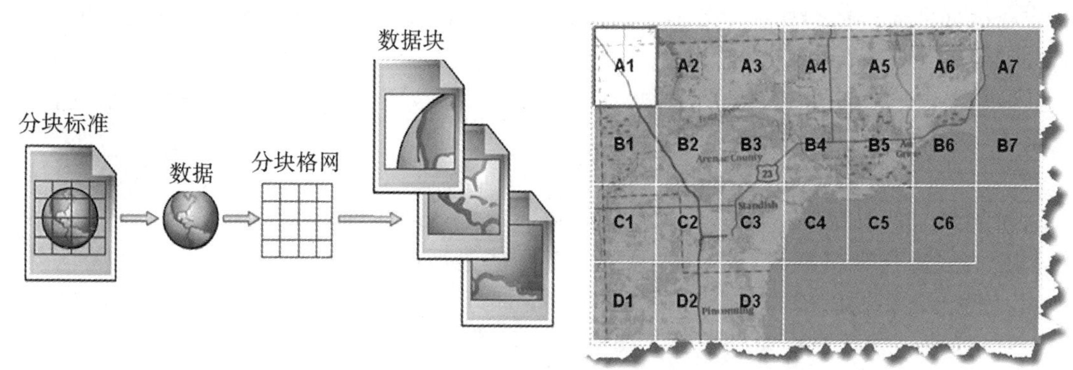

图 3-2　空间数据分块组织

在实际进行空间数据组织时，分块与分层可同时采用，并不冲突，即在每一分块范围内，空间数据仍可分层组织。分块式数据组织的优点是可提高数据存取的效率，是各级基础地理数据组织的主要方式，但其缺点是割裂了跨多个分块的地理要素，如水系、铁路等，给空间数据查询、分析操作造成障碍。

3.1.3　空间数据的无缝组织

为了克服空间数据分幅或分块组织时，导致对跨越多个图幅或分块地理要素的割裂或不一致，从而难以查询和分析等问题，在涉及大范围、海量空间数据的数据组织时，通常采用连续、无缝的数据组织形式，以满足用户任意、透明地访问和操作数据的要求。无缝空间数据组织有三种实现途径：几何无缝、逻辑无缝和物理无缝。

几何无缝的各分幅或分块表示的地理要素都转换到该坐标框架下并进行几何接边处理，在进行数据查询和图形显示时，相邻若干图幅或分块的内容在视觉上不存在缝隙，得到的是连续一致的图形。但这种无缝仅是形式上的无缝，其实际的数据组织和存储仍然采用图幅或分块方式，要素间在图幅或分块接边处还是断续的，即有缝隙，使用时不能基于完整的要素进行查询和分析应用，例如对跨越四个图幅的面状水域进行淹没缓冲区分析，如图 3-3(a)所示。

空间数据逻辑无缝组织是在几何无缝数据组织的基础上，对在分幅或分块边界处断裂的要素进行逻辑接边，并在逻辑上建立跨越多个图幅或分块的各个地理要素的唯一标识、链接关系或索引结构，甚至可使其共享相同属性，而要素本身在物理上仍然保持分幅或分块存储的一种空间数据组织方式，如图 3-3(b)所示。显然，逻辑无缝数据组织有利于保证地理要素表达和分析的完整性，但这种方式的数据组织和存储方案技术复杂，而且由于在物理存储上仍然分离，是物理有缝的，导致查询和分析的速度受到极大影响。

物理无缝数据组织则是在逻辑无缝数据组织的基础上，将若干个或全部图幅或分块的空间数据通过物理接边，使其合并为一个整体，从而使被分幅或分块割裂的各个地理要素不仅在逻辑上共享相同的 OID(Object Identifier，对象标识符)，也在物理上合并为同一个地理要素，并按单个要素进行组织和存储，如图 3-3(c)所示。这种数据组织方案有利于按地理实体进行数据组织和操作及几何与属性数据的一体化管理。对分布在大范围区域内的地理对象，如长江、京广铁路等的查询和分析十分有利。但由于空间数据所覆盖的范围大，为了避免产生裂缝，对地理要素空间坐标只能采用地理坐标(即经度和纬度)表示，而不能采用某种投影坐标表示；而且为了提高大范围空间数据的检索和查询速度，必须建立高效的空间索引。

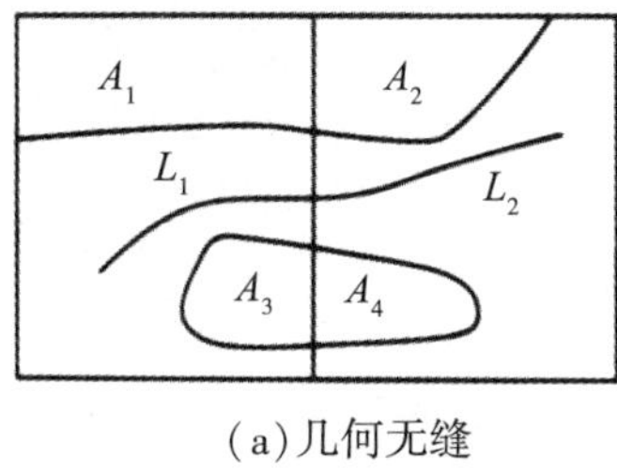

(a)几何无缝

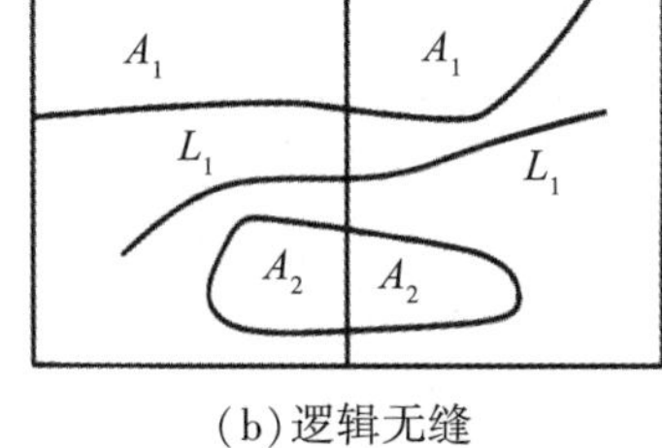

(b)逻辑无缝

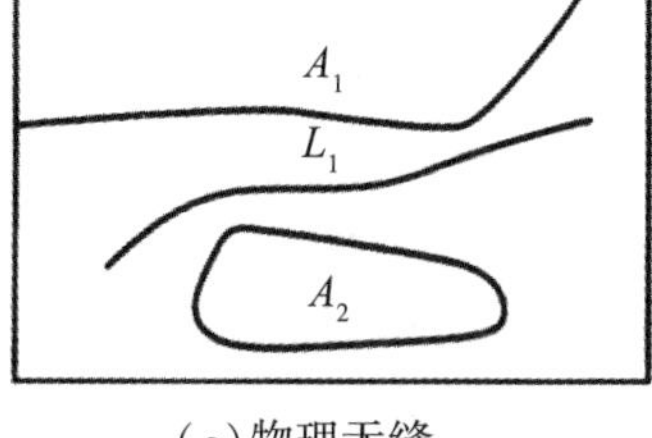

(c)物理无缝

图 3-3 无缝空间数据组织

在实际空间数据组织中，通常将分层数据组织和无缝数据组织形式同时使用，在对不同类型地理要素进行分类分层的基础上，再进行物理无缝的数据组织和管理。

3.1.4 多尺度空间数据组织

从理论上来说，在对现实世界的数字化表达中，不存在比例尺的概念，但从观察、理解及制图的角度来看，当涉及大范围区域时往往需要从宏观到微观，以不同的层次细节来刻画地理要素，这就要求必须建立多尺度或多比例尺空间数据库。其目的主要有：①从空间数据可视化的角度考虑，提供变焦数据处理能力，即随着观察范围的缩小，GIS 应能提供类别更多、数量更大和细节更详细的信息；②可根据不同的应用和专业分析的需要，提高满足不同精度要求的空间量算和空间分析能力。

多尺度空间数据库的构建途径主要有三种：①按比例尺的各个层级，事先分别构建多个比例尺的空间数据库，此为静态方式；②建立一个较大比例尺的空间数据库，而其他层次比例尺的空间数据则采用自动综合算法由该库动态地派生，这一方式也称为动态方式；③事先建立少量等级且比例尺跨度较大的空间数据库作为基本骨架，对相邻比例尺的数据则采用自动综合方法生成，此为混合方式。后两种方式要求 GIS 应具有较高的自动综合能力，而自动综合至今仍是一个难题，所以第一种方式是当前主要的多尺度空间数据库构建方式。

在静态多比例尺空间数据组织中，首先按照地图比例尺的不同，如国家基本比例尺地图的比例尺，从 1∶100 万到 1∶5000，乃至城市的 1∶1000 和 1∶500，依比例尺序列组织具有不同层次细节的空间数据，每种比例尺的空间数据单独建库或构成子库，如图 3-4

所示。这种多比例尺数据组织方式的优点是在应用中可根据用户的数据请求，由系统自动地调度相应比例尺的数据，实现从粗略到精细的数据查询和分析。其缺点是相同地理要素在不同比例尺数据库或子库中重复存储，存在很大的数据冗余；而且同一地理要素在各比例尺数据库中的表达存在不一致性且缺乏联系。

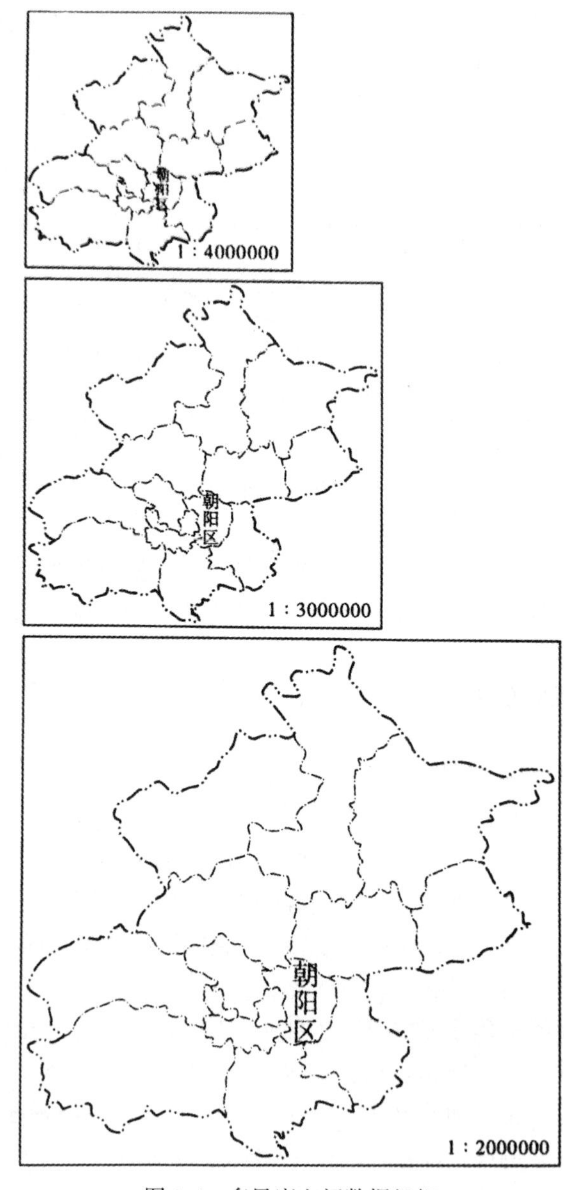

图3-4　多尺度空间数据组织

3.2　任务二　空间数据管理

空间数据管理是地理信息技术的基础和核心，在空间数据处理过程中，它既是数据资料的提供者，也是数据处理结果的归宿地；在空间数据检索与输出过程中，它是操作目标对象和生产绘图文件的数据源。值得注意的是，空间数据以其惊人的数据量及其空间结构的复杂性，其管理方式与传统数据库系统有很大的不同。

3.2.1 矢量数据管理

对于矢量数据，其位置数据和属性数据通常是分开组织的。这一特点使得在管理时需要同时顾及空间位置数据和属性数据，其中属性数据很适合用关系型数据库来管理，空间位置数据则不太适合用关系型数据库管理。空间数据管理方式与数据库发展是密不可分的，按照发展的过程，对矢量数据的管理有数据文件管理、文件-关系数据库型混合管理、全关系型管理、面向对象数据库管理、对象-关系型数据库管理、分布式数据库管理等方式。

1. 数据文件管理

数据文件管理是指将 GIS 中所有的数据都存放在自行定义的一个或者多个数据文件中，包括非结构化的空间数据和结构化的属性数据等。空间数据和属性数据两者之间通过标识码建立关联。这种数据管理方式与应用紧密相关，其解决方案仅适用于小项目，且更新范围不大，如基于 AutoCAD 的简单 GIS 系统。这种数据文件存储管理模式存在数据安全性低、难以共享等问题。

2. 文件-关系数据库型混合管理

由于空间数据的非结构化特征，早期关系型数据库难以满足空间数据管理的要求。因此，传统 GIS 软件采用文件与关系型数据库混合方式管理空间数据，比较典型的是 ArcInfo，有的系统也采用纯文件方式管理空间数据，如 MapInfo；即用文件系统管理几何图形数据，用商用关系型数据库管理属性数据，两者之间通过目标标识或内部连接码连接，如图 3-5 所示。

在这一管理模式中，除通过 OID(对象标识符)连接之外，图形数据和属性数据几乎是完全独立组织、管理与检索的。其中图形系统采用高级语言(如 C 语言，Delphi 等)编程管理，可以直接操纵数据文件，因而图形用户界面与图形文件处理是一体的，两者中间没有逻辑裂缝。但由于早期的数据库系统不提供高级语言的接口，只能采用数据库操纵语言，因此图形用户界面和属性用户界面是分开的。在 GIS 工作过程中，通常需要同时启动图形文件系统和关系型数据库系统，甚至在两个系统之间来回切换，使用起来很不方便。如图 3-6 所示。

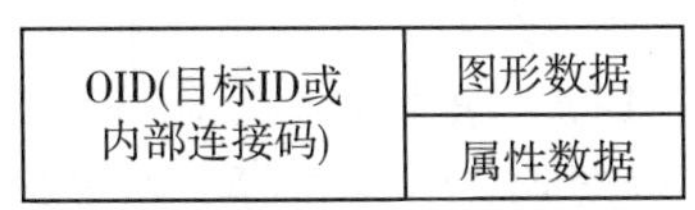

图 3-5 文件-关系型数据连接

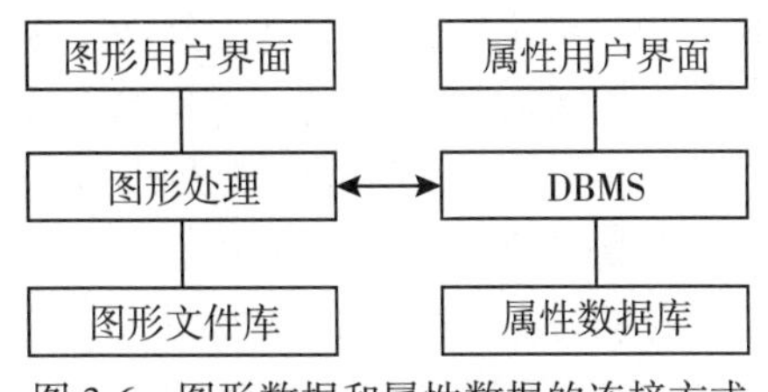

图 3-6 图形数据和属性数据的连接方式

近年来，随着数据库技术的发展，越来越多的数据库系统提供了高级语言的接口，使得 GIS 可以在图形环境下直接操纵属性数据，并通过高级语言的对话框和列表框显示属性数据；或通过对话框输入 SQL 语句，并将该语句通过高级语言与数据库的接口来查询属性数据，然后在 GIS 的用户界面下显示查询结果。这种工作模式，图形与属性完全在一个界面下进行咨询与维护，而不需要启动一个完整的数据库管理系统，用户甚至不知道何时调用了数据库系统。

在 ODBC(Open Database Consortium，开放性数据库连接协议)推出之前，各数据库厂商分别提供一套自己的与高级语言对接的接口程序。因此，GIS 软件开发商就不得不针对每个数据库系统开发一套自己的接口程序，导致在数据共享(或数据复用)上受到限制。ODBC 推出之后，GIS 软件开发商只要开发 GIS 与 ODBC 的接口，就可以将属性数据与任何一个支持 ODBC 的关系型数据库管理系统连接。无论是通过高级语言还是 ODBC 与关系型数据库连接，GIS 用户都是在同一个界面下处理图形和属性数据，如图 3-7 所示，称为混合方式。该方式要比图 3-6 所示的方式方便得多。

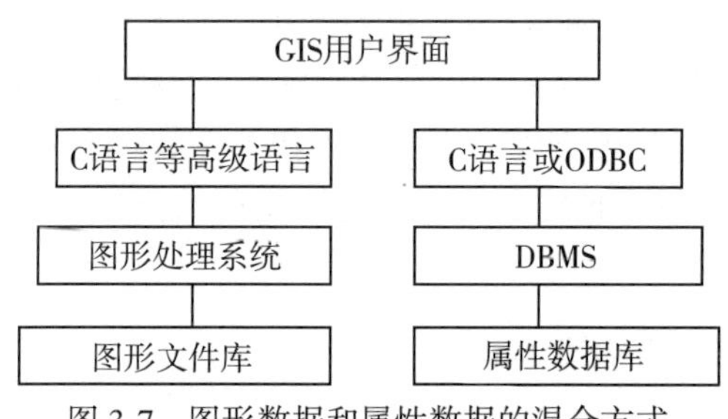

图 3-7　图形数据和属性数据的混合方式

这种管理方式的不足之处在于：①属性数据和图形数据通过 ID 联系起来，使查询运算、模型操作运算速度减慢；②数据分布和共享困难；③属性数据和图形数据分开存储，数据的安全性、一致性、完整性、并发控制及数据损坏后的恢复方面缺少基本的功能；④缺乏表示空间对象及其关系的能力。因此，目前空间数据管理正在逐步走出文件管理模式。

3. 全关系型管理

全关系型数据库管理方式下，图形数据与属性数据都采用现有的关系型数据库存储，使用关系型数据库标准连接机制进行空间数据与属性数据的连接。对于变长结构的空间几何数据，一般采用两种方法处理，如图 3-8 所示。

(1)按照关系型数据库组织数据的基本准则，对变长的几何数据进行关系范式分解，分解成定长记录的数据表进行存储；然而，根据关系模型的分解与连接原则，在处理一个空间对象，如面对象时，需要进行大量的连接操作，非常费时，并影响效率。

(2)将图形数据的变长部分处理成 Binary 二进制 Block 块字段：当前大多数商用数据库提供了二进制块的字段域，以管理多媒体数据或可变长文本字符等。如 Oracle 公司引入 Long Raw 数据类型；Informix 版本引入 BLOB(二进制数据块)数据类型；SQL Server 引入 IMAGE 数据类型。在 SQL-99(SQL-3)中，BLOB 被定义为新的数据类型，目前通用的

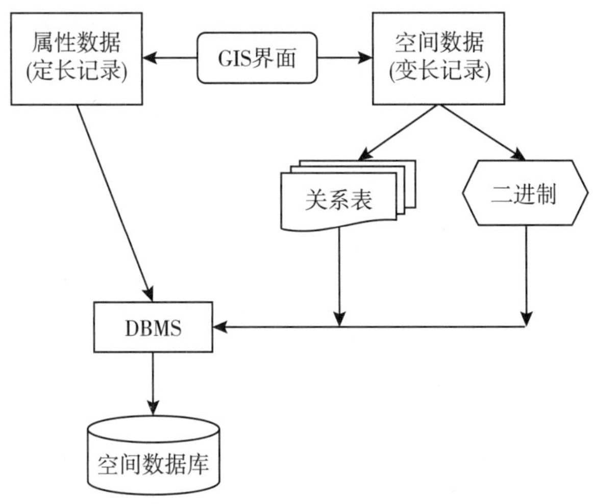

图 3-8 全关系型数据库管理空间数据

数据库访问接口(ADO、ODBC)都支持 BLOB 类型数据的访问，通过这些接口可以对其进行读取、增加、删除和修改操作，对 BLOB 数据的所有操作和运算都需要相应的应用程序来支持。GIS 利用这种功能，通常把图形的坐标数据，当作一个二进制块整理交给关系型数据库管理系统进行存储和管理。其缺陷是，这种存储方式，虽然省去了前面所述的大量关系连接操作，但是二进制块的读写效率比定长的属性字段慢得多，特别是涉及对象的嵌套，速度更慢。

4. 面向对象数据库管理

为了克服关系型数据库管理空间数据的局限性，提出面向对象数据模型，并依此建立了面向对象数据库。理论上，面向对象模型非常适合空间数据的表达和管理，它不仅支持变长记录，同时还支持对象的嵌套、信息的继承与聚集。面向对象的数据库管理系统允许用户自行定义对象及其数据结构和操作，可以通过在面向对象数据库中增加处理和管理空间数据功能的数据类型以支持空间数据，包括点、线、面等几何体，并且允许定义对于这些几何体的基本操作，包括计算距离、检测空间关系，甚至稍微复杂的运算，如缓冲区分析、叠加分析等，也可以由对象数据库管理系统“无缝”地支持。也出现了面向对象的 GIS 系统，如 GDE 等。但由于面向对象的空间数据库管理系统不够成熟，并且价格相对昂贵，目前在 GIS 领域不太通用。相反，基于对象关系的 GIS 数据库管理系统将是当前 GIS 空间数据管理的主流方式。

5. 对象-关系型数据库管理

由于直接采用通用的关系型数据库管理系统的效率不高，而非结构化的空间数据又十分重要，所以许多数据库管理系统的软件商在关系型数据库管理系统中进行扩展，使之能直接存储和管理非结构化的空间数据(图 3-9)，如 Informix 和 Oracle 等都推出了空间数据管理的专用模块，定义了操纵点、线、面、圆、长方形等空间对象的 API 函数。这些函数，将各种中间对象的数据结构进行了预先的定义，用户使用时必须满足函数的数据结构要求，用户不能根据GIS要求(即使是GIS软件商)再定义。例如，这种函数涉及的空间对象一般不带拓扑关系，多边形的数据是直接跟随边界的空间坐标，那么，GIS用户就不能将设计的拓扑数据结构采用这种对象-关系模型进行存储。

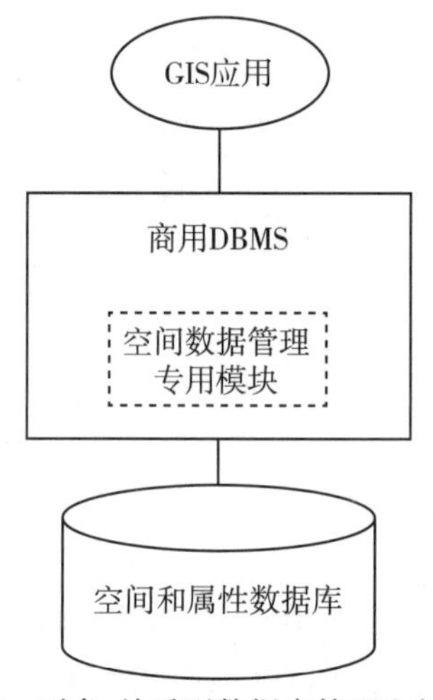

图3-9　对象-关系型数据库管理空间数据

这种扩展的空间对象管理模块主要解决了空间数据的变长记录的管理，由数据库软件商进行扩展，效率要比前面所述的二进制块的管理高得多。但是它仍然没有解决对象的嵌套问题，空间数据结构也不能由用户任意定义，使用上受到一定限制。

6. 分布式数据库管理

GIS服务概念的出现以及现代网络技术的发展使分布式数据库成为可能，最典型的是Google地图数据库的全球分布。

分布式空间数据库管理是由若干个站点集合而成，这些站点又称为节点，它们通过网络连接在一起。每个节点都是一个独立的空间数据库系统，它们都拥有各自的数据库和相应的管理系统及分析工具，整个数据库在物理上存储于不同的设备上，而在逻辑上则是一个统一的数据库。在应用时，用户可以不考虑数据存储的具体物理位置，就像使用集中式数据库一样来访问分布式数据库(图3-10)。

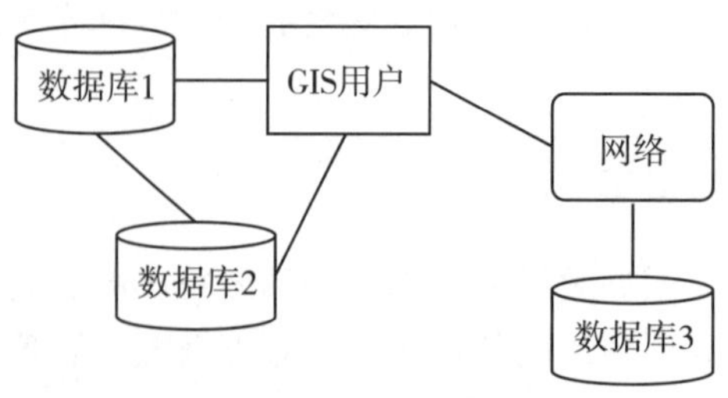

图3-10　分布式数据库管理模式

分布式空间数据库管理具有如下特点：①在分布式数据库系统里不强调集中控制概念，它具有一个以全局数据库管理员为基础的分层控制结构，但是每个局部数据库管理员都具有高度的自主权。②数据独立性。在分布式数据库系统中数据独立性除具有逻辑独立性和物理独立性之外，还有数据分布独立性，即分布透明性。尽管数据库可能位于不同的物理节点，但用户看到的是一个完整的统一的数据库，即逻辑数据库，可以很方便地访问逻辑数据库中的任何数据，而不需关心所需要的数据是存储在哪一个站点上。③适当的数据冗余。与集中式数据库系统不同，数据冗余在分布式系统中被看作是所需要的特性。首先，如果在需要的节点复制数据，可以提高局部的应用性；其次，当某节点发生故障时，可以操作其他节点上的复制数据，这可以增加系统的有效性。

3.2.2 栅格数据管理

随着 GIS 应用的不断发展，影像数据和数字高程模型(Digital Elevation Model，DEM)数据在整个 GIS 领域的应用越来越广泛。影像数据具有信息丰富、覆盖面广和经济、方便、快速获取等优点。DEM 数据表现了整个覆盖区域的地形起伏，可以广泛用于地理分析。目前，多数商业化的 GIS 软件都可以将影像数据、DEM 数据作为背景影像与矢量数据进行叠加显示输出。在实施栅格数据管理中，影像数据与 DEM 数据的组织与管理差别不大，这里以影像数据管理为例说明如何管理栅格数据。

栅格影像不仅包含了属性信息，还包含了隐藏的空间位置信息(即格网的行、列信息)，即隐含着属性数据与空间位置数据之间的关联关系。其管理分为基于文件的影像数据库管理、文件结合数据库管理和关系型数据库管理三种方式。

1. 基于文件的影像数据库管理

目前大部分 GIS 软件和遥感图像处理软件都是采用文件方式来管理遥感影像数据。由于遥感影像数据库不仅包含图像数据本身，而且还包含大量的图像元数据信息(如图像类型、摄影日期、摄影比例尺等)，遥感图像数据本身还具有多数据源、多时相等特点，另外，数据的安全性、并发控制和数据共享等都将使文件管理无法应付，如图 3-11 所示。

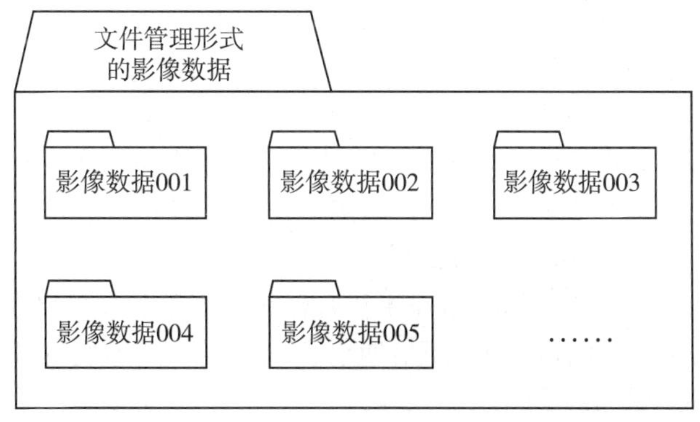

图 3-11 基于文件的影像数据库管理方式

2. 文件结合数据库管理

为了改进文件方式管理影像数据的效率，一种新的管理方式被提出来：文件结合数据库管理方式。实施这种方式管理影像数据时，影像数据仍按照文件方式组织管理，如表3-1所示；在关系型数据库中，每个文件都有唯一的标识号(ID)对应影像信息，如文件名称、存储路径等。

表 3-1　　**影像信息数据库表**

影像名称	块号	……
Image001	011001	……
Image002	011002	……
Image003	011003	……
Image004	011004	……
Image005	011005	……
……	……	……

这种方式管理影像数据，不是真正的数据库管理方式，影像数据并没有放入数据库中，数据库管理的只是其索引，由于影像数据索引的存在，使影像数据的检索效率得到提高。

3. 关系型数据库管理

由于关系型数据库发展成熟，具有良好的安全措施和数据恢复机制；目前关系型数据库系统提供了存储复杂数据类型的能力，使利用关系型数据库来管理影像数据成为可能。基于扩展关系数据库的影像数据库管理是将影像数据存储在二进制变长字段中，然后应用程序通过数据访问接口来访问数据库中的影像数据。同时影像数据的元数据信息存放在关系型数据库的表中，二者可以进行无缝管理。数据库方式管理影像数据具有以下特点：

(1)所有数据集中存储，数据安全，易于共享。

(2)较方便管理多数据源和多时态的数据。

(3)支持事务处理和并发控制，有利于多用户的访问与共享。

(4)影像数据和元数据集成到一起，能方便地进行交互式查询。

(5)对 Client/Server 的分布式应用支持较好，网络性能和数据传输速度都有很大提高。

(6)影像数据访问只能通过数据库驱动接口访问，有利于数据的一致性和完整性控制，数据不会被随意移动、修改和删除。

(7)支持异构的网络模式，即应用程序和后台数据库服务器可以在不同操作系统平台下运行。现有商用数据库都有良好的网络通信机制，本身能够实现异构网络的分布式计算，使得应用程序的开发相对简单化。

3.2.3 时空大数据管理

1. 时空大数据的来源

随着计算机技术、物联网、移动通信及遥感等技术的进一步发展和完善，人类进入了一个前所未有的数据大爆炸时代。许多与地理位置、时间相关的时空大数据在数据管理方面给传统的GIS数据管理带来了挑战和机遇，一些应对时空大数据管理的方法和技术应运而生，时空大数据主要来源于以下几个方面：

(1)基础测绘数据与专题数据：尽管从传统意义上讲，基础测绘数据并不能称为时空大数据。但随着各类测绘技术的发展，基础数据的可获取能力逐步增强，数据类型越来越多，数据精度越来越高，更新频率越来越快，其数据来源也越来越广泛。例如，数据类型上，除了传统的4D产品外，如地理国情数据、地名普查大数据等行业地理数据共同组成了时空大数据的一大来源。

(2)遥感影像数据：随着遥感卫星技术越来越发达，遥感卫星数量越来越多，将会产生海量的不同主题的遥感影像数据。基于航空摄影测量、无人机等方式的影像获取方法也越来越普及。这些均是影像数据的主要来源。此外，监控视频也会产生大量的影像数据，这些数据均具有位置和时间信息。

(3)导航定位数据：通过车载导航定位系统、智能手机等方式，可以获取大量时空大数据。如车辆追踪与轨迹大数据、手机信令数据等，几乎覆盖了所有的公共车辆和所有手机用户。

(4)互联网及物联网数据：随着自然语言处理等技术的兴起，网页数据、设计网络数据和用户行为日志等数据也成为时空大数据的主要来源。基于网络爬虫技术获取的各种互联网数据已经得到广泛应用。此外，如气象监测数据、水文监测数据等，均可以看作时空大数据。实际上，无论是偏向社会与城市的社会感知物联网大数据，还是偏向自然环节的物联网监测数据，物联网及其所产生的数据已经形成了一个规模较大的物联网生态和物联网大数据产业链，并在各行各业持续增长。

2. 时空大数据管理

时空大数据的管理必须充分考虑多方面的特殊性问题，才能满足需要。时空大数据往往来源于不同的渠道，其数据结构各异，这就必须考虑如何整合这些数据；许多时空大数据的生产频率较高，这类数据属于实时数据，在数据存储与管理过程中，也需要充分考虑实时数据的接入和存储。时空大数据的存储管理除了需要考虑数据本身的特征外，还必须考虑其存取效率及对于分析模型的可接入性，另一个需要考虑的问题是数据的共享机制，因为时空大数据通常需要跨部门共享、多源海量的数据融合分析，才能发挥大数据的价值。就时空大数据的存储与共享而言，目前主要通过技术成熟的分布式存储方式对数据进行存储管理。在存储模型和处理机制方面，又充分考虑了数据存取的灵活性和可扩展性。图3-12所示为传统空间数据存储与时空大数据存储的比较。

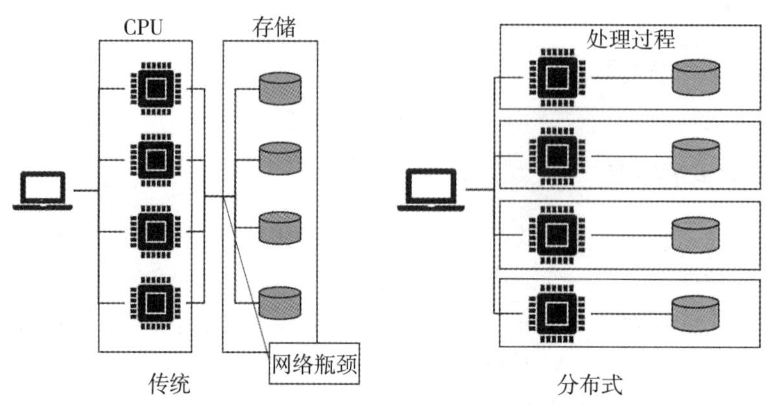

图 3-12　传统空间数据存储及时空大数据分布式存储对比示意图

总之，时空大数据的存储管理，不能仅仅考虑或者重点考虑数据存储层面的问题，必须从整个时空大数据平台入手展开顶层设计。既要考虑多源异构大数据的接入、组织和提取，又要考虑分析过程数据、分析结果数据的协调和组织。图 3-13 为典型的时空大数据管理平台整体框架示意图。图中，大数据资源层为时空大数据管理的主要业务层，但必须充分考虑与基础设施服务层、大数据云服务层的耦合关系。

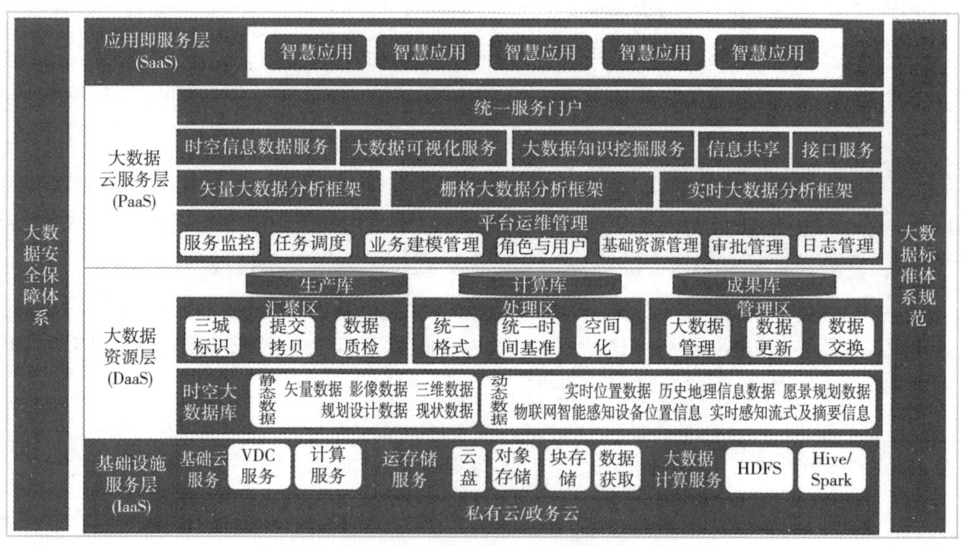

图 3-13　时空大数据管理平台整体框架示意图

3.2.4　空间数据引擎

采用文件结合数据库管理方式的传统 GIS 数据库系统技术，在应用上取得了一定的成功，但不得不部分地采取文件方式管理，总体上无法达到数据库技术的冗余度、独立性等要求，用现代数据库技术统一存放和管理空间数据与属性数据是 GIS 发展的必然趋势。1996 年，ESRI 公司与 Oracle 等数据库开发商合作，开发出一种能将空间图形数据也存放到大型关系型数据库中管理的产品，将其定名为“Spatial Database Engine”，简称 SDE，即“空间数据库引擎”。之后许多的 GIS 厂商和数据库厂商纷纷提出自己的商业化的产品和解决方案，比较成熟的有 GIS 厂商 ESRI 公司的 ArcSDE、Maplnfo 公司的 SpatialWare、数据库厂商 Oracle 公司的 Spatial、Informix 公司的 Spatial Data Blade 等产品和技术。

就其实质而言，空间数据引擎主要是为解决存储在关系型数据库中的空间数据与应用程序之间的数据接口问题。目前空间数据库引擎有两种主要方式。一种以 ESRI 与数据库开发商联合开发的空间引擎 SDE 为代表，可称为“中间件”方式的空间数据库引擎。另一种空间数据库引擎由数据库厂商开发。这些厂商凭借其在数据库核心技术上的优势，在关系型数据库管理系统本身做出扩展，使之支持空间数据管理。如 Oracle 公司的 Spatial 即支持空间数据管理的专用模块，这种方式可称为“嵌入式”空间数据库引。其中，Oracle Spatial 实际上只是在原来的数据库模型上进行了空间数据模型的扩展，实现的是“点、线、面”等简单要素的存储和检索，所以它并不能存储数据之间复杂的拓扑关系，也不能建立一个空间几何网络。ArcSDE 则解决了这些问题，并利用空间索引机制来提高查询速度，利用长事务和版本机制来实现多用户同时操纵同类型数据，利用特殊的表结构来实现空间数据和属性数据的无缝集成等，ArcSDE 原理示意如图 3-14 所示。

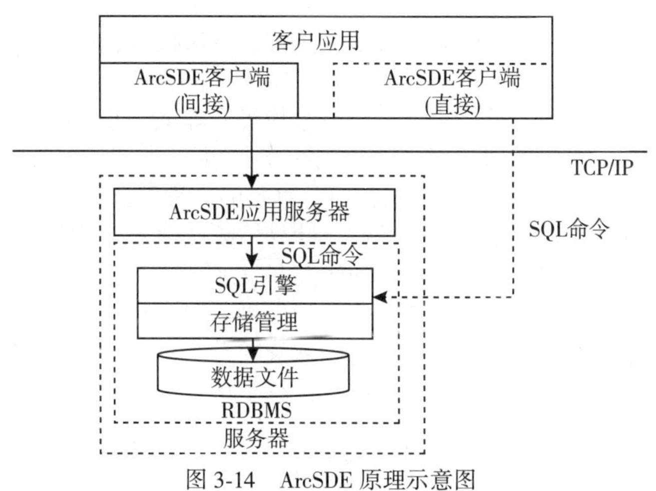

图 3-14 ArcSDE 原理示意图

3.3 任务三 空间数据库建立

数据库因不同的应用要求会有各种各样的组织形式。空间数据库建立就是根据不同的应用目的和用户要求，在一个给定的应用环境中，确定最优的数据模型、处理模式、存储结构、存取方法，建立能反映现实世界的地理实体间信息之间的联系，满足用户要求，又能被一定的 DBMS 接受，同时能实现系统目标并有效地存取、管理数据的数据库。简言之，空间数据库建立就是把现实世界中一定范围内存在的应用数据抽象成一个数据库的具体结构的过程，即在现在数据库管理系统的基础上建立空间数据库的整个过程，主要包括空间数据库设计、基础地理空间数据库建立两个方面。

3.3.1　数据库概述

数据库的基本知识

通用数据库作为文件管理的高级阶段，是建立在结构化数据基础上的。而空间数据具有其自身的特殊性，这就使得通用数据库管理系统在管理空间数据时表现出较多不相适应的地方，从而空间数据库应运而生。

1. 数据库基础

数据库是在应用需求推动和计算机软硬件不断迭代提高基础上，经历了人工管理阶段和文件管理阶段之后发展而来的。

数据是描述事物的符号记录，可以是数字形式，也可以是文字、图形、图像、声音等多种表现形式。人们收集并抽取出应用所需的大量数据后，将其保存起来以供进一步加工处理，抽取有用信息。随着科学技术飞速发展，人们的视野越来越广，对数据的需求量急剧增加。过去人们把数据存放在文件柜里，现在借助计算机和数据库技术就能保存和管理大量复杂的数据。数据库是长期存储在计算机内的、有组织的、可共享的数据集合。数据库中的数据按一定的数据模型组织、描述和存储，具有较小的冗余度、较高的数据独立性和易扩展性，并可为各种用户共享。

过去，数据库领域中最常用的数据模型有4种：层次模型(Hierarchical Model)、网状模型(Net-work Model)、关系模型(Relational Model)和面向对象模型(Object Oriented Model)。其中层次模型和网状模型统称为非关系模型。非关系模型的数据库系统在20世纪70—80年代非常流行，在数据库系统产品中占据了主导地位，现在已逐渐被关系模型的数据库系统取代。20世纪80年代以来，面向对象的方法和技术在计算机各个领域，包括程序设计语言、软件工程、信息系统设计、计算机硬件设计等各方面都产生了深远的影响，也促进了数据库中面向对象数据模型的研究和发展。

目前，随着物联网技术、社交媒体等技术的发展，每天产生大量多源异构的大数据，由于关系空模型数据库本身的一些不足，已经越来越无法满足互联网对数据扩展、读写速度、支撑容量及建设和运营成本的要求。在这种新变化、新要求之下产生了一种全新的非关系模型数据库产品库NoSQL。NoSQL(Not Only SQL的缩写)，意即“不仅仅是SQL”。NoSQL数据库已经成为区别于述传统关系型数据库的新一代非关系型数据库的总称，其应用也越来越广泛。数据库数据模型发展如图3-15所示。

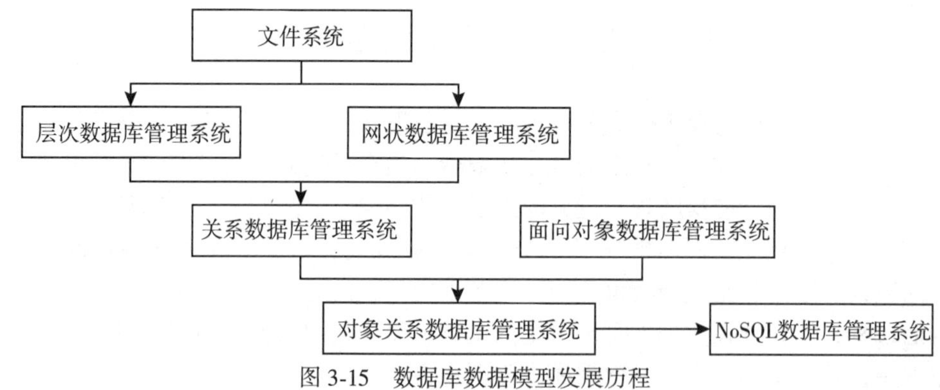

图3-15　数据库数据模型发展历程

2. 空间数据库

空间数据库
设计与实施

地理信息系统的数据库(简称空间数据库或地理数据库)是某一区域内关于一定地理要素特征的数据集合，是地理信息系统在计算机物理存储介质存储的与应用相关的地理空间数据的总和，一般是以一系列特定结构的文件的形式组织在存储介质之上。换句话说，空间数据库是地理信息系统中用于存储和管理空间数据的场所。

空间数据库系统在整个地理信息系统中占有极其重要的地位，是地理信息系统发挥功能和作用的关键，主要表现在：用户在决策过程中，通过访问空间数据库获得空间数据，在决策过程完成后再将决策结果存储到空间数据库中。空间数据库的布局和存储能力对地理信息系统功能的实现和工作的效率影响极大。如果在组织的所有地点都能很容易地存取各种数据，则能使地理信息系统快速响应组织内决策人员的要求；反之，就会妨碍地理信息系统的快速反应。如果获取空间数据很困难，就不可能进行及时的决策，或者只能根据不完全的空间数据进行决策，都可能导致地理信息系统不能得出正确的决策结果。可见空间数据库在地理信息系统中的意义是不言而喻的。空间数据库与一般数据库相比，具有以下特点：

(1)数据量特别大：地理信息系统是一个复杂的综合体，要用数据来描述各种地理要素，尤其是要素的空间位置和空间关系等，其数据量往往很大。

(2)数据结构复杂：空间数据的组织和存储不同于传统数据，数据结构复杂。并且，顾及数据存储成本和分析需要，当前空间数据的类型比较多，且大多数据类型有复杂的存储结构。

(3)数据关系多样：地理信息不仅有地理要素的空间信息和属性数据，而且要定义空间信息之间、属性信息之间、空间信息和属性信息之间的空间关系和逻辑关系。仅空间关系，就存在多种复杂的拓扑关系。

(4)数据应用广泛：例如地理研究、环境保护、土地利用和规划、资源开发、生态环境、市政管理、道路建设等。

空间数据库的组成，从类型上分有栅格数据库和矢量数据库两类，如图 3-16 所示，其中栅格数据包括航空遥感影像数据和 DEM 数据；矢量数据则包括各种空间实体数据(图形和属性数据)。

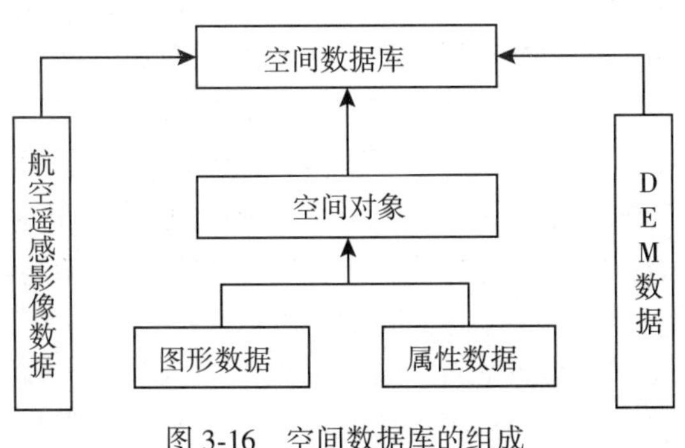

图 3-16 空间数据库的组成

3.3.2　空间数据库设计

1. 空间数据库的设计内容

数据库设计(Database Design)是指对于一个给定的应用环境，构造最优的数据库模式，建立数据库及其应用系统，使之能够有效地存储数据，满足各种用户的应用需求。空间数据本身的特征，导致空间数据库的设计与传统数据库设计存在巨大的差异。良好的空间数据库设计，对于数据库的数据存储结构、存取效率等方面具有重要影响。因此对各GIS 设计目标和方法有基本的了解至关重要。进行地理数据库设计，需要先确定要使用的数据专题，然后再指定各专题图层的内容和表现形式。

在传统的对象关系型数据库设计中，所有的实体可以抽象为类，类及其组成部分通常用二维属性表构建，实体对应于表中的行。在空间数据库中，属性数据一般用二维表存储，而用于表示地理实体的空间数据如矢量数据、栅格数据等则不能直接用表存储。此外，对于空间数据，要素和要素之间、要素与属性之间，还可能存在复杂的空间关系或逻辑关系，因此，空间数据库的设计在继承传统数据库设计原则的基础上，还必须遵循特有的设计范式。总之，空间数据库的设计具有自身的特殊之处。

相比传统数据库，在空间数据库的设计阶段，主要包括以下几个方面的内容：

(1)选择数据模型与划分地理实体：在空间数据库设计的初级阶段，选择合理的形式表达地理实体是至关重要的。所要建模的地理实体类是以矢量形式的点、线、面类型，还是以栅格形式进行表达，或者仅以属性表的形式存储，是首要关注的问题。例如在对河流进行建模时，必须考虑要解决问题的目标、空间数据的比例要求等方面，河流是以栅格形式表达，还是矢量形式表达，河流应建模为线要素还是面要素，诸如此类问题都是需要在空间数据库设计阶段解决的问题，并对后面的设计工作产生重要影响。

(2)确定数据实体属性与空间结构：对各主题的数据选择了合理的模型并完成地理实体划分后，需要进一步对每一个实体类的属性及结构进行设计。例如，对于河流的面要素实体，应该包含哪些必要的属性信息，如河流长度、河流面积等空间信息，河流所辖行政区域，形成年代等属性信息。属性结构和类型的设计应当遵循与传统数据库相同的设计原则，如同一属性字段不可再分的设计范式。

(3)实现丰富的地理实体行为：较为主流的空间数据库采用对象关系型数据库进行设计。地理实体通常被抽象为要素类。地理实体的行为则通过定义要素类中要素之间的一般空间关系和拓扑关系等实现。设计空间数据库中要素的行为，是实现要素类功能自动化和智能化的主要手段。例如，通过定义线性河流要素的拓扑关系，可以保证在主河流消失时，所依存的支流也会消失。尽管有时事实并非如此，但类似于这样的智能化行为设计，至少在数据库设计过程中，需要这些智能化行为时，空间数据库能够支持。

(4)属性关系及完整性约束：相比空间关系和拓扑关系，属性关系及完整性约束则继承于传统的数据库设计内容。即使是在空间数据库中，也存在空间关系外的属性关系，或称之为逻辑关系。所谓逻辑关系，是指地理实体之间，实体与相关属性表之间存在的关联关系。例如，一条河流可以属于多个行政区域管辖，一个行政区域可以管辖多条河流，这就是典型的“多对多”逻辑关系。完整性约束则指某个属性字段的值的可取值范围，取值范围可以是数值范围，也可以是枚举范围。例如，河流的平均宽度不可能是负值，也不可能是数百千米。对于河流的类型，属于一级河流、二级河流、三级河流、四级河流中的一种，而不能是其他值。前者属于数值范围，后者则属于枚举范围。因此，在空间数据库的设计过程中，可以设计这些完整性约束，从而在最大程度上避免这些字段值出现异常值。

2. 空间数据库的设计步骤

空间数据库的设计既要考虑各种业务需求，又要兼顾空间数据在采集、存储、管理和应用模型构建方面的内容。因此，空间数据库的设计是一个复杂的过程。其设计步骤主要包括以下几个方面：

(1)确定业务需求与目标信息产品：GIS 数据库设计应反映工作内容。考虑各种地图产品的编译和维护、分析模型、Web 制图应用程序、数据流、数据库报告、主要职责、3D 视图，以及组织中其他基于任务的要求，列出当前在此工作中使用的数据源，并通过使用这些数据源来满足数据设计的需求。针对具体应用，定义基本的 2D 和 3D 数字底图。确定将在平移、缩放和浏览底图内容时出现在每个底图中的地图比例集。

(2)根据信息需求，确定主要数据专题：较全面地定义每个数据专题的某些关键方面。确定每个数据集的用途、编辑、GIS 建模和分析、表示业务工作流，以及制图和 3D 显示。针对每个特定的地图比例指定地图用途、数据源和空间表示；针对每个地图视图和 3D 视图指定数据精度和采集指导方针；指定专题的显示方式、符号系统、文本标注和注记。考虑每个地图图层如何与其他主要图层以集成样式显示。在建模和分析时，考虑如何将信息与其他数据集一起使用(例如，如何将它们进行组合和集成)。这将帮助确定某些主要的空间关系以及数据完整性规则。确保这些 2D 和 3D 地图显示及分析属性被看作数据库设计过程的一部分。

(3)指定比例范围及每个数据专题在每个比例下的空间表示：编译数据以在地图比例的特定范围使用。为每个地图比例关联地理表示。地理表示通常在地图比例之间发生变化(例如，从面变成线或点)。在许多情况下，可能需要对要素表示进行概括，能在更小的比例下使用。可以使用影像金字塔数据结构对栅格数据进行重采样。

(4)将各种表示形式分解为一个或多个地理数据集合：将离散要素建模为点、线和面要素类。可以考虑用高级数据类型(如拓扑、网络和地形)来建模图层中以及数据集间各要素之间的关系。

(5)为描述性的属性定义表格型数据库结构和行为：标识属性字段和列类型。表还可能包括属性域、关系和子类型。定义所有的有效值、属性范围和分类(以用作属性域)。使用子类型来控制行为。确定关系类的表格关系和关联。

(6)定义数据集的空间行为、空间关系和完整性规则：可以为要素添加空间行为和功能，也可以使用拓扑、地址定位器、网络、地形等突出相关要素中固有空间关系的特征来达到各种目的。例如，使用拓扑对共享几何的空间关系进行建模并强制执行完整性规则。使用地址定位器来支持地理编码。使用网络进行追踪和路径查找。对于栅格数据，可以确定是否需要栅格数据集或栅格目录。

(7)构建可用的原型，查看并优化设计及试原型设计：使用地理数据库为推荐的设计构建示例地理数据库副本。构建地图，运行主要应用程序，并执行编辑操作，以测试设计的实用性。根据原型测试结果对设计进行修正和优化。具有可用的方案后，可加载更大的数据集以检验其生产、性能、可伸缩性以及数据管理工作流程。这是很重要的一步。在开始填充地理数据库之前，先确定设计是很重要的步骤。

(8)记录地理数据库设计：有多种方法可用于描述数据库设计和决策。可以使用绘图、地图图层示例、方案图、简单的报表和元数据文档。部分用户喜欢使用 UML。但只使用 UML 是不够的。UML 无法表示所有地理属性及要做的决策。而且 UML 不能传达主要的 GIS 设计理念，例如，专题组织、拓扑规则和网络连通性。UML 无法以空间形式表现设计。许多用户使用 Visio 来创建地理数据库方案的图形表示。

3.3.3　基础地理空间数据库建立

1. 基础地理空间数据库类型

基础地理空间数据库主要由数字线划地图(DLG)、数字高程模型(DEM)、数字栅格地图(DRG)、数字正射影像图(DOM)构成，通常称为 4D 产品。DLG 是现有地形图上基础地理要素分层存储的矢量数据集，包括空间信息、属性信息，可用于建设规划、资源管理、投资环境分析等各个方面，并可作为人口、资源、环境、交通、治安等各专业信息系统的空间定位基础。DEM 是以高程表达地面起伏形态的数字集合，可制作透视图、断面图，进行工程土石方计算，表面覆盖面积统计，用于与高程有关的地貌形态分析、通视条件分析、洪水淹没区分析。DRG 是纸制地形图的栅格形式的数字化产品，可作为背景与其他空间信息相关，用于数据采集、评价与更新，与 DOM、DEM 集成派生出新的可视信息。DOM 是利用航空像片、遥感影像，经像元纠正，按图幅范围裁切生成的影像数据。它的信息丰富直观，具有良好的可判读性和可量测性，从中可直接提取自然地理信息和社会经济信息。4D 产品构成了地理信息系统的基础数据框架，是其他信息的空间载体，用户可依据自身的要求，选择适合自己的基础数据产品，研制各种专题地理信息系统。

随着国家将基础测绘列入国民经济和社会发展计划，全国许多省市政府都把基础地理数据产品建设作为省级基础测绘的重点。目前，全国 1∶5 万基础地理数据的更新和建库已经完成，1∶1 万基础地理数据的更新和建库正在建设中。作为城市测绘部门，在不断完善大比例尺基础地理数据产品的更新和建库，建立一个良性数据更新、维护体系的同时，也应建立基于中小比例尺数字产品的基础地理产品库，并在此基础上做深层次的开发应用，最终纳入基础地理信息系统的管理中。目前，数字城市作为城市建设的一个热点，已得到各级政府的广泛重视，有些地区已进入前期的实施阶段，基础地理信息数据库作为数字城市的基础框架在数字城市的建设中发挥着重要作用。

基础地理空间数据库建设原则：①对于无图区域，采用基于解析测图仪的数字测图或全数字测图测制数字地形；②对于地貌变化不大而地物变化很大的老地形图，应采用基于解析测图仪的数字测图、全数字测图或基于正射影像的地物要素采集重新测制数字地形图地物要素层；③对于地貌变化小而地物变化也不大的地形图，应采用地形图扫描矢量化或地形图更新的方法；④已有新的大比例地形图时应采用缩编方法。

2. 基础地理空间数据库建库流程

1)数据格式转换

基础地理信息系统建设的核心在于数据库的建设和基于数据的服务。基础地理数据不同格式的转换是数据服务的基础，也是基础地理数据库建设的重要工作。采用不同的数据采集平台，几何数据和属性数据的存储方式和表现方法各不相同。不论何种平台，基础地理数据都至少包括点、线、面三种要素，但在地图符号化的表现方式上却各不相同，不能简单地进行转换应用。属性数据的组织虽然也各不相同，但都采用表的形式进行组织，只要找到对应的字段映射关系就可实现转换，因而易于实现在不同平台下的相互转换。

目前，实现数据交换的模式大致有4种，即外部数据交换模式、直接数据访问模式、数据互操作模式和空间数据共享平台模式。后三种数据交换模式提供了较为理想的数据共享模式，但是对大多数用户而言，外部数据交换模式在具体应用中更具可操作性和现实性，与现实的技术、资金条件更相符。数据转换既可直接利用软件商提供的交换文件(如DXF、MIF、E00等)，也可以采用中介文件转换方式，即在数据加工软件平台支持下，把空间数据连同属性数据按自定义的格式输出为文本文件。作为中介文件，该数据文件的要素和结构符合相应的数据转换标准，然后在GIS平台下开发数据接口程序，读入该文件，即可自动生成基础地理信息系统支持的数据格式。

一般地，数据格式转换有以下几种转换方案：

(1)利用系统本身提供的数据输入/输出工具；

(2)利用通用的数据转换工具(如FMK)和通用的数据格式之间的数据转换；

(3)通过开发的专用程序，实现各系统之间的转换。

数据转换的内容包括空间数据、属性数据、拓扑信息以及相应的元数据和数据描述信息。根据上述数据转换的程度、数据分层和编码对应情况将其分为三类：分层和编码原则都不同的数据转换(包括除UGIS以外的其他外部格式的数据转换)；分层不同，编码原则相同的数据转换(UGIS系统数据格式)；分层不同，编码方案完全一致的数据转换。

(1)分层和编码原则都不同的数据转换。在数据转换过程中，系统最大限度地保证空间数据和属性数据的转入，并把相应的分层和编码转换过来。

(2)分层不同，编码原则相同的数据转换。两者数据编码原则是一致的，为空间数据和数据描述信息的相互转换提供了有利条件。

(3)分层不同，编码方案完全一致的数据转换。除描述信息外，两者的数据质量和数据情况是完全一致的。

2)基础地理数据整合

整合已有的基础地理数据资源，提高数据的可用性已成为近年来基础地理数据生产与服务行业面临的共同问题。许多国家的相关部门设计、制定可行的技术方案，有计划、系统地对原有传统基础地理数据进行改造和完善，以满足日益增长的应用需求。数据整合与精化是系统工程，其中有两个问题十分重要：一是数据整合平台；二是数据整合模式。前者涉及数据加工与处理系统，后者涉及方法论。因此，基础地理数据整合应采用合适的整合模式，在数据整合平台的支持下，实现多源基础地理数据的一体化集成，以期取得最佳的整合效果。

受应用环境和生产技术条件的限制，多源基础地理数据间往往存在许多矛盾和冲突，主要表现在：①由于数据采集年代不同，受当时技术条件、社会需求、经济条件以及信息化发展水平等限制，导致不同时期、不同部门、不同地区建设的基础地理数据库，未能遵循统一的标准，分类代码、大地基准、分层方法与图层命名等方面不一致，给集成构建多尺度基础地理数据库造成困难。②一些基础地理数据按照地图数字化的目标进行，数字地图产品实质上是对纸质地图的模拟，对于地理实体本身特性及其关系的建模和表达不够，不同比例尺数据集中的地理要素之间缺乏必要的关联。所以，需要对这些数据进行规范化处理，以便形成规范统一的基础地理数据。在此基础上，提炼加工出基于面向对象的数据模型，水平上无缝拼接、多尺度对象之间有机链接的基础地理数据库。

(1)数据整合的传统处理方法。

为了使基础地理空间数据既能满足空间分析的完整性要求，又能满足地图制图规范的输出要求，通常采用不绘线或不绘面(也可称作隐含线或隐含面)的方法。每个不绘线或不绘面要素均有唯一的标识码(ID)，通过目标 ID 建立与目标其他部分的连接关系，使该目标连接成一个整体，又能在地图表达时不予显示。

但是在实际应用中，由于图幅内目标不完整性的现象普遍存在，数据采集与编辑的工作量大，更新较为困难，且数据层次、结构、组织都很复杂，因此需要探索更经济、更有效的地理空间数据整合方法。

经过转换库的数据往往需要经过必要的编辑和处理，如图幅间空间数据的拼接问题。在传统地图制图学中，为了解决那些用有限的地图纸张不能描述无限的地球表面信息之间的矛盾，采用了地图分幅的方法。同样，在基础地理数据库中，为了解决无限的地球空间信息与有限的计算机资源之间的矛盾，也可以采用分幅或分块存储管理策略。但从理论上讲，无图幅数据库是最理想的。所谓无图幅数据库，是指整个地理区域的地理要素在数据库中不论是逻辑上还是物理上均连续，即有统一的坐标系，无裂缝、不受传统图幅划分的限制，整个地理区域在数据库中是一个整体。为实现无图幅的数据库，必须对图幅数据进行二次加工，在相邻图幅的边缘部分，由于原图本身的数字化误差，使得同一实体的线段或弧段的坐标数据不能相互拼接，或是由于坐标系统、编码方式等不统一，需进行图幅数据边缘匹配处理。

①逻辑一致性处理。两个相邻图幅的空间数据库在接合处可能出现逻辑裂缝，如一个要素在左幅图层中具有属性 A，而在右幅图层中属性则为 B。此时，必须使用交互编辑的方法，使两相邻图幅的属性相同，取得逻辑一致性。两图幅中有两个要素具有相同的属性值，而且接边误差在允许范围内，由系统自动完成合并两要素，并赋予其中一个要素的属性。

②识别和检索相邻图幅。将待拼接的图幅数据按图幅进行编号，便于计算机和操作员检索相邻的横纵图幅并加以拼接。图幅数据的边缘匹配处理主要是针对大量的跨幅空间数据的，为了减少数据量，提高处理速度，一般只提取图幅边界一定范围内的数据作为匹配和处理的目标。

③相同属性多边形公共边的删除。当图幅内图形数据完成拼接后，相邻图斑会有相同的属性。此时，应将相同属性的两个或多个相邻图斑组合成一个图斑，即消除公共边界，

并对共同属性进行合并。对于多边形的属性数据，除多边形的面积和周长需重新计算外，其余的属性数据保留其中之一的图斑的属性。

(2)集成化数据整合。

多源空间数据集成处理，就是提供多种类型空间数据(矢量、影像、DEM 以及属性数据)的统一工作环境，在此基础上进行空间数据的处理加工和高效集成，即通过建立高度综合的数据加工技术流程，整合多种数据源，提供多样化成果。其体系结构如图 3-17 所示。

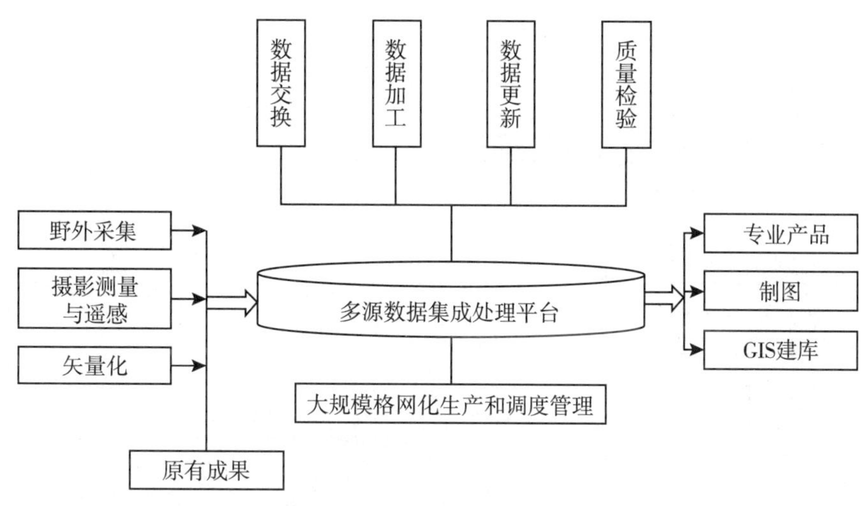

图 3-17 数据整合加工模式

数据加工整合模式有效地分解了数据采集、数据处理和成果制作这三大生产环节，首先将来自野外全数字测量、摄影测量、原图的数据采集成果统一进行数据处理和成果制作，从而建立从数据交换、数据整理到质量检验的数据加工入库成套处理流程。除数据采集成果外，该集成化整合还允许原有基础地理数据成果和 CAD 成果的增值加工，兼顾数据建库与地图制图的要求、专业产品和电子地图的制作要求，实现“一套数据，多种用途”。

集成化数据整合常规方法是从地理空间数据采集出发，通过增加辅助数据实现分析与表达的统一。但这种方法增加了数据量与维护难度。要改变这种现状，需要从多方面开拓思路，而不仅仅是数据。一种策略是按照地图制图的模式采集地理空间数据，这样获取的地理空间数据称为主制图型数据，该数据易于实现地图的输出表达，但要实现空间分析，需要建立恢复地理目标完整性的运算功能模块以及支持该功能的反映各要素断裂条件的知识库。目前，在地图模式识别领域的研究成果将有助于该策略的实施，如等高线断点的自动连接等。另一种策略与上一种策略相反，先按照 GIS 目标完整性模式采集基础地理数据，这样获取的数据就是主分析型数据。在主分析型数据的基础上，通过建立各要素的地图制图(符号化)知识库，结合地图符号库系统实现地图制图输出。在这两种整合策略中，主制图型采集方式的数据采集量大，目标众多且不完整，空间关系复杂，如空间拓扑关系较难建立、空间要素完整性恢复不易实现。而主分析型采集方式的数据采集易于实现，且通过空间索引、分类索引容易确立地理目标的空间联系，同时地图符号库系统研究已相对成熟，可以作为基础地理数据整合的首要方式。

3)基础地理数据入库

(1)基础地理数据入库流程。

在建立基础地理数据库时，一般需要数据能同时满足地图制图和GIS空间分析的要求，并使空间数据以基本的点、线、面的数据模型进行组织，数据必须通过严格的质量校验后方能入库。一般来说，最初完成采集的数据要经过检查→预入库编辑与加工→再入库的过程才能满足要求。这样能较好地保证基础地理数据库中数据质量要求。数据入库流程如图3-18所示。

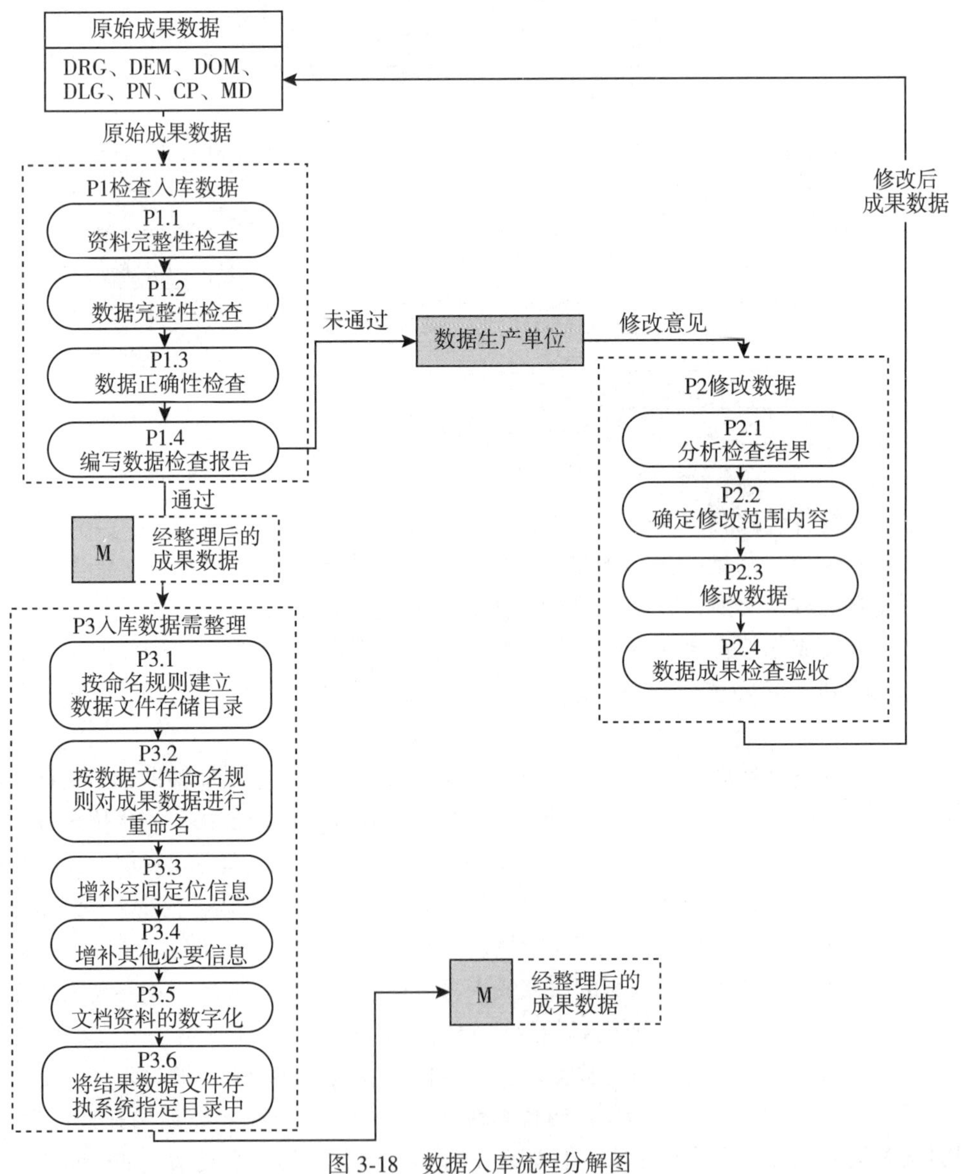

图3-18　数据入库流程分解图

(2)基础地理成果数据建库。

根据入库数据的种类和范围，创建成果数据库表，并输入数据文件在存储系统中存储的路径、文件名称和相关信息；创建成果元数据库，并将数据文件相应的元数据文件的内容导入成果元数据库中；建立基础信息图幅数据库表，并输入相关内容。

①矢量数据库建立。矢量数据通常采用高斯平面直角坐标。但在大范围的基础地理数据建库中，也可采用大地坐标(经纬度)建库，即先将高斯-克吕格平面直角坐标转换成经纬度坐标再入库。当需要制作地形图或以高斯坐标分发数据时，将地理坐标转换成高斯坐标输出。也可建立另外的工作区，并采用不同于国家统一分带的中央经线，建立分区局部坐标系。由于坐标系变换不改变拓扑关系和属性的关联关系，所以坐标转换和投影变换后不需要进行额外的数据处理即可重新建立以高斯坐标为参考坐标系的工程，或进行制图输出。

将各幅图中的某个级别行政边界和国道、省道、主要城市街道、铁路、主要河流提取出来，形成无缝的地理空间框架数据集，并适当抽取有关属性数据，建立一个索引要素数据集。该要素数据集既可作为基础地理信息数据库的索引图，又可添加属性，构建发布数据库，甚至可以制作专题图等。

根据国家有关基础地理信息数据采集与生产的标准，结合基础地理信息数据生产的有关技术文件规定，将基础地理信息数据要素的数据组织为若干个要素集，每个要素集由相应的要素类构成。

属性信息是空间要素所具有的特征，如境界的行政代码和名称、河流的名称、等高线的高程值等，利用关系型数据库来管理属性数据。根据数据等生产采集的属性数据建立其对应的表。

在 GeoDatabase 中，加载 DLG 数据时需考虑 4 个参数：精度值、偏移量、索引格网单元和空间参考。在加载空间数据到 ArcSDE 之前，必须设定合理的精度参数。精度参数一经设定，则不能修改，如需修改，则要重载数据。同样，偏移值一旦确定，则不能改变，如需修改，则要重载数据。ArcSDE 采用基于格网单元的空间索引机制，因此在加载要素数据时，必须指明格网单元的大小，RDBMS 才能够据此生成空间索引。该值由需要在每个格网索引的要素量和每个要素所占的格网量来权衡。格网单元过大，则每个格网索引出的要素数量多，会增加处理时间；格网单元过小，则导致索引表的记录数量变大，因为要素可能跨很多格网，会使处理过程变慢。在确定格网单元大小时，应综合考虑以上两个方面的因素。一般来讲，可以按照要素封装边界平均大小的 3 倍来设置初始格网单元，然后在系统运行过程中进行调整。与精度和偏移量参数不同的是，格网单元大小可以随时调整。

在基础地理信息数据库中，矢量数据主要包括之前所述的 DLG 数据，还包括控制点和地名数据，入库数据将全部归化为地理坐标，并采用要素类→要素集→矢量数据集的方式组织入库。

②影像数据建库。分块的目的在于把栅格数据划分成若干较小的物理数据块以便于管理和存储。数据块以 BLOB 类型存储，每一块在栅格分块表中占一条记录，只存储一个波段的信息。分块大小以像元表示，分块越大，BLOB 对象就越大，分块表中的记录也越少。确定分块大小的通用原则是根据客户端最小的显示尺寸，可按照其 1/4 大小来设置分

块。在设置分块大小时，另一个考虑的因素是 RDBMS 的数据块大小，尽量让一个栅格分块都保存在一个 RDBMS 的数据块中。

ArcSDE 对栅格数据提供 LZ77 压缩方式。LZ77 是一种无损压缩算法，对于数据中的重复值，该算法只记录相对位置和长度，而不记录数据本身。因此，压缩效率取决于数据的同质程度。数据越相似(相同)，特殊的像元值越少，数据压缩效率就越高。同时，有不少第三方的数据压缩软件可以支持 ArcSDE 对栅格数据的管理，如 MrSID 等。因此，必要时可以考虑选用这些软件。

对压缩软件的要求，主要体现在两个方面：一是数据压缩后的质量；二是软件的实用性和压缩、解压缩速度。这里所说的数据压缩质量是指在同等压缩倍率情况下，压缩后的影像在目视效果、像元灰度值的变化等方面的对比。而软件的实用性则是指软件使用的方便程度、压缩效率、压缩和解压缩过程的简繁、可否嵌入其他软件或系统中使用等方面的特性。

由于我国现行的图幅分幅和生产方式主要采用高斯坐标系统，影像数据入库时，不可避免地会遇到相邻6°带、3°带以及3°带与6°带间的跨带问题。在 ArcSDE 中，经过校准的栅格数据可以加载成为栅格镶嵌图，只要组成栅格镶嵌图的每幅格数据都加载到业务表及其底层数据表中即可。显然，镶嵌要求各栅格数据都已精确校准，并且其分率相同。基于以上机理，在客户端可得到一个逻辑上无缝的栅格数据集，每个数据集在栅格元数据表中占一条记录，并对应一个业务表和一个四类底层栅格数据表。

为了实现 DOM 数据与 DEM、DLG 数据的叠加，必须对 DOM 数据设置统一的大地坐标参考进行投影归化，利用 DOM 数据本身包含的定位信息对其进行空间校准。这样，利用系统提供的动态(on-the-fly)投影机制，可以完成数据的叠加。

③数字高程模型建库。数字高程模型(DEM)数据可以作为栅格数据进行建库，如 ArcGIS 中建立 DEM 数据库可将文本等方式表达的 DEM 转换为 Grid，对 Grid 进行存储和管理。不同分率的 DEM 分别建立数据集，以 DEM 格网间距分别为 100m、25m 和 5m 为例，采用地理坐标建立统一完整的 DEM 数据库，建立 3 个 DEM 栅格数据集(DEM100、DEM025、DEM1005)，在 SDE_RASTER_COLUMNS 表和元数据表 SDE_RASTER_COLUMNS 中各自对应一条记录。同时，每幅 DEM 数据(每条记录)对应有业务表、栅格表 SDE_RAS_<RASTERCOLUMN1D>、波段表 SDE_BND_<RASTERCOLUMNID>、栅格分块表 SDE_BLK_<RASTERCOLUMN_ID>和栅格附加信息表 SDE_AUX_<RASTERCOLUMN_ID>各一张。为了在大地坐标系统下恢复满足精度要求的 DEM 数据，在转入数据时不仅要进行投影变换，还应考虑进行更高分辨率的重采样。

④控制测量成果建库。控制点数据是构成矢量要素集的一部分，基本处理方法按照 DLG 数据的处理方法进行。它用关系数据库管理系统 Oracle 进行管理。表中内容包括点号、名称、X、Y、类型、等级、高程、来源、采集年月等。当实现点位的图形显示时，控制点的位置可以自动导入相应的图上，点位符号的样式、颜色和大小可根据点位的类型、等级等进行不同的显示。一般地，将控制点成果按点表，连同点之记等一并导入数据库。

⑤地名建库。地名数据也是构成矢量要素集的一部分，基本处理方法按照 DLG 数据的处理方法进行。地名数据采用关系数据库进行管理，每一个地名对应于一条记录。图形

显示时，地名的点位和名称根据坐标自动注记到相应的地图上，点位符号的颜色和样式可根据行政等级和地名类型的不同而有所不同。

(3)元数据建库。

不同比例尺、不同图幅、不同数据种类的空间数据应分别建立相应的元数据。由于图幅级元数据对应着图幅，因此，可以将元数据作为图幅的属性，这样，元数据成为矢量要素类的一个组成部分，可以按矢量数据的管理方式进行。元数据采用关系数据库管理系统管理，同时结合基础地理信息系统平台提供的元数据管理方式进行，在基础地理数据库中可以方便地查询元数据。

在基础地理数据的数据集描述(元数据)中，由于基础地理元数据集具有继承关系，因此在制定数据集元数据标准时，一般按数据集系列元数据、数据集元数据、要素类型和要素实例元数据等几个层次加以描述。元数据可以分为两级，即一级元数据和二级元数据。一级元数据是指唯一标识一个数据集所需的最小的元数据实体和元素；二级元数据是指建立完整的数据集文档所需的全部元数据实体和元素。对于数字线划图、数字正射影像图、数据高程模型、地名信息等类型的数据，在基础地理信息系统应用时，基础地理数据是采用无缝的方式组织和保存的，而在数据采集加工的生产过程中，通常是按照地形图的标准分幅组织和保存的。所以，图幅级元数据是基础地理数据元数据集基本的元数据。

3. 基础地理空间数据库更新

1)数据更新步骤

基础地理数据更新是一项长期、艰巨的工作，也是一个复杂的系统工程，既有组织与管理问题，也涉及技术问题。基础地理数据更新主要涉及确定更新策略、变化信息获取、变化数据采集、现势数据生产、现势数据提供 5 个步骤，如图 3-19 所示。

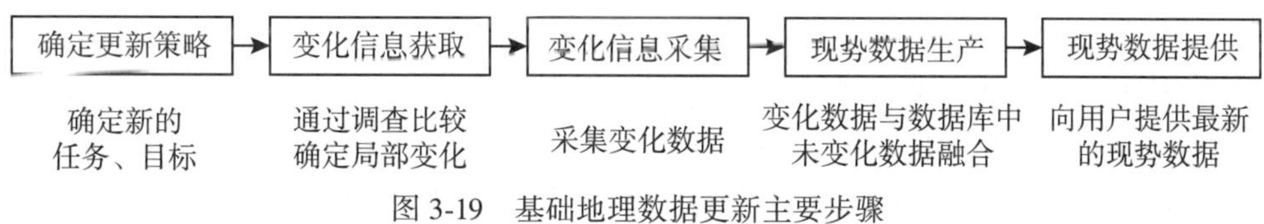

图 3-19 基础地理数据更新主要步骤

(1)确定更新策略。

在数据更新之前，首先需要确定数据更新的目标、任务，包括更新范围(重点建设区域、人口密集区等)、更新内容(道路、居民地、行政界线等)、更新周期(逐年更新、定期全面更新、动态实时更新)、更新工程的组织与实施方案(责任机构、组织机制、经费与效益分配等)。

①更新周期。可采用定期全面更新和动态实时更新两种模式。

定期全面更新。在一定的周期内完成某个区域的更新。更新的实验应按照轻重缓急的原则进行，优先保证规划建设的热点地区和重要项目对基础地理数据的需求。

动态实时更新。通过竣工测量，对变化的区域进行实时或及时测绘。竣工测量需要通过行政管理措施才能发挥较好的作用，需要制定科学合理的竣工项目管理办法并切实贯彻执行。

②更新内容。一般地，基础地理数据的更新按全要素进行，但也可根据需要和周期选择一种或几种要素进行更新，如道路、居民地、水系等，并按不同的取舍标准执行。

③更新精度。基础地理数据的更新精度不宜低于原数据的精度，通过数据更新提高现势性，同时提高数据的精度和标准。

④更新范围。基础地理数据通常按图幅更新，这种方式便于数据的生产和管理，是目前数据更新的主要方式。也可按街区更新，一般是将更新的区域按街巷和道路分片。这种方式可以避免分幅而破坏要素的自然连接关系，有利于基础地理数据库的数据组织与建库，但会给包括元数据在内的数据组织与管理带来一定的困难。

⑤组建专门的更新队伍。要做到实时更新，一种行之有效的办法是组建专门的更新队伍，按片包干，对变化的地区及时更新测量。

(2)变化信息获取。

当前获取变化信息的方法主要有以下3种。

①专业队伍进行现势调查，发现变化；

②将卫星遥感影像与现有数据比较，发现变化；

③根据其他渠道获得变化信息，如有关专业单位、社会力量、新闻途径等。

(3)变化数据采集。

对确定的变化信息进行数字化采集，主要有以下几种方式。

①人工数据采集，包括对标绘图进行数字化、野外勘测数字作业、GNSS采集等；

②交互式数据采集，包括摄影测量、遥感影像处理等；

③自动数据采集，包括卫星遥感影像识别与处理等。

在基础地理要素建库过程中，数据的采集一般采用数字摄影测量成图和全野外数据采集的方式。使用卫星遥感资料进行数据采集也正逐渐成为一种基础地理数据更新的重要手段，可用于基础地理数据更新的卫星影像主要有：TM影像(分辨率为30m)、SPOT影像(分辨率为2.5m、5m或10m)、IKONOS影像(分辨率为1m)、QuickBird影像(分率为0.61m)。从地图比例尺及地图更新成本考虑，可采用下述两种技术方案：一是基于SPOT影像、TM影像的更新方案，主要用于1∶5万、1∶10万基础数据的更新；二是基于IKONOS影像、QuickBird影像的更新方案，主要用1∶1万或更大比例尺基础地理数据的更新。

(4)现势数据生产。

这是一个多源、多尺度数据集的融合过程。将新采集的变化数据与原有数据库中未变化的数据融合，从而形成新集成的现势数据库。原始数据可能会有新增、消失、改变等变化类型，相应的处理包括：

①插入。将新增的地物信息添加到数据库中。

②删除。将已消失地物的信息从数据库中删除。

③匹配并替换。根据相似性准则，将空间形态、位置变化的地物与原始数据进行匹配，确定替换对象，再用新的数据替换已变化的内容。

④历史信息的保存与管理。被删除、替换的数据需要保存，以便恢复、查询与分析历史数据。

在这个过程中需要注意的关键问题包括：

①数据模型的演变。不同时期的数据获取与采集往往基于不同的数据模型，导致同一地形目标具有多重表达方式，其拓扑、语义关系及元数据也有所不同，需要做匹配。

②比例尺与数据质量标准。数据获取与采集的比例尺与数据质量标准不尽相同，会导致数据差异；同一数据模型的多次获取也会由于不同的坐标定位及对地物的不同解释而有所差别，需要予以消除。

③需要提供足够的元数据以便对更新过程进行追踪。

④匹配的方法有人工匹配、交差匹配、自动匹配等。匹配点的自动评估、自动匹配算法及工具是当前的研究热点，值得注意的是，并非所有的更新过程都可自动实现。

⑤历史数据的组织与管理。

(5)现势数据提供。

提供给用户的现势数据可以是批量替代的方式。但由于用户在购买数据后会在其中附加许多自己独有的属性及语义，需要予以保留，所以有时只需要提供变化部分和相应的元数据，供用户与其独有属性链接。原则上，要能让用户得到任意时期的快照，尽量少地进行集成与拓扑重建工作，允许用户保留与特有属性的链接。与此相关的另一个问题是更新信息分发服务的政策与价格。

2)数据库更新

由于基础地理数据采集加工受生产管理与技术发展等因素的制约，因此数据采集加工通常是以图幅为单位进行的。基于要素的数据更新在实际应用中尚需时日才能实现。而且基础地理数据的初始建库也是基于图幅的，因此，基于图幅的数据更新策略是与数据采集相一致的，其更新流程如图 3-20 所示。如果入库以图幅为单元，更新则只对涉及的图幅进行小范围的改动。这种方式的优点是文件的修改量小，缺点是每次入库必须切割接边。如果图库的存储以街区为单元，更新时要逐层对数据进行链接，一般居民地等面状图元需要保持完整性，而对于道路、河流等跨街区的线状图元，则在该层单独更新，这样涉及的数据量可能相对大些，但数据的完整性较好。

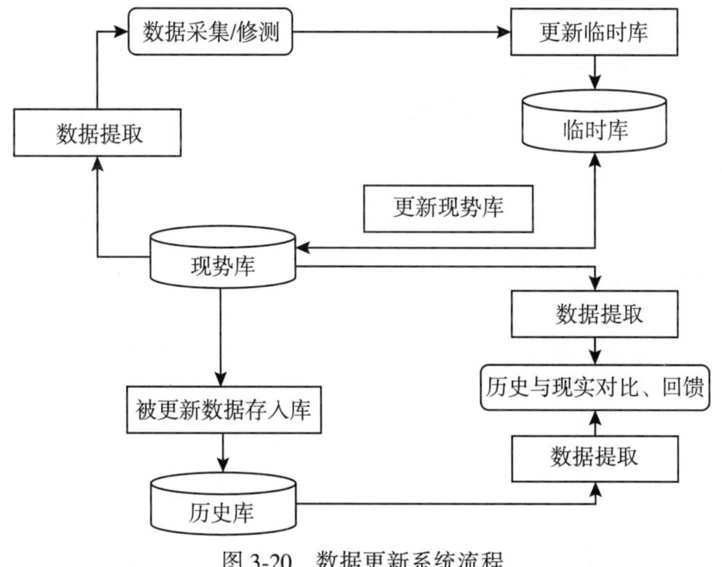

图 3-20 数据更新系统流程

(1)数据库更新办法。

基础地理数据或数据库更新，与通常的数据更新是有区别的。在GIS系统中，数据更新一般是指根据现势性最强的资料，对照已有的数据，将局部范围内变化了的主要地形要素进行修改。为了保证数据的一致性和可靠性，在进行更新作业时，往往会出现许多作业人员对同一个数据文件内的不同(矢量)要素进行更新操作的情况。因此，要求GIS软件应具有许多用户、历史事件记录、长事务处理等功能。

在数据生产平台的更新机制中涉及三个数据库：成果(现势)库、历史库和临时(中间)库。成果库存储最新的反映现状的数据，它是一个完整的GIS数据库。按增量的方式，历史库只存储历次发生变化时被更新下来的历史数据。

数据库的更新包含两个方面的内容：一是对成果数据库及信息服务数据库的更新；二是对历史数据库的更新。

进行成果数据库的更新时，首先，要按照各数据库对入库数据的要求，对新数据进行加工；然后，确定新数据的范围，并从数据库中将更新范围内的数据拷贝到临时的工作数据库中，再将经过加工的新数据加载到需要更新的数据库中。同样，当有新的成果数据入库后，还要对信息服务数据库中的浏览数据和浏览元数据进行更新。

历史数据库包含两部分内容：一是历史数据的检索系统；二是历史数据本身。对历史数据库的更新并不是对历史数据库中的内容进行更新，而是把从成果数据库更新的成果数据和其他相关信息不断添加到历史数据库中。实际上，数据库系统的更新是通过建立一套数据存储和数据管理的策略来实现的，这是一个管理问题。在技术方面要解决的主要问题是如何高效地完成数据的组织和迁移。

(2)数据更新的一致性。

数据更新的一致性是指不同数据库更新的一致性，主要包括：基础地形数据库与地名数据库之间的一致性，基础地形数据与DOM、DEM之间的一致性，基础地形数据与专题信息数据的一致性等。

多元数据的一致性的解决方案一般是针对不同的数据来源以及数据源之间的关系开发出相应的数据提取或数据转换模块，以保证不同空间数据库在数据库更新时保持联动性以及数据的一致性。

在数据生产系统中，除了基础地形数据的入库外，还增加了从多比例尺的地形数据上直接提取地名数据的功能，实现在基础地形数据入库的同时相应的地名数据也提取入库，从而保证了地名库和基础地形数据更新的一致性。

在专题信息系统中，系统提供从基础地形数据库提取专题信息的功能。当基础地形数据库更新到一定程度时，可以调用专题信息提取功能，重新生成现势的专题信息，从而保证专题信息和基础地形库数据的一致性。

3.4　案例三　A级景区空间数据管理

3.4.1　案例场景

地理数据库(GeoDatabase)是一种面向对象的空间数据存储模型库，它可以存储如

Shapefile格式的点、线、面等单一空间矢量要素，还能够将具有同空间参考系统性质，或类型相同及相近的多个要素组织为要素数据集(如将铁路、公路组织为交通数据集)。地理数据库除了可以存储矢量数据，还能够存储栅格数据和表格等，从而可以为数据添加丰富的行为，确保数据的完整性，提高管理数据的能力。

对于形式多样的空间数据如何进行组织？怎样进行分类管理更科学？矢量数据、栅格数据、属性数据管理有何异同？文件地理数据库和个人地理数据库的区别是什么？怎样确保空间数据的质量和完整性？

本案例将以“A级景区空间数据管理”为应用场景，围绕矢量数据、栅格数据、属性数据的管理问题，基于A级景区相关的空间数据和ArcCatalog数据库系统，实现A级景区空间数据库的建立。

3.4.2 目标与内容

1. 目标与要求

(1)了解空间数据库的数据组织。
(2)掌握空间数据库建立的基本方法和过程。

2. 案例内容

(1)创建空间数据库。
(2)创建要素数据集。
(3)矢量数据、表格数据、栅格数据导入。
(4)建立拓扑关系。
(5)浏览并检查数据库。

3.4.3 数据与思路

1. 案例数据

本案例讲述空间数据的管理方法，数据存放在“data3”文件夹中，具体如表3-2所示。

表3-2　　数据明细

数据名称	类型	描　　述
地级行政中心	Shapefile点要素	用于导入社会经济要素数据集
高速公路	Shapefile线要素	用于导入社会经济要素数据集
铁路	Shapefile线要素	用于导入社会经济要素数据集
河南省行政区	Shapefile面要素	用于导入社会经济要素数据集
河南省A级景区	Shapefile点要素	用于导入自然环境要素数据集

续表

数据名称	类型	描　述
河流	Shapefile 线要素	用于导入自然环境要素数据集
河南 DEM 裁剪	DEM 栅格数据	用于导入 A 级景区数据库
河南省社会经济数据	Excel 表格文件	用于导入 A 级景区数据库

2. 思路方法

(1)针对“空间数据库创建”，基于 ArcCatalog 数据库，创建文件地理数据库，并创建要素数据集，便于管理矢量数据。

(2)针对“空间数据入库”，将矢量数据导入要素数据集，栅格数据、表格数据直接导入数据库。

(3)针对“新建拓扑关系”，通过 ArcCatalog 新建拓扑来确立和维护空间数据的质量和完整性。

(4)针对“空间数据查看”，分别查看入库后的空间数据在地理数据库中的组织管理方式。

3.4.4　步骤与过程

1. 创建空间数据库

启动 ArcCatalog 软件，在 ArcCatalog 左侧的目录树中右键点击“data3”文件夹，依次选择【新建】→【文件地理数据库】，命名为“A 级景区数据库 . gdb”。

注意：文件地理数据库和个人地理数据库的区别在于存储数据的大小，个人地理数据库(*. mdb)是微软 Access 数据库，一般不超过 2GB，而文件地理数据库(*. gdb)是 ESRI 自定义的数据库，存储容量非常大。

2. 创建要素数据集

创建用于组织自然环境要素的数据集：右键点击“A 级景区数据库 . gdb”，依次选择【新建】→【要素数据集】，在弹出的对话中输入数据集名称“自然环境要素”，点击【下一步】，点击【添加坐标系】→【导入】，在弹出的对话框中选择“data3”文件夹下的任意一个 Shapefile 文件，单击【添加】，采用所选要素的坐标系统(Krasovsky_1940_Albers)作为新数据集的坐标系统。连续两次点击【下一步】，最后点击【完成】，即完成自然环境要素数据集的创建。采用相同的方法，为“A 级景区数据库 . gdb”创建一个用于组织社会经济要素的数据集“社会经济要素”。创建的数据集如图 3-21 所示。

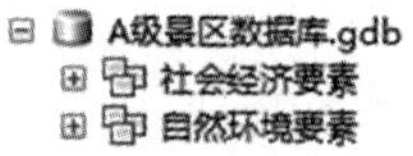

A级景区数据库.gdb
　社会经济要素
　自然环境要素

图 3-21　数据集

3. 矢量数据导入

(1)右键点击“A 级景区数据库 . gdb”中的自然环境要素数据集，依次选择【导入】→【导入要素类(单个)】，在弹出的对话框中【输入要素】添加“河流 . shp”，也可直接从目录树中将这个数据拖入列表框中，【输出要素类】命名为“河流”，如图 3-22 所示。用相同的方法将“河南省 A 级景区 . shp”导入自然环境数据集。

(2)右键点击“A 级景区数据库 . gdb”中的“社会经济要素”数据集，依次选择【导入】→【导入要素类(多个)】，在弹出的对话框中【输入要素】添加“河南省行政区 . shp”“地级行政中心 . shp”“铁路 . shp”“高速公路 . shp”，也可直接从目录树中将这些数据拖入列表框中，如图 3-23 所示。

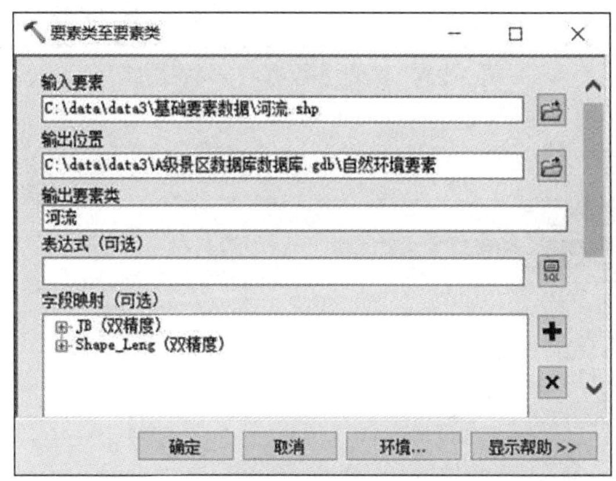

图 3-22 为“自然环境要素”数据集添加要素

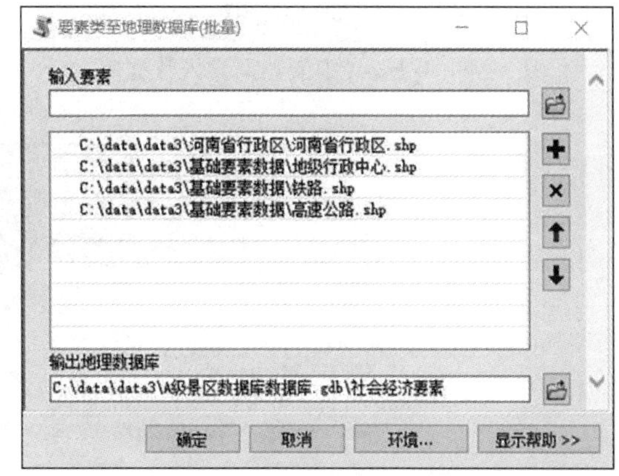

图 3-23 为“社会经济要素”数据集添加要素

4. 表格数据导入

右键点击地理数据库“A 级景区数据库 . gdb”，依次选择【导入】→【表(单个)】，将“河南省社会经济数据 . xls”中的 Sheet1 $ 表作为输入数据，将输出的表格命名为“河南省社会经济数据”，如图 3-24 所示，实现将 Excel 数据表导入数据库中。

5. 栅格数据导入

右键点击地理数据库“A 级景区数据库 . gdb”，依次选择【导入】→【栅格数据集】，在弹出的对话框中【输入栅格】添加“河南 DEM 裁剪”数据，【输出地理数据库】采用默认值(图 3-25)，点击【确定】将栅格数据输入数据库中。

6. 建立拓扑关系

(1)右键点击“A 级景区数据库 . gdb”中的“社会经济要素”数据集，依次选择【新建】→【新建拓扑】，打开【新建拓扑】对话框，连续点击两次【下一步】，选择参与拓扑关系的要素类“地级行政中心”“铁路”“河南省行政区”。

(2)点击【下一步】，选择拓扑等级数目及各要素类的拓扑等级，这里将“地级行政中心”“铁路”“河南省行政区”分别设置等级 3、2、1，如图 3-26 所示。

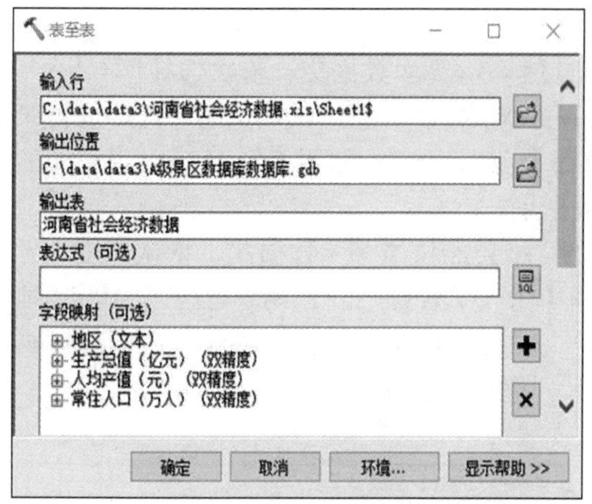

图 3-24　将 Excel 中的数据导入数据库

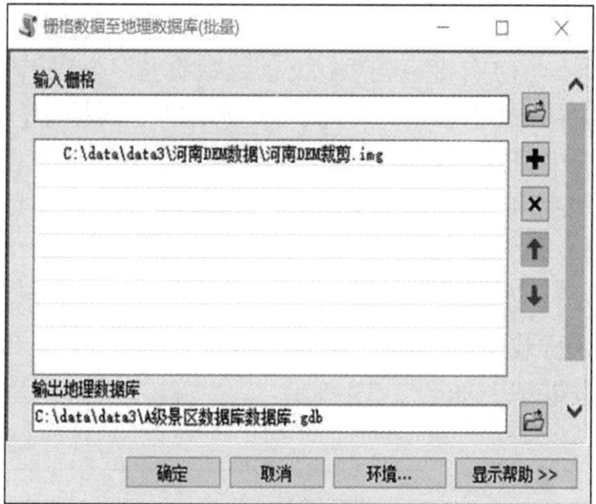

图 3-25　将栅格数据导入数据库

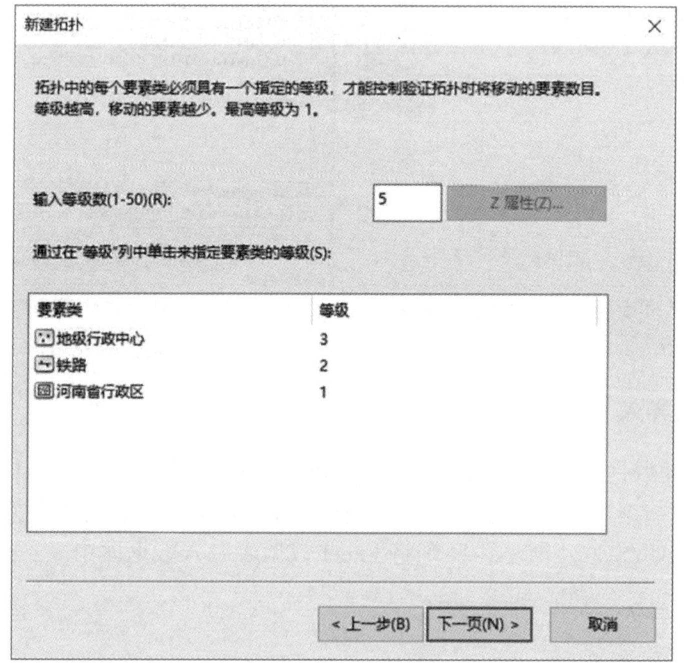

图 3-26　拓扑等级设置

(3)点击【下一步】，定义拓扑规则。点击【添加规则】，在【要素类的要素】下拉框中选择“地级行政中心”，在【要素类】下拉框中选择“河南省行政区”，在【规则】下拉框中选择“必须完全位于内部”，此规则表示地级行政中心点要素必须落入河南省行政区多边形内，不能位于多边形边界或多边形外(图 3-27)，单击【确定】。使用相同的方法为“铁路”添加规则“不能自相交”，表示铁路中的线要素不能出现自相交现象；为“河南省行政区”添加规则“不能重叠”，表示在行政区内部各要素不能相互重叠。最终添加规则的结果如图 3-28 所示。

(4)单击【下一步】，核对新建拓扑的汇总信息，确认无误后单击【完成】，系统会提示是否进行规则的检验，单击【是】，系统将会自动按照规则约束条件，检查当前数据集中的相关要素类。

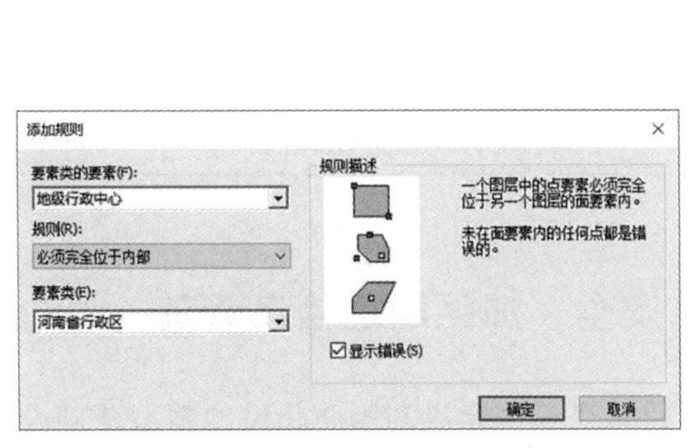

图 3-27 【添加规则】对话框

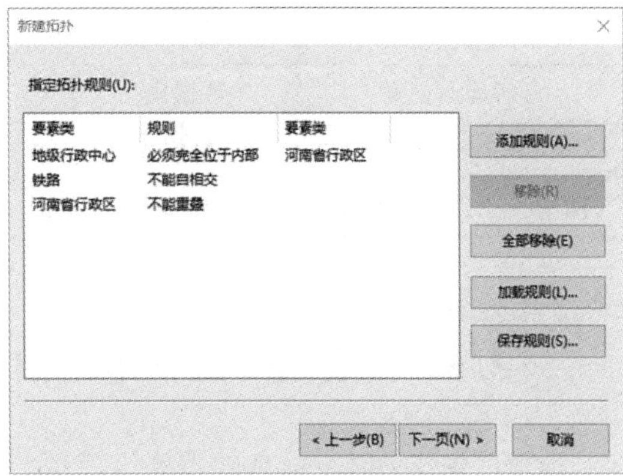

图 3-28 拓扑规则添加结果

(5)拓扑关系建立完成后，右键点击拓扑关系"社会经济要素_Topology"，选择"属性"，在规则选项卡中可以添加、删除修改拓扑规则，拓扑规则调整后需要重新执行"验证"操作。

(6)在 ArcCatalog 中选择"社会经济要素_Topology"，在显示区中选择"预览"，查看是否有拓扑错误(红色标记)。若存在拓扑错误，需要进行拓扑编辑修改(在 ArcMap 中加载拓扑关系及相应的数据，并根据红点所示位置修改。具体的修改方法参见案例二)。

7. 浏览并检查数据库

打开 ArcCatalog，浏览建立的空间数据库，检查数据库结构是否正确、要素是否齐备、属性是否符合要求等。上述步骤全部完成后，完整的"A 级景区数据库"，如图 3-29 所示。

图 3-29 A 级景区数据库

8. 案例结果

本案例最终成果为文件地理数据库"A 级景区数据库"，具体内容如表 3-3 所示。

表 3-3　　成果数据

数据名称	类型	描述
社会经济要素	数据集	包括地级行政中心、高速公路、铁路、河南省行政区、拓扑关系
自然地理要素	数据集	包括 A 级景区、河流
河南 DEM 裁剪	栅格数据集	河南省 DEM 栅格数据影像
河南省社会经济数据	数据表	河南省社会经济属性表

3.5　拓展三　维护地理信息安全　加强地理信息管理

地理信息作为时空信息的重要组成部分，是国民经济建设和国防建设的新型基础设施，在各行各业具有十分广泛的应用。然而，地理信息定位准、精度高、涉密广的安全特征，使得其安全问题十分突出。地理信息安全直接影响国家安全和国防安全，也是制约地理信息共享和应用的瓶颈问题。

针对地理信息安全，国家制定了一系列法律法规，如 2017 年 7 月 1 日起施行的《中华人民共和国测绘法》、2021 年 9 月 1 日开始实施的《中华人民共和国数据安全法》、2020 年 7 月 1 日起施行的《测绘地理信息管理工作国家秘密范围的规定》等，为我国地理信息安全提供了法律基础。

3.5.1　地理信息安全的特征

1. 主权性

地图是国家领土主权的名片，是国家主权和领土完整的象征，敏感地理信息的发布和泄露会导致领土和外交纠纷，给国家安全带来危害。

2. 涉密性

地理信息数据成果大多属于国家秘密，其产品有秘密、机密和绝密，其范围广、数量大、涉及面广、保密期限长，关系到国家安全战略，是现代战争实施远程精准打击的基础性工具，是境外敌对势力密切关注的重要领域。

3. 精准性

地理信息描述的是地球表面自然要素和人工设施的空间位置、时间变化和动态特征等属性信息，有比例尺、符号、图例、审图号等要素概念，数据精准，内容丰富，是地理信息安全敏感性的重要指标。

4. 基础性

地理信息作为基础性信息资源，是四大基础大数据（人口、法人、地理信息、宏观经济)之一。据不完全统计，80%的人类活动与地理信息有关，随着网络经济的快速发展，地理信息服务领域空前广泛，走向了各行各业，走进了千家万户。地理信息的应用越广泛，地理信息安全的责任越重。

5. 共享性

网络普及使得地理信息发布和应用需求日益增强，技术进步使得地理信息的获取、传输和拷贝更加容易。在这卫星定位、遥感技术以及新型测绘技术、网络技术高度融合的信息化时代，地理信息呈现出了高精度、易采集、易传输等特点，地理信息安全隐患日益突出。

3.5.2 身边的地理信息安全

说起地理信息安全，大众或许感觉有些遥远，跟自身关系不太紧密。但随着科技的不断进步，如今地理信息已无处不在，隐藏在人们的日常生活、衣食住行中，其中相关的安全问题也逐渐浮出水面，引起社会的关注。

1. 位置服务应用暗藏安全风险

首先，覆盖面最广的是各类移动应用和操作系统的位置服务。当前很多应用在使用时，都会询问用户是否“允许使用位置服务定位应用”。据 2016 年 12 月腾讯位置服务团队宣布的数据显示，其定位服务日均调用量突破 500 亿次，峰值突破 520 亿次，我们身边的地理信息安全户数 6.8 亿人，其调用量是 2012 年同期的 25 倍。在物流行业、O2O、智能出行、警务安全和运动健康等均有涉及。

当前人们常用的社交、出行、旅游、购物、健康等众多应用都必须开启或记录位置信息，严重依赖位置信息技术，如果不做好安全防范，则暗藏一定的安全风险，轻则隐私泄露，重则失密泄密。

在大数据时代，通过对各种应用收集而来的用户位置、轨迹等数据的分析，特定用户的活动特点可被精确掌握，敏感地理信息可被精准定位，这对地理信息安全监管工作提出了新的挑战。

2. 无人机监管逐渐加强

近年来，无人机行业高速发展，不仅在测量测绘、航空摄影、应急救灾等专业领域大显身手，而且随着无人机越来越小型化，价格越来越低廉，消费级无人机市场也迅速崛起，走入了百姓的日常生活。

由于人们的法律意识淡薄和实际操作技能差，关于无人机航摄活动影响空防安全的事件屡屡见报，但这只是无人机安全隐患的一方面。另外，很多使用者在不具备航空摄影测绘资质且未申请空域的情况下，往往有意无意地进行航空测绘活动，涉嫌非法测绘地图。

按照测绘法律法规的有关规定，使用测绘型无人机必须取得相关资质，每次使用起飞前，必须进行审批、报告，向空管部门和测绘主管部门报告飞行区域、高度、经纬度。如果使用无人机进行的测绘涉及国家秘密，还会受到保密等相关部门的依法惩处。

2016 年 4 月 14 日，北京某航空科技有限公司员工在无航拍资质、未申请空域的情况下，操纵无人机进行非法航拍测绘，被发现后，公司法人和操作人员均被判处有期徒刑。

3. 地图标注无序威胁国家安全

2005 年，Google 公司推出了谷歌地球(Google Earth)全球动态地图，它把卫星照片、航空照相和 GIS 布置在一个地球的三维模型上。用户可以通过客户端软件，免费浏览全球各地的高清晰度卫星图片。

好奇的网民们发现，在这里不仅能发现世界上各大城市、风景点，同时还能清晰地看到在市面出版发行的地图上没有标出的涉及国家机密的隐蔽设施或军事建筑。有专家认为，根据这些解析度很高的卫星成像地图可以计算出相应数据，从而掌握一些重要设施的建筑位置和外形资料，有泄露国家机密的隐患。

在目前卫星满天飞的情况下，卫星图片已经可以公开获得，但 Google Earth 的“标注”功能，可以在地图上标注具体位置的信息，使得一些未被发现的隐秘地点暴露在大众面前。

2010 年，某论坛网站上，很多军事爱好者把大量涉及国家军事的地理坐标和信息，如机场、舰艇码头等在谷歌地图上标注出来，这是一起典型的地理信息涉密行为，已经得到当地主管部门的查办。该论坛出现的问题并不是个例，还有很多网络社区也存在同样问题，不仅军用机场、导弹阵地、雷达阵地、海军港口、部队驻地的准确位置和坐标，甚至连中南海、西昌卫星发射中心的地标文件都被人发布在谷歌地图上。

军事专家认为，这种行为导致有的互联网地图的作用甚至超过了某些军事侦察卫星，让人不费吹灰之力就能得到一些需要花费数年才能得到的测绘信息，给国家安全带来了隐患。这不仅是谷歌地球软件自身服务功能引发的泄密，也是用户在使用过程中的行为导致的泄密。

地理信息数据泄密，也同样可以带来商业上的损失。曾经中国某重要能源公司所属油井的地理坐标和储量信息的数据库，被国外公司非法获得，直接威胁到我国相关行业的经济利益。还有我国 900MW 以上装机容量的多座电站的具体位置的地标文件，也被网友发布到网上，这些都直接影响到我国的国家安全。

由此可见，地理信息安全就在我们身边，在我们不经意的一举一动之间。作为社会大众，我们在享受地理信息带来的种种便利的同时，不仅要保护好自己的个人隐私数据，更要提高安全认识，从战略高度上看待地理信息安全。往往可能只是好奇或者炫耀之举，但可能帮了一些别有用心之徒，更是泄露了国家机密。

3.5.3　地理信息管理

为适应我国经济社会发展的新需求，国家测绘地理信息主管部门提出了“加强基础测绘、监测地理国情、强化公共服务、壮大地信产业、维护国家安全、建设测绘强国”的事业发展总体战略。测绘地理信息服务国家安全，就必须准确把握国家安全形势变化新特点、新趋势，找出总体国家安全观下对测绘地理信息的新需求。

围绕国家安全需求，我国测绘地理信息工作取得了一系列重要进展。但是，与保障国家安全的迫切需求相比较，仍然面临许多挑战。地理信息安全监管问题涉及多个方面，面临的风险也是多方面的，任何一个方面的疏漏，都将造成重大安全问题。不仅如此，测绘地理信息安全监管问题还涉及体制机制、地理信息安全技术创新等问题。认真梳理这些新问题、新风险，是做好测绘地理信息安全监管工作的前提条件。

维护国家地理信息安全的同时，更要推进地理信息服务，正确处理地理信息保密与应用之间的关系，两者相互矛盾，既对立又统一，厘清矛盾的主要方面和次要方面，该保密的严格保住，该公开的坚决公开，在保障地理信息安全的同时，提高地理信息共享利用的水平，才能推动地理信息产业的健康发展。

资料来源：孙威. 重视地理信息安全　推进地理信息服务[J]. 中国信息安全，2017(3)：58-61；余见文献[44]和[45]。

职业技能等级考核测试

1. 单选题

(1)下面不属于空间数据库特点的是________。（　　）

A. 空间数据库不仅存放地理要素的属性数据，还有大量的空间数据

B. 空间数据库所存储的数据量一般特别大

C. 空间数据库的数据应用广泛，例如地理研究、环境保护、土地利用与规划、资源开发、生态环境、市政管理、道路建设等

D. 空间数据库专门存放空间数据，商用关系数据库管理系统不能存放空间信息

(2)某地区在进行土地利用数据库库体自检时发现，该地区的行政辖区总面积略微大于地类区总面积，说明该数据的________。（　　）

A. 现势性不好　　B. 数据精度不高

C. 数据的完整性不良　　D. 数据的逻辑一致性不良

(3)把 E-R 图转换成关系模型的过程，属于数据库设计的________。（　　）

A. 概念设计　　B. 逻辑设计　　C. 需求设计　　D. 物理设计

(4)下面有关数据库主键的叙述正确的是________。（　　）

A. 不同的记录可以具有重复的主键值或空值

B. 一个表中的主键可以是一个或多个字段

C. 在一个表中主键只可以是一个字段

D. 表中的主键的数据类型必须定义为自动编号或文本

(5)关于地理信息系统数据库和一般数据库的说法错误的是________。（　　）

A. 地理信息系统的数据库(空间数据库)和一般数据库相比，数据量相对较大

B. 地理信息系统的数据库不仅有地理要素的属性数据，还有大量的空间数据

C. 一般数据库的数据应用相对广泛

D. 地理信息系统数据库也可以是关系数据库

(6)关于地理空间数据库设计，下面哪个说法是正确的?（　　）

A. 地理空间数据库设计要参考常见地理数据模型

B. 地理空间数据库设计包括概念设计、逻辑设计和物理设计

C. 地理空间数据库设计不涉及数据库建库与维护

D. 实体-关系模型不适用于地理空间数据库设计

(7)数据库系统的核心是________。（　　）

A. 数据模型　　B. 数据库管理系统

C. 软件工具　　D. 数据库

(8)为了保证数据库应用系统正常运行，数据库管理员在日常工作中需要对数据库进行维护，以下一般不属于数据库管理员日常维护工作的是________。（　　）

A. 数据库安全性维护　　B. 数据内容一致性维护

C. 数据库存储空间管理　　D. 数据库备份与恢复

(9)在现代地理信息系统中，空间数据是应用最广泛的数据类型，下列关于空间数据库的描述中，错误的是________。（　　）

A. 空间数据库所存储的数据量一般都比较大，通常会达到 GB 级别，甚至 TB 级别

B. 空间数据库中仅存放着大量的空间数据

C. 商用关系型数据库管理系统 Oracle 也可作为空间数据库使用

D. 空间数据库有多种连接方式，如本地连接，ODBC 连接等

(10)根据关系数据基于的数据模型——关系模型的特征判断，下列正确的是________。（　　）

A. 只存在一对多的实体关系，以图形方式来表示

B. 以二维表格结构来保存数据，在关系表中不允许有重复行存在

C. 能体现一对多、多对多的关系，但不能体现一对一的关系

D. 关系模型数据库是数据库发展的最初阶段

(11)空间数据库具体物理建库中涉及以下步骤：①建立图块，②建立数据库框架，③建立层框架，④数据采集入库。请问正确的流程是________。（　　）

A. ①②③④　　B. ②①③④　　C. ①④②③　　D. ②③④①

(12)下列有关数据库的描述，正确的是________。（　　）

A. 数据库是一个 DBF 文件

B. 数据库是一个关系

C. 数据库是一个结构化的数据集合

D. 数据库是一组文件

(13)空间数据库的设计准则描述不正确的是________。（　　）

A. 尽量减少空间数据存储的冗余量

B. 提供稳定的空间数据结构

C. 高效的索引方式，满足用户对空间数据的访问和查询

D. 按照实体关系模型组织数据即可，无须顾及空间关系的维持

(14)描述数据库中各种数据属性与组成的数据集合称为________。（　　）

A. 数据结构　　B. 数据模型　　C. 数据类型　　D. 数据字典

2. 判断题

(1)地理数据库是以一定的组织形式存储在一起的互相关联的地理数据集合。（　　）

(2)传统的商业关系型数据库无法存储、管理复杂的地理空间框架数据以支持空间关系运算和空间分析等 GIS 功能。因此，GIS 软件厂商在纯关系数据库管理系统基础上，开

发了空间数据库管理的引擎。 (   )

(3)空间数据库引擎改变了原先使用文件来管理空间数据的方式，在数据安全、数据维护和数据处理能力方面都得到极大的改善。 (   )

(4)空间数据库引擎实现了多源异构数据的集成管理，从根本上解决了困扰多年的数据互操作难题。 (   )

(5)地理数据库它描述的是事物属性之间的抽象逻辑关系。 (   )

(6)对于空间数据库，通常面向地学及其相关对象，其信息量大，数据容量往往达到GB级别。 (   )

(7)集中式数据库系统可以支持多个用户，它允许数据库管理系统以及数据库本身分布在多个节点上。 (   )

(8)数据库是一个独立的系统，不需要操作系统的支持。 (   )

(9)数据库技术的根本目标是要解决数据共享的问题。 (   )

(10)数据库系统中，数据的物理结构必须与逻辑结构一致。 (   )

项目4　地理空间数据分析

【项目概述】

GIS空间分析是从空间数据中获取有关地理对象的空间位置、分布、形态、形成和演变信息的分析技术。空间数据查询与分析是GIS中最基本、最常用的功能，也是评价一个GIS成功与否的主要指标。GIS特有的对地理信息(特别是隐含信息)的提取、表达和传输功能，是其区别于一般信息系统和计算机辅助制图系统的主要功能特征。

本项目由空间数据查询与量算、缓冲区分析、空间叠置分析、数字高程模型分析、空间网络分析、泰森多边形分析6个学习型工作任务组成。通过本项目的实施，为学生从事地理信息应用作业员岗位工作打下基础。

【教学目标】

◆知识目标

(1)掌握空间数据查询的方法。

(2)掌握缓冲区分析、叠置分析的方法，并明确其用途。

(3)掌握数字高程模型的概念、建立及其分析方法。

(4)掌握网络分析的基本内容，了解路径分析、资源分配、最佳选址和地址匹配的方法。

(5)掌握泰森多边形的概念、不规则三角网及泰森多边形的建立方法。

◆能力目标

(1)进行空间数据查询，提取有用信息。

(2)进行点缓冲区、线缓冲区、面缓冲区创建与分析。

(3)进行点与多边形、线与多边形、多边形与多边形的叠置分析。

(4)进行数字高程模型的建立与坡度、坡向、通视分析。

(5)建立几何网络，设置空间网络状态，开展最佳路径分析。

(6)建立Delaunay三角网模型与泰森多边形。

◆素质目标

(1)理论联系实践，针对具体行业案例，能够分析问题、解决问题。

(2)引导学生在空间分析过程中，强调科学方法的运用和严谨的科学态度，培养学生的科学精神和求真意识。

(3)培养学生利用空间分析方法反映社会热点问题的意识，发挥地理信息在社会服务中的作用，让学生认识到自己所学知识的社会价值，培养其关注社会、服务社会的责任感。

4.1 任务一 空间数据查询与量算

查询和定位空间对象，并对空间对象进行量算是GIS的基本功能之一，它是GIS进行高层次分析的基础。在GIS中，为进行高层次分析，往往需要查询定位空间对象，并用一些简单的测量值对地理分布或现象进行描述，如长度、面积、距离、形状等。实际上，空间分析首先始于空间查询和量算，它是空间分析的定量基础。

4.1.1 空间数据查询概述

空间数据查询

1. 空间数据查询定义

空间数据查询是指利用空间索引机制，从数据库中查找获得符合指定条件的空间数据。例如，从存储了某市所有书店位置信息和属性信息的数据库中，查找出该市某大学附近的书店，就属于空间信息查询的范畴。

2. 空间数据查询过程

空间数据查询属于空间数据库的范畴，一般定义为从空间数据库中找出所有满足属性约束条件和空间约束条件的地理对象。查询的过程大致可分为三类：①直接复原数据库中的数据及所含信息，来回答人们提出的一些比较“简单”的问题；②通过一些逻辑运算完成一定约束条件下的查询；③根据数据库中现有的数据模型，进行有机的组合构造出复合模型，模拟现实世界的一些系统和现象的结构、功能，来回答一些“复杂”的问题，预测一些事务的发生、发展的动态趋势。空间数据查询的一般过程如图4-1所示。

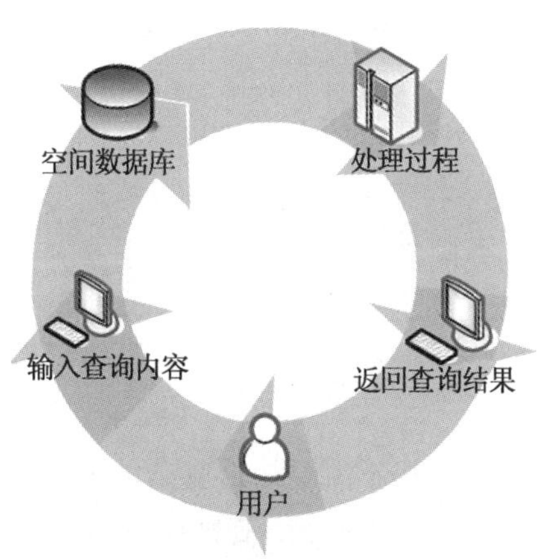

图4-1 空间数据查询的一般过程

3. 空间数据查询方式

空间数据查询的方式主要有两大类，即“属性查图形”和“图形查属性”。属性查图形，主要是用 SQL 语句进行简单和复杂的条件查询。如在中国经济区划图上查找人均年收入大于 35000 元的城市，将符合条件的城市的属性与图形关联，然后在经济区划图上高亮度显示给用户。图形查属性，可以通过点、矩形、圆和多边形等图形来查询所选空间对象的属性，也可以查找空间对象的几何参数，如两点间的距离，线状地物的长度，面状地物的面积等，一般的地理信息系统软件都会提供这些功能。在实际应用中，查找地物的空间拓扑关系非常重要，现在一些地理信息系统软件也提供此功能。

空间数据查询的内容很多，可以查询空间对象的属性、空间位置、空间分布、几何特征，以及和其他空间对象的空间关系。查询的结果可以通过多种方式显示给用户，如高亮度显示、属性列表和统计图表等。如图 4-2 所示，表达了空间数据查询的方式、查询内容和显示结果的关系。

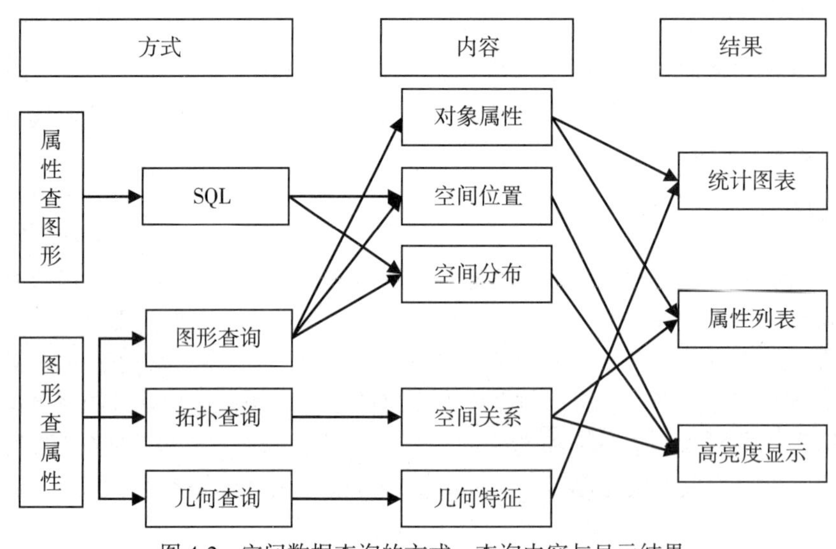

图 4-2　空间数据查询的方式、查询内容与显示结果

4.1.2　属性查询

属性查询是一种较常用的空间数据查询。属性查询又分为简单的属性查询和基于 SQL 语言的属性查询。

1. 简单的属性查询

最简单的属性查询是查找。查找不需要构造复杂的 SQL 命令，只要选择一个属性值，就可以找到对应的空间图形。如图 4-3 所示，在河南省信息列表中任意选择一个地级市的属性值，在河南行政区划图中就会高亮度显示出来。

2. 基于 SQL 语言的属性查询

1) 常规的 SQL 查询

结构化查询语言(SQL)是一种专门为关系数据库设计的数据处理语言。地理信息系统软件通常都支持标准的 SQL 查询语言。SQL 的基本语法为：

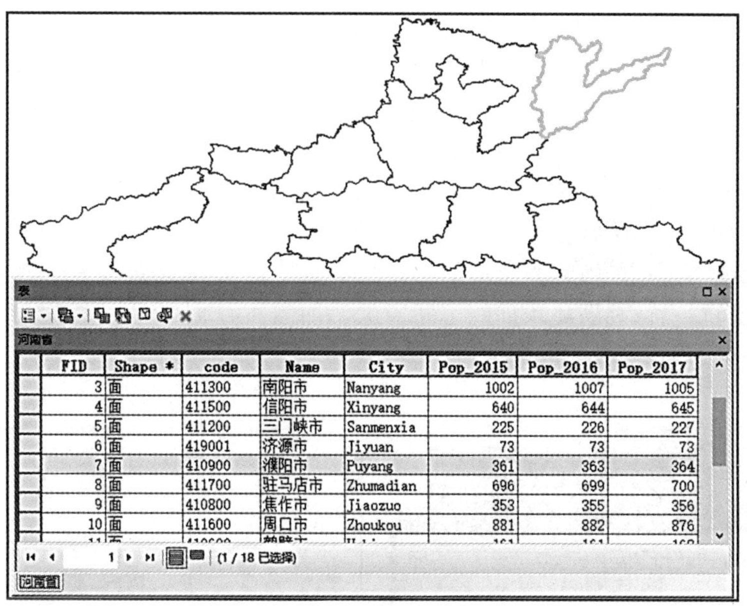

图 4-3 简单的属性查询

Select <属性清单>
From <关系>
Where <条件>

例如，需要查询“P101”地块的销售日期(表 4-1 为下面查询语句的关联表)，SQL 命令如下：

Select sale date
From parcel
Where PIN =“P101”

在执行了上面的命令后，就可以查询到“P101”地块的销售日期。

表 4-1 **查询所需要的关联表**

地块标识	销售日期	面积	代码	分区
P101	2012-02-13	3.1	1	住宅区
P102	2014-03-24	2.5	2	商用区
P103	2013-12-03	4.6	3	农用区
P104	2015-06-05	5.2	2	商用区
P105	2011-08-30	2.7	3	农用区

2)扩展的 SQL 查询

地理信息系统的空间数据库以空间(地理)目标作为存储集，与一般数据库的最大不同点是它包含“空间”(或几何)概念，而标准的 SQL 是关系代数模型中的一些关系操作及组合，适合于表的查询与操作，但不支持空间概念和运算。因此，为支持空间数据库的查询，需要在 SQL 上扩充谓词集，将属性条件和空间关系的图形条件组合在一起形成扩展的 SQL 查询语言。常用的空间关系谓词有相邻“adjacent”，包含“contain”，穿过“cross”和在内部“inside”，缓冲区“buffer”等。扩展的 SQL 查询，给用户带来了很大的方便。

一般的地理信息系统软件都设计了较好的交互式选择界面，用户无须键入完整的 SQL 语句，向系统输入了相关内容和条件后，转化为标准的关系数据库 SQL 查询语句，由数据库管理系统执行，得到满足条件的空间对象。如图 4-4(a)所示，查询某区域高程大于 1358. 935m 并且小于 1425. 64m 的区域，图 4-4(b)为查询的结果。

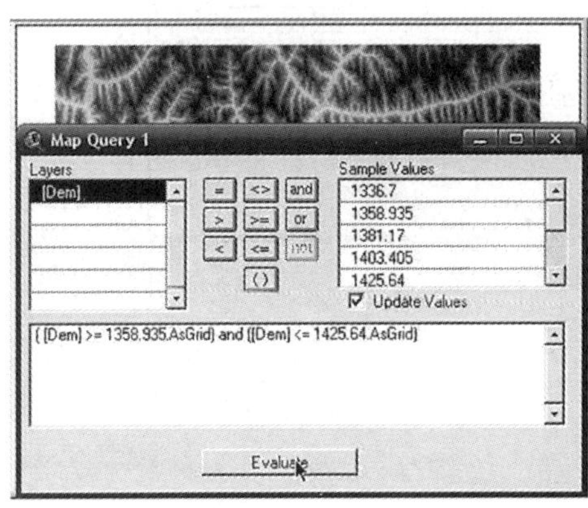

(a)输入查询条件　　(b)查询结果显示

图 4-4　复杂条件查询及显示

4.1.3　图形查询

图形查询是另一种常用的空间数据查询方法。在 GIS 软件中，用户只需利用光标，用点选、画线、矩形、圆或其他不规则工具选中感兴趣的地物，就可以得到查询对象的属性、空间位置、空间分布以及与其他空间对象的空间关系。

1. 点查询

用鼠标点击图中的任意一点，可以得到该点所代表空间对象的相关属性。如图 4-5 所示，点击河南省行政区划图中任意一个地级市，得到该市的相关信息，图中高亮度显示的市为选择的地级市。

2. 矩形或圆查询

按矩形框查询，给定一个矩形窗口，可以得到该窗口内所有对象的属性列表。这种查询的检索过程比较复杂，往往要考虑是只检索包含在窗口内的空间对象，还是只要是该窗口涉及的对象，无论是被包含还是穿过都要检索出来。用矩形框选择要查询的河南省部分地级市(图 4-6)，得到了矩形圆形框所包含的地级市以及所穿越城市的信息，如图4-7所示。

圆查询，给定一个圆，检索出该圆内的空间对象，可以得到空间对象的属性，其实现方法与矩形类似。

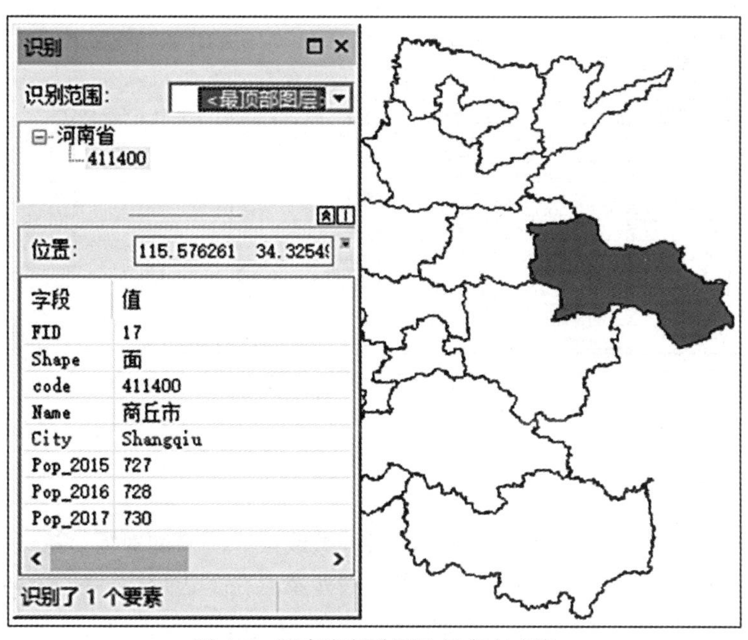

图 4-5 河南省行政区地级市点查询

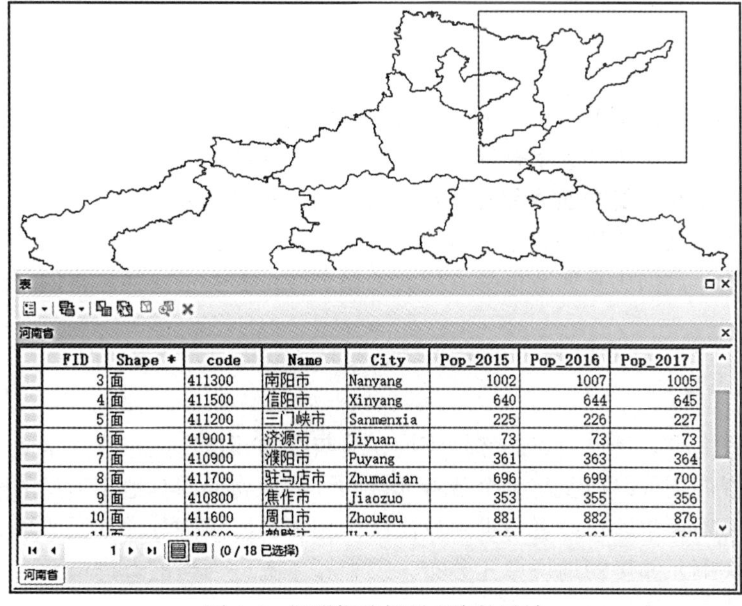

FID	Shape *	code	Name	City	Pop_2015	Pop_2016	Pop_2017
3	面	411300	南阳市	Nanyang	1002	1007	1005
4	面	411500	信阳市	Xinyang	640	644	645
5	面	411200	三门峡市	Sanmenxia	225	226	227
6	面	419001	济源市	Jiyuan	73	73	73
7	面	410900	濮阳市	Puyang	361	363	364
8	面	411700	驻马店市	Zhumadian	696	699	700
9	面	410800	焦作市	Jiaozuo	353	355	356
10	面	411600	周口市	Zhoukou	881	882	876

图 4-6 矩形框选择要查询的区域

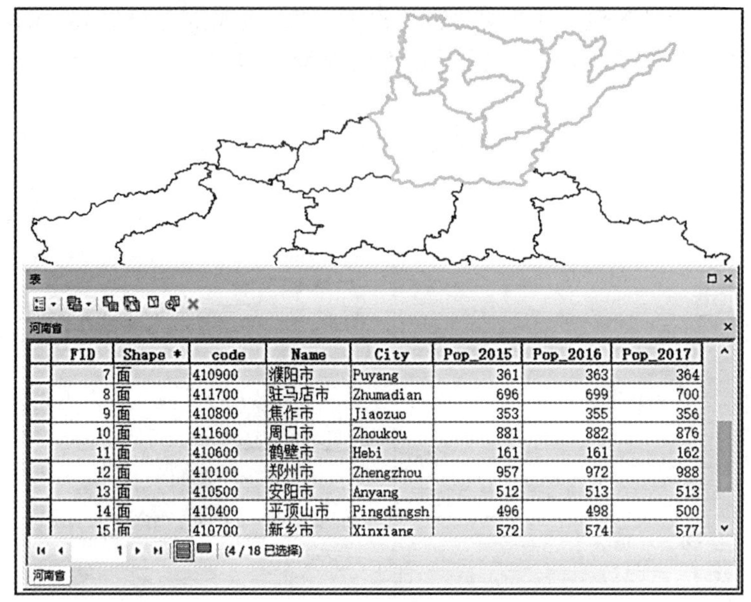

FID	Shape *	code	Name	City	Pop_2015	Pop_2016	Pop_2017
7	面	410900	濮阳市	Puyang	361	363	364
8	面	411700	驻马店市	Zhumadian	696	699	700
9	面	410800	焦作市	Jiaozuo	353	355	356
10	面	411600	周口市	Zhoukou	881	882	876
11	面	410600	鹤壁市	Hebi	161	161	162
12	面	410100	郑州市	Zhengzhou	957	972	988
13	面	410500	安阳市	Anyang	512	513	513
14	面	410400	平顶山市	Pingdingsh	496	498	500
15	面	410700	新乡市	Xinxiang	572	574	577

图 4-7　矩形查询结果

3. 多边形查询

给定一个多边形，检索出该多边形内的某一类或某一层空间对象。这一操作的工作原理与按矩形查询相似，但又比前者复杂得多。它涉及点在多边形内、线在多边形内以及多边形在多边形内的判别计算。

4.1.4　空间关系查询

这种查询方法选择地图要素是基于这些要素与其他要素的空间关系。要选的地图要素可在同一地图中作为地图要素供选择，也可在不同的地图中。

空间关系查询包括拓扑关系查询和缓冲区查询。在地理信息系统中，对于凡具有网状结构特征的地理要素，如交通网和各种资源的空间分布等，存在节点、弧段和多边形之间的拓扑结构。空间数据的拓扑关系，对地理信息系统的数据处理和空间分析，都具有非常重要的意义。拓扑数据比几何数据具有很大的稳定性，有利于空间要素的查询，如重建地理实体等。

1. 邻接关系查询

邻接关系查询可以是点与点的邻接查询，线与线的邻接查询，或者是面与面的邻接查询。邻接关系查询还可以涉及与某个节点邻接的线状地物和面状地物信息的查询，例如查找与公园邻接的闲置空地，或者与洪水泛滥区域相邻的居民区等。如图 4-8 所示的是查询与一个给定地块单元邻接的地块单元分布，图中深色图斑为当前查询单元，斜条文显示的图斑为与查询单元邻接的地块单元。

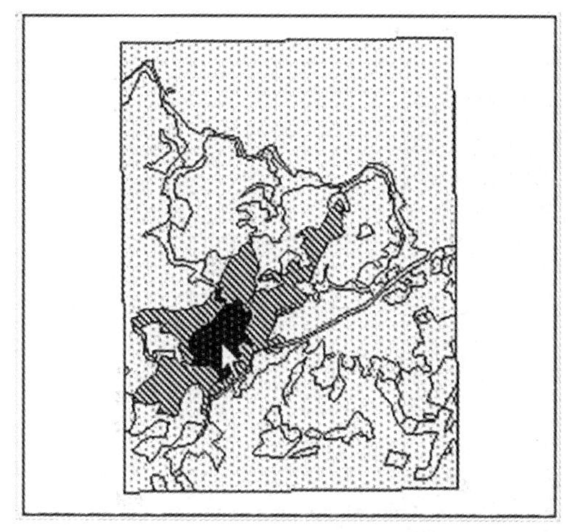

图 4-8 面的邻接拓扑查询

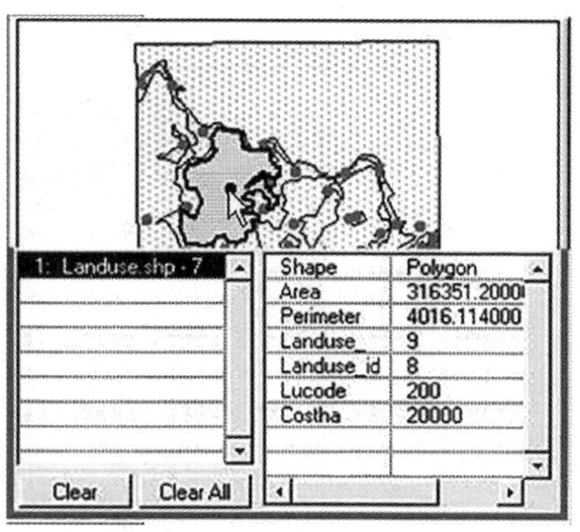

图 4-9 包含查询——面包含点

2. 包含关系查询

包含关系查询可以查询某一面状地物所包含的某一类地物，或者查询包含某一地物的面状地物。被包含的地物可以是点状地物、线状地物或面状地物，例如某一区域内商业网点的分布等。如图 4-9 所示，通过查询某点状地物的拓扑关系，得到包含该点的面状地物的相关信息。

3. 关联关系查询

关联关系查询是空间不同元素之间拓扑关系的查询，可以查询与某点状地物相关联的线状地物的相关信息，也可以查询与线状地物相关联的面状地物的相关信息，例如查询某一给定的排水网络所经过的土地的利用类型，先得到与排水网络相关联的土地图斑(图 4-10)，然后可以利用图形查询得到各个土地图斑的属性。图中黑粗线为排水网络，斜条文显示的图斑为排水网络经过的土地。

4.1.5 空间信息量算

空间信息量算方法主要分为三大类：第一类是几何量算，主要包括地理要素的长度、面积和弯曲度等指标；第二类是重心量算，可以是单一面状要素的重心，也可以是分布离散要素的重心；第三类是形状量算，单个面状要素或面状要素集合的几何形状特征，可以通过一系列的指标(如形状比、延伸率、紧凑度、放射状指数和标准面积指数等)来描述。

1. 几何量算

(1)长度：长度是线要素和面要素的基本形态参数。在矢量数据格式下，线要素由若干个点组成，可以用点的坐标串来表示，而线段长度可以由相邻两点间的线段长度累加获得。面要素周长的计算方法与线要素长度的计算方法相似，而不同之处在于，当计算面要素周长时，描述面要素的始末节点为同一点。

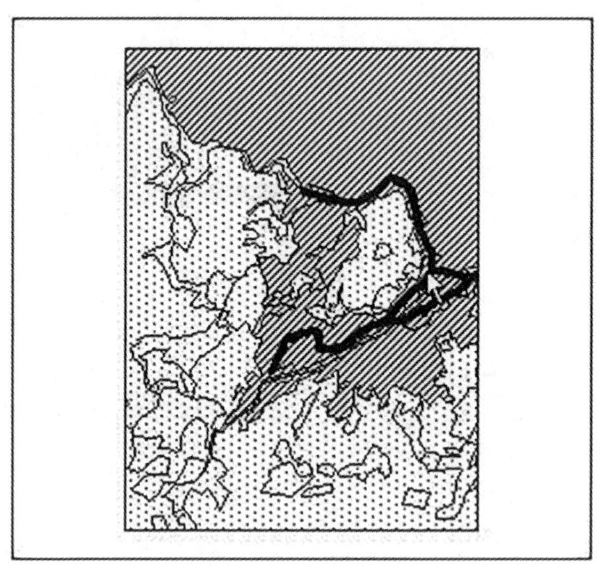

图 4-10　关联查询

(2)面积：面积是面要素的重要几何量算指标。对于不规则的面要素，可以采用分解的方法计算面积。将面要素的边界分解为上下两部分，而其面积等于上半边界的积分值与下半边界的积分值之差。

(3)弯曲度：弯曲度是表征线要素弯曲程度的重要指标，是线要素长度与线要素两端点之间直线段长度的比值。

2. 重心量算

(1)单个面状要素的重心量算，可以通过计算切割面要素后的梯形重心得到。首先，将面要素多边形的所有顶点投影到 X 轴上，得到一系列梯形。然后，计算每个梯形的重心坐标和面积。最后，以梯形面积占总面积的百分比为权重，对梯形重心坐标加权平均，从而获得面要素多边形的重心。

(2)分布离散要素的重心量算，是离散要素保持均匀分布的平衡点，即离散要素的加权平均中心。

3. 形状量算

形状量算可以分为两类：第一类是单个面状要素的形状量算。可以使用面状要素的形状系数，如形状比、延伸率、紧凑度等。这些指标计算相对简单，仅反映形状的外部特征。第二类是面状要素集合的形状量算。面状要素集合的形状量算可以使用放射状指数、标准面积指数等形状系数。这些指标计算相对复杂，能够反映形状的内部联系。

(1)形状比：该指标能够反映要素的带状分布特征，计算方法为区域面积除以区域最长轴长度的平方。带状分布特征越明显的要素，其形状比越小。例如，城市外围轮廓的形状比较小，说明城市为狭长带状分布。

(2)延伸率：该指标能够反映要素的带状延伸程度，计算方法为要素最长轴的长度除以最短轴的长度。带状延伸越明显的要素，其延伸率越大，离散程度越高。

(3)紧凑度：该指标能够反映要素的集中与紧凑程度。在计算过程中，圆形被认为是最紧凑的形状，其紧凑度为1。城市的紧凑度越高，表明城市内部的公共设施越聚集，土地利用率越高。

(4)放射状指数：该指标不单纯从抽象的外部形状入手，而是综合考虑各组成部分的位置特征。通过距离、时间、阻力等因素，反映区域中心与区域内各部分之间的联系程度。例如，在现实应用中，放射状指数可用于衡量学校对其覆盖范围内各住宅小区的影响程度。

(5)标准面积指数：该指标可以用于衡量区域形状与标准形状的差异程度，而在量算过中，以等边三角形作为标准形状。具体计算方法是：首先，换算出与区域面积相等的等边角形；然后，将等边三角形叠置到区域范围上，依次求解区域范围与等边三角形"交"和"并"的面积；最后，计算标准面积指数 S。

4.2 任务二 缓冲区分析

缓冲区分析

邻近度(Proximity)描述了地理空间中两个地物距离相近的程度，以距离关系为分析基础的邻近度分析构成了GIS空间分析的一个重要手段。例如建造一条铁路，要考虑到铁路的宽度以及铁路两侧所保留的安全带，来计算铁路实际占用的空间；公共设施如商场、银行、医院、学校等的位置选择都要考虑其服务范围；对于一个有噪声污染的工厂，污染范围的确定是非常重要的；已知某区域部分站点的气象数据，如何选取最近的气象站数据来代替某未知点的气象数据等，诸如此类的问题都属于邻近度分析。解决这类问题的方法很多，目前缓冲区分析是比较成熟的 种分析方法。

4.2.1 缓冲区分析定义

缓冲区分析(Buffer Analysis)是解决邻近度问题的空间分析工具之一，就是根据分析对象的点、线、面实体，在其周围自动建立一定宽度范围的缓冲区多边形实体，从而实现空间数据在二维空间得以扩展的分析方法。从空间变换的角度来看，缓冲区分析实际上就是邻近度分析或影响度分析，就是将点、线、面的地物分布图转换成距离扩展图。缓冲区分析在确定地理目标和规划目标的影响范围中发挥着重要的作用。如根据离交通线的远近进行土地成本估算，公共设施的服务半径，大型水利建设引起的搬迁，环境污染的影响等。

缓冲区(Buffer)是地理空间要素的一种影响范围或服务范围。从数学的角度来看，缓冲区分析的基本思想是给定一个空间对象或集合，确定其邻域，邻域的大小由邻域半径 R 决定，因此对象 O_i 的缓冲区定义为

$$B_i = \{x \mid d(x, O_i) \leq R\} \tag{4-1}$$

即对象 O_i 的距离小于等于缓冲区半径 R 所有点的集合，d 一般指最小欧氏距离，但也

可以为其他定义的距离，如网络距离，即空间物体间的路径距离。

对于对象集合 $O=\{O_i \mid (i=1,\ 2,\ \cdots,\ n)\leqslant R\}$，其半径为 R 的缓冲区是各个对象缓冲区的并集，即

$$B=\bigcup_{i=1}^{n} B_i \tag{4-2}$$

4.2.2　缓冲区分析方法

在进行空间缓冲区分析时，通常将研究问题抽象为以下三类因素进行分析：

(1)主体：表示分析的主要目标，一般分为点源、线源和面源三种类型。

(2)邻近对象：表示受主体影响的客体，例如行政界线变更时所涉及的居民区，森林遭砍伐时所影响的水土流失范围等；

(3)作用条件：表示主体对邻近对象施加作用的影响条件或强度。

根据主体的类型，我们把缓冲区分析划分为三种方法，分别为点缓冲区分析、线缓冲区分析和面缓冲区分析。

1. 点缓冲区分析

点缓冲区分析：通常以点为圆心，围绕点对象建立半径为缓冲距的圆形区域(图4-11)。

特殊需要还可以建立点对象的三角形和矩形缓冲区(图4-12)。点缓冲区分析方法的应用是非常广泛的，例如如果要调查某地区的现有的小学能否满足社区需求，也需要运用点缓冲区分析方法确定各小学的服务范围，分析它们的重叠离散程度：若重叠太大，则说明小学分布可能不合理；若离散太大，则需在服务空白区新建小学，如图4-13所示。

图4-11　点缓冲区

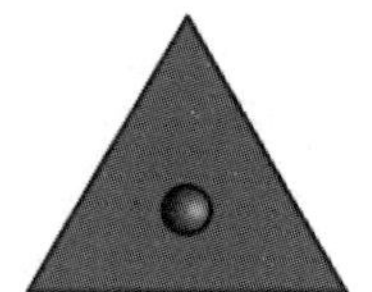

图4-12　特殊点缓冲区

2. 线缓冲区分析

通常是以线为中心轴线，距中心轴线一定距离的平行条带多边形，如图4-14所示。线缓冲区还有双侧不对称和单侧缓冲区，如图4-15所示。

线缓冲区分析方法主要应用于线状地物如道路和河流对周围影响的分析中。例如，为了防止水土流失，禁止砍伐河流两侧一定范围内的森林，这个范围的确定需要进行线缓冲区分析，如图4-16所示。

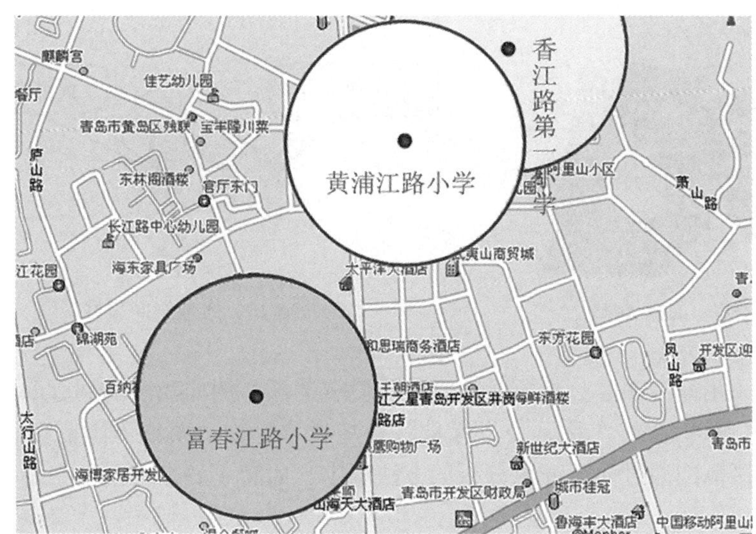

图 4-13 点缓冲区实例

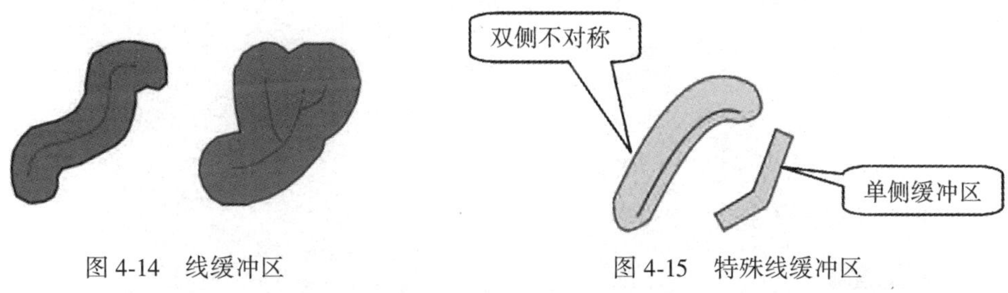

图 4-14 线缓冲区

图 4-15 特殊线缓冲区

图 4-16 线缓冲区实例

3. 面缓冲区分析

面缓冲区分析是沿面的边界线建立距离为缓冲距的多边形区域，如图 4-17 所示。进行面缓冲区分析时，首先抽象出面的边界线，在边界线周围建立距离为缓冲距的多边形。

面缓冲区分析可分为内侧缓冲区分析和外侧缓冲区分析，如图 4-18 所示。

图 4-17　面缓冲区

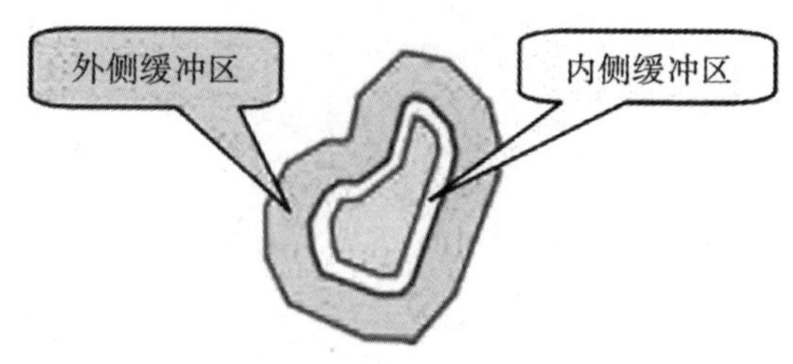

图 4-18　内外侧面缓冲区

很多情况采用面缓冲区分析方法建立其外侧缓冲区，例如我国的洞庭湖和鄱阳湖，特别是鄱阳湖有“候鸟天堂”之称。为了保护各种鸟类和生物，湖泊周围需要设置生态保护区，生态保护区范围通过面缓冲区分析的方法确定，如图 4-19 所示。

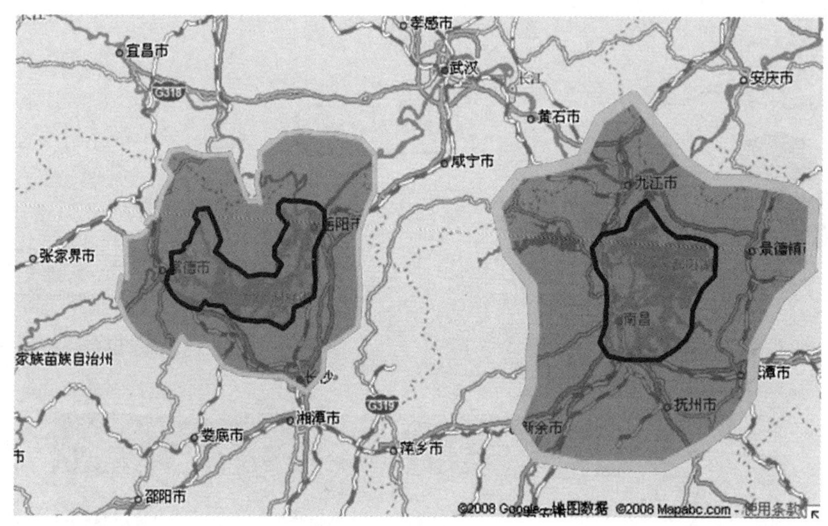

图 4-19　面缓冲区实例

4.2.3　空间缓冲区的建立

从原理上来说，缓冲区的建立非常简单。点缓冲区以点状地物为圆心，以缓冲区距为半径画圆即可；线缓冲区和面缓冲区的建立以线状地物或面状地物的边线为参考线，作参考线的平行线，再考虑端点圆弧，与平行线相接即可。

1. 点缓冲区的建立

点缓冲区的建立相对简单。点状要素缓冲区就是以点为圆心，以缓冲距为半径而形成的圆所包围的区域。其中包括单点要素形成的缓冲区、多点要素形成的缓冲区和分级点要素形成的缓冲区等。

2. 线缓冲区的建立

线缓冲区的建立相对复杂。通过以线状地物的中心轴线为核心作平行曲线，生成缓冲区边线，再对生成边线求交、合并，最终生成缓冲区边界。生成缓冲区边界的基本问题是双线问题，常用的方法有角平分线法和凸角圆弧法。

1) 角平分线法

基本思想是：首先在中心轴线首尾处作轴线的垂线，按缓冲区半径 R 截出左右边线的起讫点；然后在中心轴线的其他各转折点处，用以偏移量为 R 的左右平行线的交点来确定该转折点处左右平行边线的对应顶点；最终由端点、转折点和左右平行线形成的多边形就构成了所需要的缓冲区多边形，如图 4-20 所示。

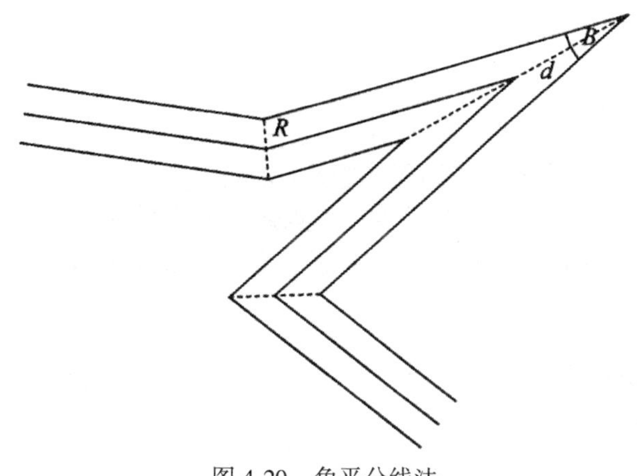

图 4-20 角平分线法

角平分线法简单易行，缺点在于难以最大限度地保证缓冲区左右边线的等宽性，当轴线转折角过大或过小时，因角平分线法自身的缺点会造成许多异常情况，校正过程较复杂，实施起来较为困难。

图 4-20 中，在周线的转折处，凸角一侧平行线宽度较大，张角 B 与凸角平行线宽度 d 之间关系可用式(4-3)表示：

$$d=\frac{R}{\sin\left(\frac{B}{2}\right)} \tag{4-3}$$

当缓冲区半径 R 不变时，d 随张角 B 的减小而增大，张角越小，变形越大；张角越大，变形越小，所以在尖角处缓冲区左右边线的等宽性遭到破坏。

2) 凸角圆弧法

凸角圆弧法的基本思想是：在轴线的两端点处用半径为缓冲距离的圆弥合；在中心轴线的其他各转折点处，首先判断该点的凸凹性，在凸侧用圆弧弥合，在凹侧用与该转折点前后相继的轴线的偏移量为 R 的左右平行线的交点作为对应顶点，如图 4-21 所示。由于凸角圆弧法对于凸部的圆弧处理使其能最大限度地保证左右平行曲线的等宽性，避免了角平分线法所带来的异常情况。

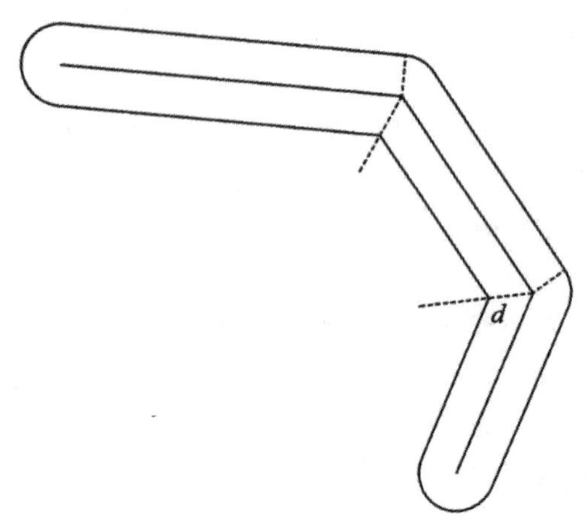

图 4-21　凸角圆弧法

3. 面缓冲区的建立

面缓冲区的建立与线缓冲区建立的原理基本相同，依然采用凸角圆弧法。首先判断轴线上每个转折点的凸凹性，在左侧为凸的转折点用半径为缓冲距的圆来弥补，在左侧为凹的转折点用平行线交点确定顶点，再对生成的缓冲区边界进行自相交处理和其他特殊处理。

4. 缓冲区的特殊处理

1)缓冲区重叠处理

空间实体不可能都是孤立存在的，缓冲区建立时会出现多个空间实体缓冲区相互重叠。重叠的情况包括多个空间实体缓冲区之间的重叠和同一实体缓冲区的重叠，必须对重叠缓冲区进行合并。对于前者，通过拓扑分析的方法自动识别出落在某个缓冲区范围内的线段或弧段并删除，得到处理后的连通缓冲区，如图 4-22 所示。

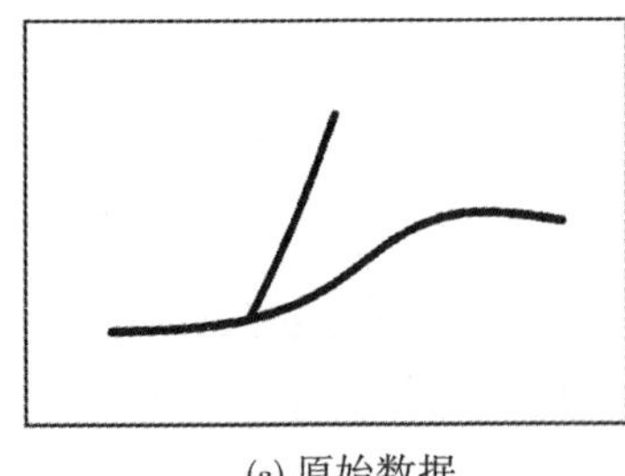

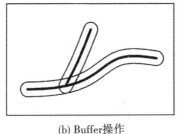

(a) 原始数据

(b) Buffer操作

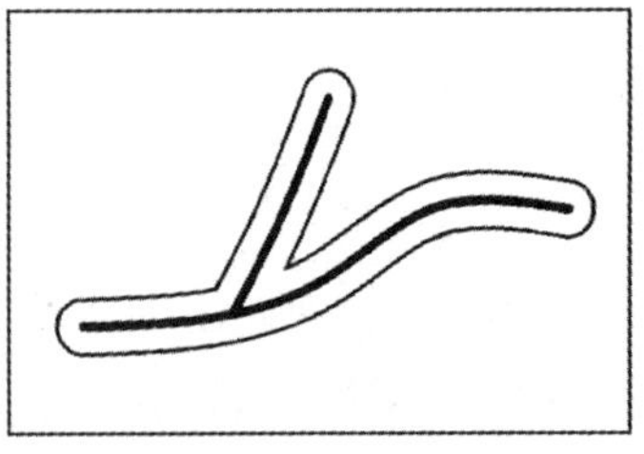

(c) Buffer后生成的缓冲区

图 4-22　多个特征缓冲区重叠处理

对于后者，称为自相交。自相交多边形常出现两种情况：岛屿多边形和重叠多边形。岛屿多边形是缓冲区边界线的有效组成部分；重叠多边形是非缓冲区边界线的有效组成部分。对于两种多边形的自动判别，首先定义轴线坐标点序为其方向，缓冲区双线分为左右边线，左右边线自相交的情况恰好对称。对于左边线，岛屿多边形呈逆时针方向，重叠多边形呈顺时针方向；对于右边线，岛屿多边形呈顺时针方向，重叠多边形呈逆时针方向。图 4-23 和图 4-24 分别给出边界自相交情况及其处理结果。

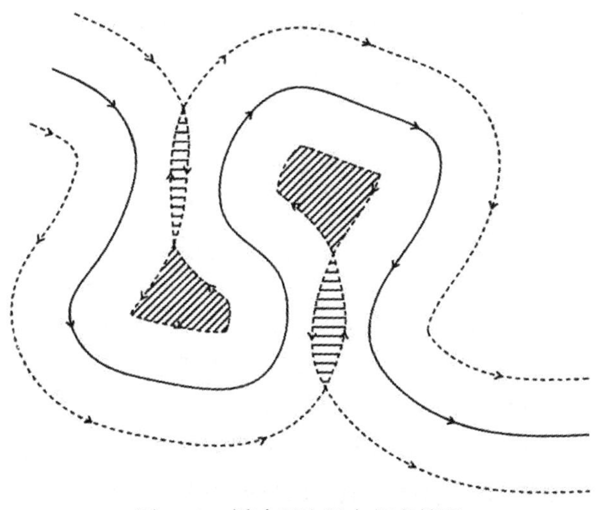

图 4-23 缓冲区边界自相交情况

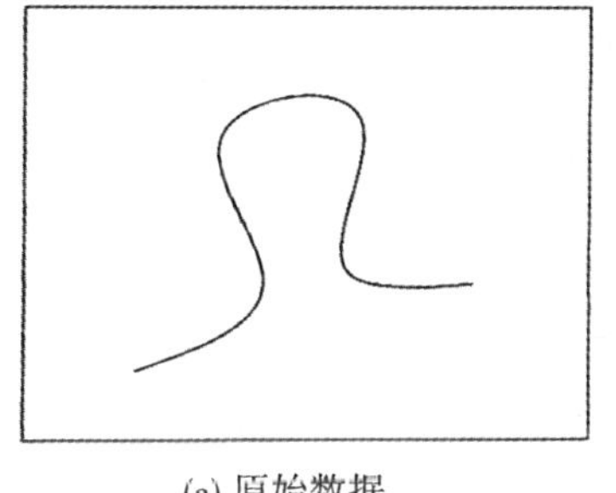

(a) 原始数据

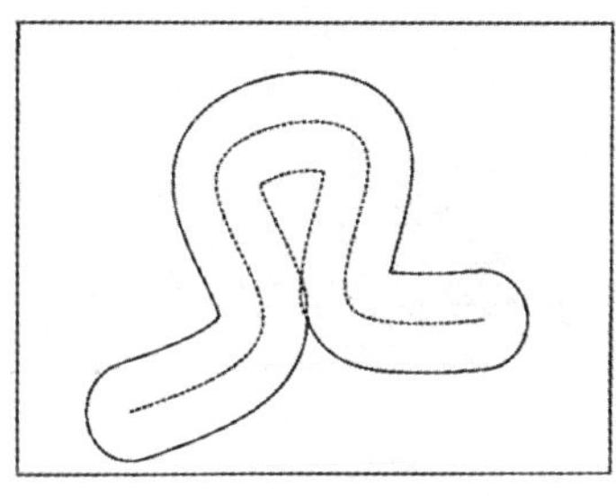

(b) Buffer操作

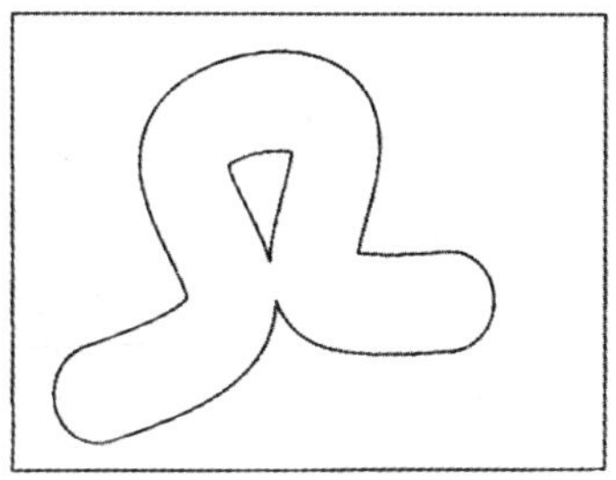

(c) Buffer后生成的缓冲区

图 4-24 单个特征缓冲区重叠处理

2) 不同级同类要素缓冲区处理

在进行缓冲区分析时，有时会遇到对不同级别的同类地物建立缓冲区，由于级别不同，它们所产生的缓冲区的范围大小不同，如主干道与次干道对街道两侧繁荣程度的影响不同，这主要与要素的类型有关。在建立这样的缓冲区时首先要建立属性表，并在属性表中添加有关缓冲距的属性列，建立缓冲区时根据属性表中不同级别要素缓冲区属性列的值生成缓冲区。

3) 多级缓冲区

在某些应用中，有可能同一个目标需要生成多个缓冲区，如环境污染的程度、地震的影响程度等。此时根据多个缓冲距离生成多个缓冲区，就形成了缓冲区的嵌套。

4.3 任务三 空间叠置分析

叠置分析是地理信息系统中常用的提取空间隐含信息的方法之一。叠置分析是将有关主题层组成的各个数据层面进行叠置产生一个新的数据层面，其结果综合了原来两个或多个层面要素所具有的属性，同时叠置分析不仅生成了新的空间关系，而且还将输入的多个数据层的属性联系起来产生新的属性关系。其中，被叠加的要素层面必须是基于相同坐标系统的、基准面相同的、同一区域的数据。

叠置分析

4.3.1 叠置分析的概念

1. 叠置分析的含义

叠置分析是指在统一空间参照系统条件下，将同一地区两个或两个以上地理对象的图层组合在一起，以产生空间区域的多重属性特征，或建立地理对象之间的空间对应关系，如图4-25所示。例如，将不同时间土壤侵蚀强度图和侵蚀程度图进行叠加，可以分析该地区土壤演变过程；将行政区图、降水量图、土壤类型图等进行叠加可分析各行政区内土地质量等级分布。一般情况下，每次只能对两幅多边形图层进行地图叠加。如果多于两幅多边形图层需要叠加，需要先对其中两幅进行叠加，然后再用输出的新图层与第三幅图层进行叠加。

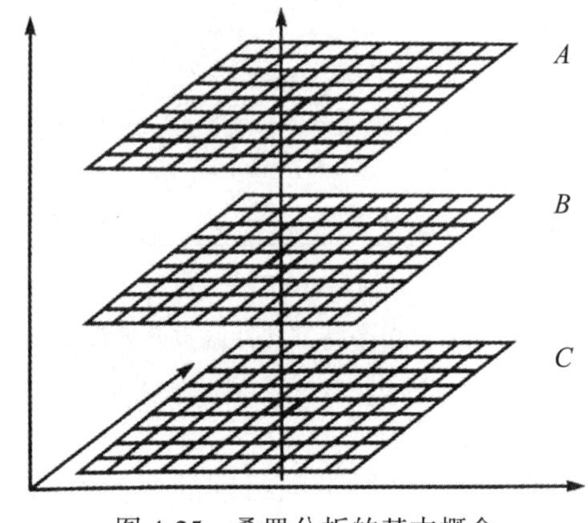

图4-25 叠置分析的基本概念

2. 叠置分析的类型

叠置分析方法源于传统的透明材料叠加，即将来自不同的数据源的图纸绘于透明纸上，在透光桌上将其叠放在一起，然后用笔勾出感兴趣的部分，提取出感兴趣的信息。GIS的叠加分析是将有关主题层组成的数据层面，进行叠加产生一个新数据层面的操作，其结果综合了原来两层或多层要素所具有的属性。叠加分析不仅包含空间关系的比较，还包含属性关系的比较。

从原理上来说，叠置分析是对新要素的属性按一定的数学模型进行计算分析，其中往往涉及逻辑交、逻辑并、逻辑差等的运算。根据数据结构的不同，叠置分析可分为矢量叠置分析和栅格叠置分析；根据操作要素的不同，叠置分析可以分成点与多边形叠加、线与多边形叠加、多边形与多边形叠加；根据操作形式的不同，叠置分析可以分为图层擦除、识别叠加、交集操作、均匀差值、图层合并和修正更新。

4.3.2 矢量数据的叠置分析

矢量叠加分析是将同一地区多个矢量图层叠加而形成新的图层的过程。在叠加时首先要考虑要素类型。叠加的两幅图层中的一幅图层可以是含有点、线或多边形等要素的图层，姑且称为输入图层，而另一幅必须是多边形图层，称为叠加图层。而叠加后产生的输出图层具有输入图层一样的要素类型。因此，按照要素类型，矢量叠加分析主要有点与多边形叠加、线与多边形叠加、多边形与多边形叠加三种主要形式。

1. 点与多边形叠置

点与多边形的叠加是将一个含有点要素的输入图层叠加到一个含有多边形的图层上，以确定多边形对点的包含关系。叠加的结果通常是将其中一个图层的属性信息"注入"另一个图层中(可以将叠加图层的多边形属性信息叠加到其中的点上，也可以将点的属性叠加到多边形上)，更新该数据层面；然后，基于新得到的图层，通过属性查找获得点与多边形叠加所需要的信息，如图 4-26 所示。

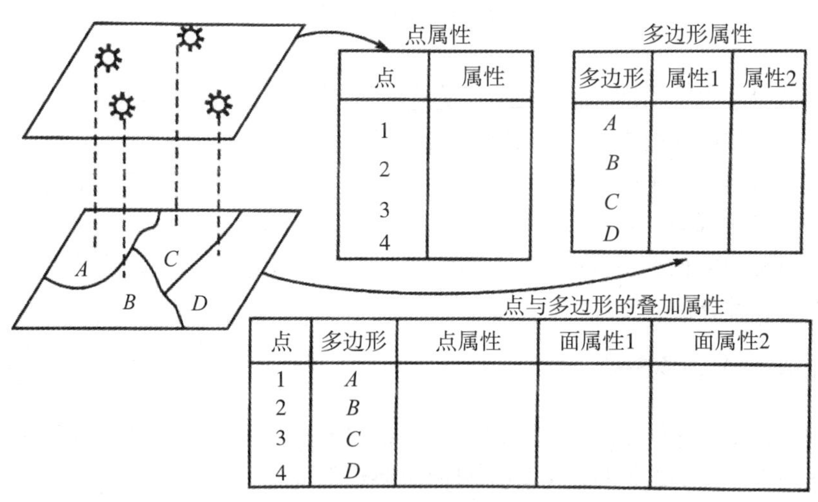

点	属性
1	
2	
3	
4	

多边形	属性1	属性2
A		
B		
C		
D		

点	多边形	点属性	面属性1	面属性2
1	A			
2	B			
3	C			
4	D			

图 4-26 点与多边形的叠置

点与多边形的叠加，要求点必须落到该多边形内。因此，点与多边形的叠加不会产生新的几何对象，叠加方法中需要计算通过点的线与多边形边界的交点，从而检测该点是否落在多边形内部。当所有的点与多边形的关系计算完毕后，将多边形图层的属性数据注入点数据表的属性表中，使点属性表中的点含有每个点所在的多边形标识和多边形的某些属性。

点与多边形的叠加功能常用于某个区域内点设施的分布情况的分析。例如，将某行政区学校分布图(点)和人口密度分区图(多边形)进行叠加，分析学校分布的合理性。又如，一个县各乡镇农作物产量图(点)与该县的乡镇行政图(多边形)进行叠置分析后，更新点属性表，可以计算各乡镇有多少种农作物及其产量，或者查询哪些农作物分布在哪些乡镇等信息。

2. 线与多边形叠置

线与多边形的叠加就是将线状图层叠加到多边形图层上来确定一条线落在哪一个多边形内部。叠加后生成的新的输出图层包含与输入图层相同的线要素，但是在叠加过程中被多边形边界分割开。因此，输出图层可能比叠加前的图层有更多的弧段，每个弧段组合了线状地物图层的属性和所落入多边形的属性。计算过程通常是计算线与多边形的交点，只要相交，就产生节点，将原线打断成一条条弧段，并将原线和多边形的属性信息一起赋给新弧段，如图4-27所示。

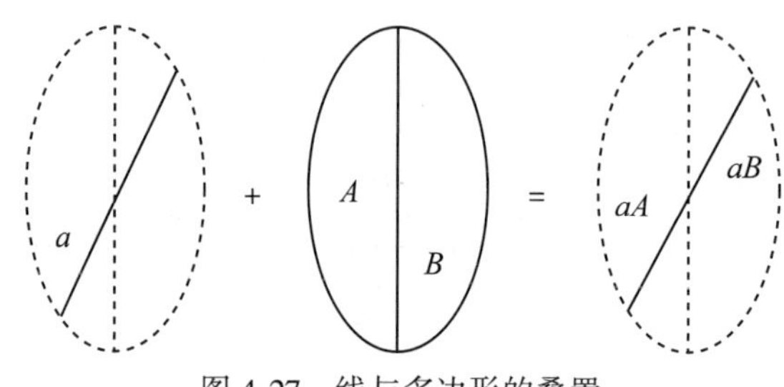

图4-27 线与多边形的叠置

在图4-27中，虚线仅作说明，并不是线状图层的一部分。输出图层也是线状图层，但输入图层中的弧段 a 叠加后被分割成两段，即 aA 和 aB，并且这两个弧段具有来自叠加多边形的属性数据。此种叠加分析可用于分析任意多边形的河流密度、路网密度和交通流量等。例如，将河流图层与省市行政区多边形相叠加，河流图层中每个新河流段的线属性不仅含有原河流的信息，还含有该河流段所在行政区的信息。据此，就可以查询任何省市内的河流长度、计算河流密度等。

3. 多边形与多边形叠置

多边形叠合是GIS最常用的功能之一。多边形叠合将两个或多个多边形图层进行叠合产生一个新多边形图层的操作，其结果将原来多边形要素分割成新要素，新要素综合了原来两层或多层的属性，如图4-28所示。

1)多边形叠置过程

多边形叠置过程可分为几何求交过程和属性分配过程两步。几何求交过程首先求出所有多边形边界线的交点，再根据这些交点重新进行多边形拓扑运算，对新生成的拓扑多边形图层的每个对象赋予唯一的标识码，同时生成一个与新多边形对象一一对应的属性表。由于矢量结构的有限精度原因，几何对象不可能完全匹配，叠加结果可能会出现一些碎屑多边形，如图4-29所示。碎屑多边形可以规定模糊容限值加以消除，但容限值的大小难以把握，容限值过大，容易将一些正确的多边形删除，而容限值过小，又无法起到删除的效果。消除碎屑多边形的更好办法是应用最小制图单元概念。最小制图单元代表由政府机构或组织指定的最小面积单元，小于该面积值的多边形与其相邻的多边形合并以达到消除的目的。

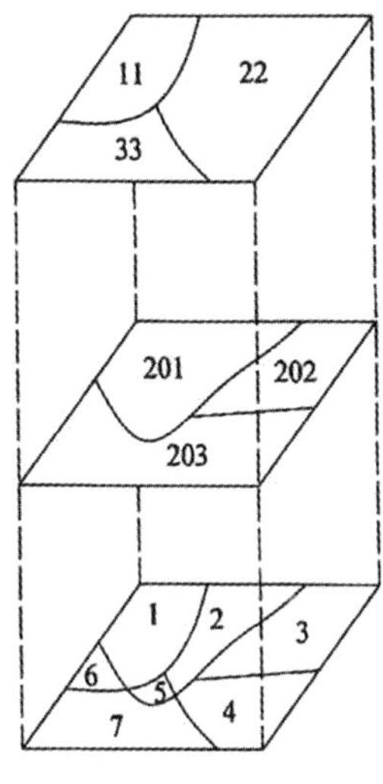

行政区划图

行政区_ID	名称
11	赵家庄
22	王村
33	周村

土地利用

土地利用_ID	类型
201	水田
202	旱地
203	林地

叠置结果

新ID	行政区_ID	名称	土地利用_ID	类型
1	11	赵家庄	201	水田
2	22	王村	201	旱地
3	22	王村	202	旱地
4	22	王村	203	林地
5	33	周村	201	水田
6	11	赵家庄	203	林地
7	33	周村	203	林地

图 4-28　多边形与多边形叠置

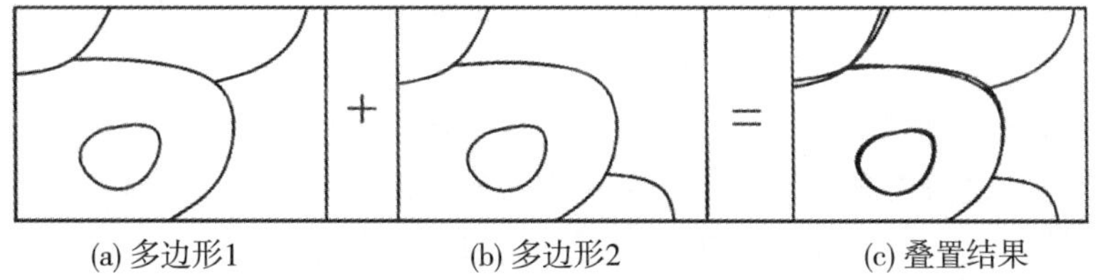

(a) 多边形1　(b) 多边形2　(c) 叠置结果

图 4-29　多边形叠置产生的碎屑多边形

多边形叠合结果通常把一个多边形分割成多个多边形，属性分配过程最典型的方法是将输入图层对象的属性拷贝到新对象的属性表中，或把输入图层对象的标识作为外键，直接关联到输入图层的属性表。这种属性分配方法的理论假设是多边形对象内属性是均质的，将它们分割后，属性不变。也可以结合多种统计方法为新多边形赋属性值。

多边形叠合完成后，根据新图层的属性表可以查询原图层的属性信息，新生成的图层和其他图层一样可以进行各种空间分析和查询操作。

2）多边形叠置方式

根据叠合结果最后欲保留空间特征的不同要求，一般的 GIS 软件都提供了以下几种类型的多边形叠置分析操作，如图 4-30 所示。

并（Union）：图层合并是通过把两个图层的区域范围联合起来而保持来自输入图层和

叠置图层的所有地图要素。

叠合(Coincide)：叠合是以输入图层为界，保留边界内两个多边形的所有多边形，输入图层切割后的多边形也被赋予叠加图层的属性。

交(Intersect)：交集操作是得到两个图层的交集部分，并且原图层的所有属性将同时在得到的新的图层上显示出来。

擦除(Erase)：输出层为保留以其中一输入图层为控制界之外的所有多边形。即在将更新的特征加入之前，须将控制边界之内的内容删除。

图 4-30　多边形的不同叠置方式

多边形叠置广泛地应用于生活、科研、生产等各个方面。例如，对于土地管理信息系统的用户，他们经常需要提取某个县、某些人口统计单元或水文区域内的土地利用数据，并进行面积统计，此时就需要把土地利用图与人口统计分区等图进行叠置。又如，进行土地资源分析，还需要把土地利用图与土壤分布图、数字地形模型的数据进行叠置，以得到一系列的分析结果，为土地利用规划等提供依据。

4.3.3　栅格数据的叠置分析

栅格数据由于其空间信息隐含属性信息明确的特点，可以看作最典型的数据层面，通过数学关系建立不同数据层面之间的联系是 GIS 提供的典型功能，空间模拟尤其需要通过各种各样的方式将不同的数据层面进行叠加运算，以揭示某种空间现象或空间过程。在栅格数据内部，叠加运算是通过像元之间的各种运算来实现的。设 x_1，x_2，…，x_n分别表示第 1 层至第 n 层上同一坐标属性值，f 函数表示各层上属性与用户需求之间的关系，E 为叠置后属性输出层的属性值，则

$$E = f(x_1, x_2, \cdots, x_n) \tag{4-4}$$

叠加操作的输出结果可能是：①各层属性数据的算术运算结果；②各层属性数据的极值；③逻辑条件组合；④其他模型运算结果。

同矢量数据多边形叠置分析相比，栅格数据的更易处理，简单而有效，不存在碎屑多边形的问题等优点，使得栅格数据的叠置分析在各类领域应用极为广泛。根据栅格数据叠加层面将栅格数据的叠置分析运算方法分为以下 3 类。

1）布尔逻辑运算

栅格数据一般可以按属性数据的布尔逻辑运算来检索，即这是一个逻辑选择的过程。设有 A、B、C 三个层面的栅格数据系统，一般可以用布尔逻辑算子以及运算结果的文氏图表示其一般的运算思路和关系。布尔逻辑为 AND、OR、XOR、NOT，如图 4-31 所示。

布尔逻辑运算可组合更多的属性作为检索条件，以进行更复杂的逻辑选择运算。

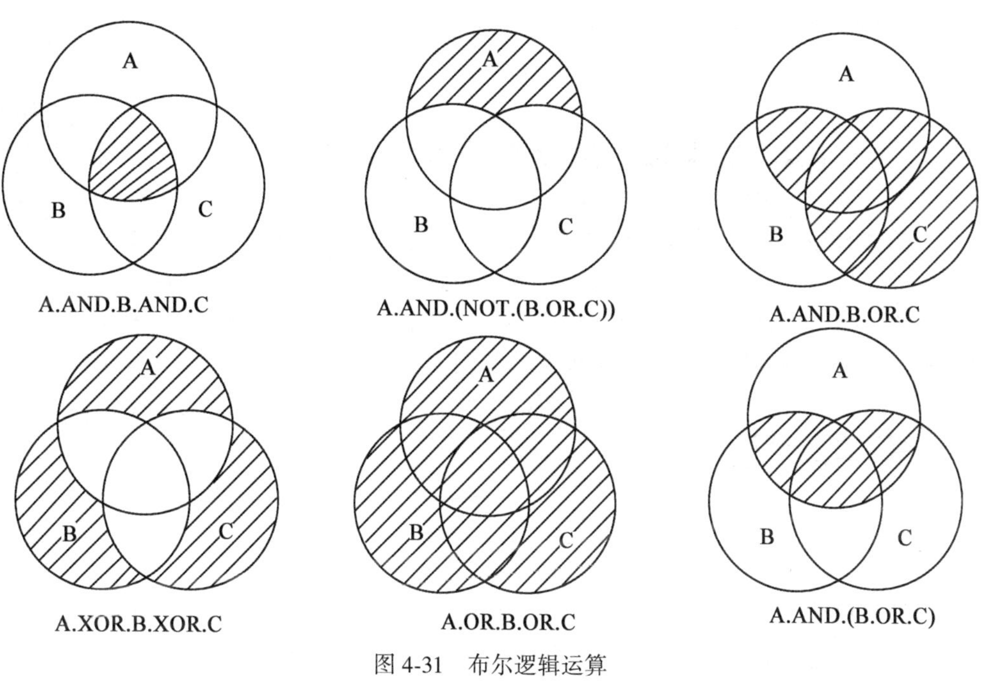

图 4-31 布尔逻辑运算

2）重分类

重分类是将属性数据的类别合并或转换成新类。即对原来数据中的多种属性类型，按照一定的原则进行重新分类，以利于分析。重分类时必须保证多个相邻接的同一类别的图形单元应获得相同的名称，并将图形单元合并，从而形成新的图形单元。

3）数学运算复合法

数学运算复合法指不同层面的栅格数据逐格网按一定的数学法则进行运算，从而得到新的栅格数据系统的方法。其主要类型有以下几种：

（1）算术运算：指两个以上图层的对应格网值经加、减运算，而得到新的栅格数据系统的方法。这种复合分析法具有很大的应用范围。

（2）函数运算：指两个以上层面的栅格数据系统以某种函数关系作为复合分析的依据进行逐格网运算，从而得到新的栅格数据系统的过程。

这种复合叠置分析方法被广泛地应用到地学综合分析、环境质量评价、遥感数字图像处理等领域中。

例如，利用土壤侵蚀通用方程式计算土壤侵蚀量时，就可利用多层面栅格数据的函数运算复合分析法进行自动处理。一个地区土壤侵蚀量的大小是降雨(R)、植被覆度(C)、坡度(S)、坡长(L)、土壤抗蚀性(SR)等因素的函数。可写成

$$E=F(R,\ C,\ S,\ L,\ \mathrm{SR}\cdots) \tag{4-5}$$

类似这种分析方法在地学综合分析中具有十分广泛的应用前景。只要得到表达事物关系的各图层间的函数关系式，便可运用以上方法完成各种人工难以完成的极其复杂的分析运算。例如，进行土地评价所涉及的多因素分析中可能包括土壤类型、土壤深度、排水性能、土壤结构以及地貌等各个数据层的信息，如果直接对这些数据层上的属性值进行数学运算，得到的结果可能是毫无意义的，必须将其变成另一基本元素(如用数值量化的土地适用性)后才能进行这种多因素分析的数学运算，其结果对土地评价有着重要的指导意义。

4.4　任务四　数字高程模型分析

数字高程模型分析

数字高程模型主要用于描述地面起伏状况，可以用于各种地形信息提取，如坡度、坡向等，并进行可视化分析等应用分析。数字高程模型已在测绘、资源与环境、灾害防治、城市规划、国防、军事指挥等与地形分析有关的科研及国民经济各领域发挥越来越重要的作用。

4.4.1　数字高程模型的概念

1. 数字地形模型(DTM)

数字地形模型(Digital Terrain Model, DTM)是利用一个任意坐标场中大量已知的(X, Y, Z)坐标点，对连续地面作一个简单的统计表示，是带有空间位置特征和地形属性特征的数字描述。地形属性特征包括高程、坡度、坡向、土地利用、降雨等地面特征。数字地形模型最初是为了高速公路的自动设计提出来的(Miller, 1956)。此后，它被用于各种线路选线(铁路、公路、输电线)的设计以及各种工程的面积、体积、坡度计算，任意两点间的通视判断及任意断面图绘制。在测绘中被用于绘制等高线、坡度坡向图、立体透视图，制作正射影像图以及地图的修测。它是地理信息系统的基础数据，可用于土地利用现状的分析、合理规划及洪水险情预报等。在军事上，它可用于导航及导弹制导、制作作战电子沙盘等。

2. 数字高程模型(DEM)

数字地形模型是地形表面形态属性信息的数字表达，是带有空间位置特征和地形属性特征的数字描述。数字地形模型中地形属性为高程时称为数字高程模型(Digital Elevation Model, DEM)。数字高程模型是通过有限的地形高程数据实现对地形曲面的数字化模拟，

它是对二维地理空间上具有连续变化特征地理现象的模型化表达和过程模拟。DEM 通常用地表规则格网单元构成的高程矩阵表示，广义的 DEM 还包括等高线、三角网等所有表达地面高程的数字表示。在地理信息系统中，DEM 是建立 DTM 的基础数据，其他的地形要素可由 DEM 直接或间接导出，称为“派生数据”，如坡度、坡向。

4.4.2 数字高程模型的表示

1. 等高线模型

等高线模型表示高程，高程值的集合是已知的，每一条等高线对应一个已知的高程值，这样一系列等高线集合和它们的高程值一起就构成了一种地面高程模型，如图 4-32 所示。

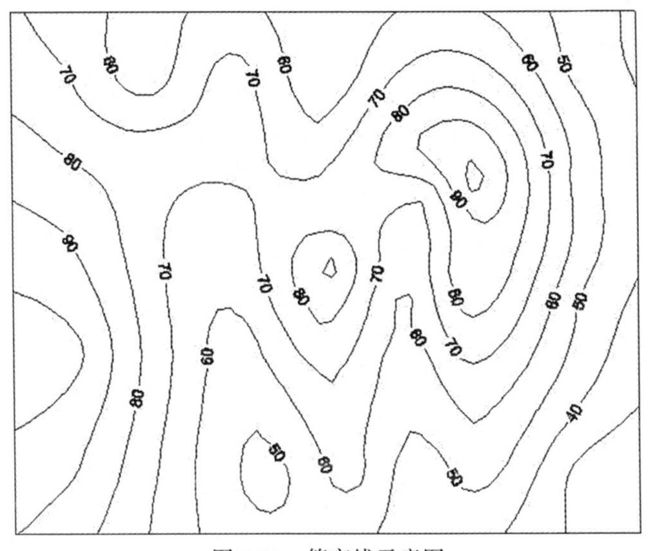

图 4-32 等高线示意图

等高线通常被存成一个有序的坐标点对序列，可以认为是一条带有高程值属性的简单多边形或多边形弧段。由于等高线模型只表达了区域的部分高程值，往往需要一种插值方法来计算落在等高线外的其他点的高程，又因为这些点是落在两条等高线包围的区域内，所以，通常只使用外包的两条等高线的高程进行插值。

2. 规则格网模型

规则格网，通常是正方形，也可以是矩形、三角形等规则格网。规则格网将区域空间切分为规则的格网单元，每个格网单元对应一个数值。数学上可以表示为一个矩阵，在计算机实现中则是一个二维数组。每个格网单元或数组的一个元素，对应一个高程值，如图 4-33 所示。

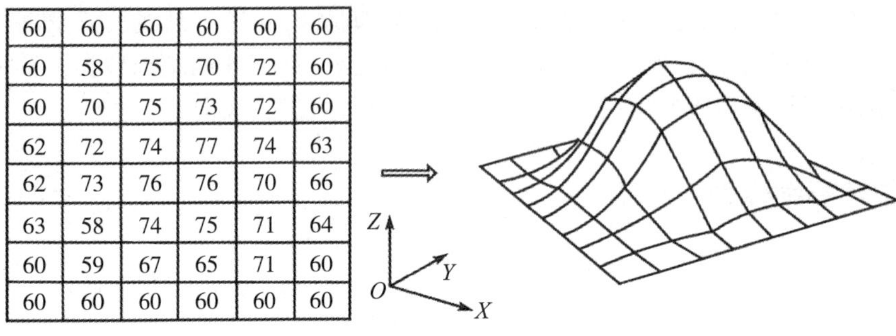

60	60	60	60	60	60
60	58	75	70	72	60
60	70	75	73	72	60
62	72	74	77	74	63
62	73	76	76	70	66
63	58	74	75	71	64
60	59	67	65	71	60
60	60	60	60	60	60

图 4-33　规则格网模型

对于每个格网的数值有两种不同的解释。第一种是格网栅格观点，认为该格网单元的数值是其中所有点的高程值，即格网单元对应的地面面积内高程是均一的高度，这种数字高程模型是一个不连续的函数。第二种是点栅格观点，认为该格网单元的数值是格网中心点的高程或该格网单元的平均高程值，这样就需要用一种插值方法来计算每个点的高程。计算任何不是格网中心的数据点的高程值，使用周围 4 个中心点的高程值，采用距离加权平均方法进行计算，当然也可使用样条函数和克里金插值方法。

格网 DEM 的优点有：①数据结构简单，便于管理；②有利于地形分析，以及制作立体图。

格网 DEM 的缺点有：①格网点高程值的内插会损失精度；②不能准确表示地形的结构和细部。为避免这些问题，可采用附加地形特征数据，如地形特征点、山脊线、谷底线、断裂线，以描述地形结构；③如不改变格网大小，不能表达复杂的地表形状；④简单地区存在大量冗余数据；⑤在某些计算，如通视问题，过分强调格网的轴方向。

3. 不规则三角网(TIN)模型

不规则三角网(Triangulated Irregular Network，TIN)是另外一种表示数字高程模型的方法，它是直接利用不规则分布的原始采样点进行地形表面重建，由连续的相互连接的三角形组成，如图 4-34 所示，三角形的形状和大小取决于不规则分布的采样点的密度和位置。

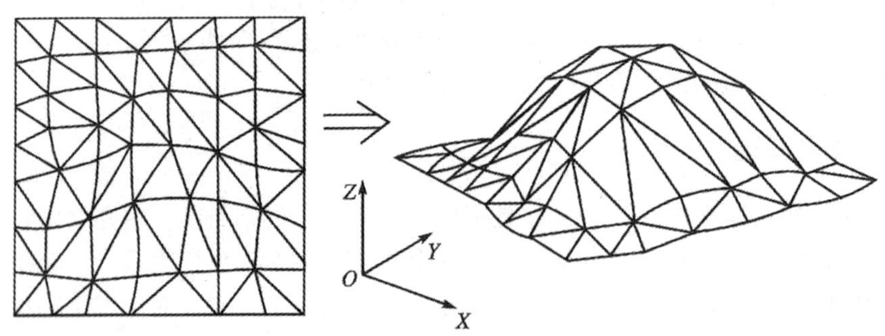

图 4-34　不规则三角网模型

不规则三角网法随地形的起伏变化而改变采样点的密度和决定采样点的位置。因此，它既减少了规则格网方法带来的数据冗余，又能按照地形特征点、地形特征线等表示DEM的特征。

不规则三角网优点如下：

(1)能充分利用地貌的特征点、线较好地表示复杂地形；

(2)可根据不同地形，选取合适的采样点数；

(3)进行地形分析和绘制立体图很方便。

4.4.3 数字高程模型的建立

1. DEM 建立过程

从模型论角度讲，数字高程模型建立就是将源域(地形)表现在另一个域(目标域或DEM)中的一种结构，建模的目的是对复杂的客体进行简化和抽象，并把对客体(源域，DEM中为地形起伏)的研究转移到对模型的研究上来。

模型建立之初，首先要为模型构造一个合适的空间结构。空间结构是为把特定区域内的空间目标镶嵌在一起而对区域进行划分，划分出的各个空间范围称为位置区域或空间域。空间结构一般是规则的(如格网)，或不规则的(如不规则三角网TIN)。

建立在空间结构基础上的模型是由 n 个空间域的有限集合组成。由于空间数据包含位置特征和属性特征，而属性特征是定义在位置特征上的，因此每一个空间域就是由空间结构到属性域的计算函数或域函数。模型的可计算性要求有两点：一是空间域的数量、属性域和空间结构是有限的；二是域函数是可计算的。构筑模型的一般内容和过程为：

(1)采用合适的空间模型构造空间结构；

(2)采用合适的属性域函数；

(3)在空间结构中进行采样，构造空间域函数；

(4)利用空间域函数进行分析。

当空间结构为欧几里得平面，属性域是实数集合时，模型为一自然表面。将欧几里得平面充当水平的 XY 平面，属性域给出 Z 坐标(或高程)，模型即为数字高程模型。

对于数字高程模型而言，空间结构的构造过程即为DEM的格网化过程(形成格网)，属性值为高程，构造空间域函数即为内插函数的确定，利用空间域函数进行分析就是求取格网点的函数值。

2. 规则格网 DEM 的建立

DEM是在二维空间上对三维地形表面的描述。构建DEM的整体思路是首先在二维平面上对研究区域进行格网划分(格网大小取决于DEM的应用目的)，形成覆盖整个区域的格网空间结构，然后利用分布在格网点周围的地形采样点内插计算格网点的高程值，最后按一定的格式输出，形成该地区的格网DEM，如图4-35所示。

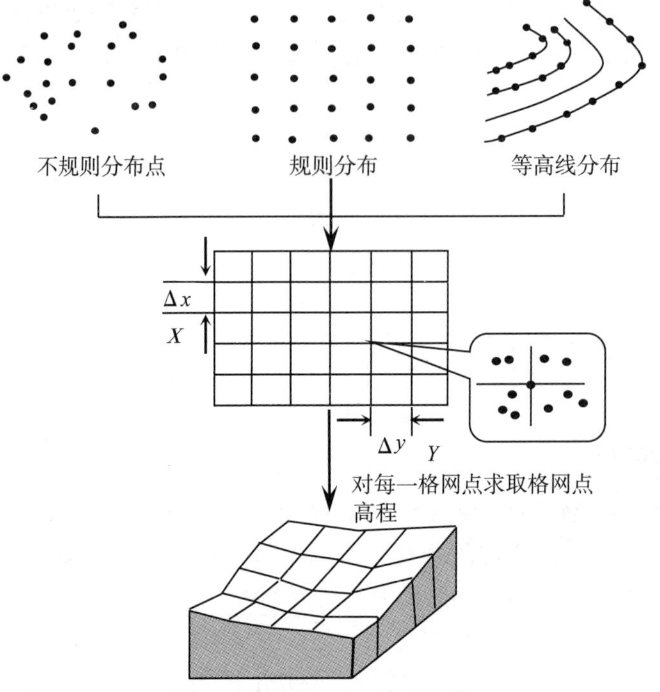

图 4-35　格网 DEM 建立流程

4.4.4　数字高程模型分析

1. 基于 DEM 的信息提取

1)坡度、坡向

坡度定义为水平面与局部地表之间的正切值。它包含两个成分：斜度——高度变化的最大值比率(常称为坡度)；坡向——变化比率最大值的方向。地貌分析还可能用到二阶差分凹率和凸率。比较通用的度量方法是：斜度用百分比度量，坡向按从正北方向起算的角度测量，凸度按单位距离内斜度的度数测量，如图 4-36 所示。

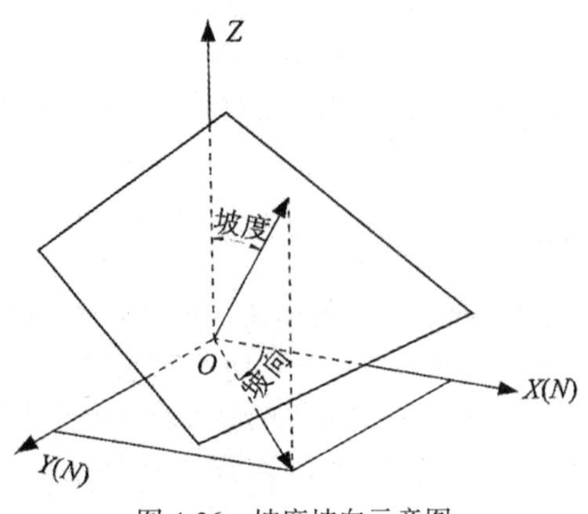

图 4-36　坡度坡向示意图

坡度和坡向的计算通常使用3×3窗口，窗口在DEM高程矩阵中连续移动后，完成整幅图的计算。坡度的计算如下：

$$\tan\beta = \left[\left(\frac{\sigma_z}{\sigma_x}\right)^2 + \left(\frac{\sigma_z}{\sigma_y}\right)^2\right]^{1/2} \tag{4-6}$$

坡向计算如下：

$$\tan A = \frac{-\dfrac{\sigma_z}{\sigma_y}}{\dfrac{\sigma_z}{\sigma_x}} \quad (-\pi < A < \pi) \tag{4-7}$$

为了提高计算速度和精度，GIS通常使用二阶差分计算坡度和坡向，最简单的有限二阶差分法是按下式计算点 i，j 在 x 方向上的斜度：

$$\left(\frac{\sigma_z}{\sigma_x}\right)_{ij} = \frac{z_{i+1,\ j} - z_{i-1,\ j}}{2\sigma_x} \tag{4-8}$$

式中，σ_x 是格网间距(沿对角线时 σ_x 应乘以 $\sqrt{2}$)。这种方法计算八个方向的斜度，运算速度也快得多。但地面高程的局部误差将引起严重的坡度计算误差，可以用数字分析方法得到更好的结果，用数字分析方法计算东西方向的坡度公式如下：

$$\left(\frac{\sigma_z}{\sigma_x}\right)_{ij} = \frac{(z_{i+1,\ j+1} + 2z_{i+1,\ j} + z_{i+1,\ j-1}) - (z_{i-1,\ j+1} + 2z_{i-1,\ j} + z_{i-1,\ j-1})}{8\sigma_x} \tag{4-9}$$

同理可以写出其他方向的坡度计算公式。

2)面积、体积

(1)剖面积：根据工程设计的线路，可计算其与DEM各格网边交点 $P_i(X_i,\ Y_i,\ Z_i)$，则线路剖面积为

$$S = \sum_{i=1}^{n-1} \frac{Z_i + Z_{i+1}}{2} \cdot D_{i,\ i+1} \tag{4-10}$$

式中，n 为交点数；$D_{i,i+1}$为 P_i 与 P_{i+1}之距离。同理可计算任意横断面及其面积。

(2)体积：DEM体积由四棱柱(无特征的格网)与三棱柱体积进行累加得到，四棱柱体上表面用抛物双曲面拟合，三棱柱体上表面用斜平面拟合，下表面均为水平面或参考平面，计算公式分别为

$$\begin{cases} V_3 = \dfrac{Z_1 + Z_2 + Z_3}{3} \cdot S_3 \\ V_4 = \dfrac{Z_1 + Z_2 + Z_3 + Z_4}{4} \cdot S_4 \end{cases} \tag{4-11}$$

式中，S_3 与 S_4 分别是三棱柱与四棱柱的底面积。

根据两个DEM可计算工程中的挖方、填方及土壤流失量。

2. 基于DEM的可视化

1)剖面分析

研究地形剖面，常常可以以线代面，研究区域的地貌形态、轮廓形状、地势变化、地

质构造、斜坡特征、地表切割强度等等。如果在地形剖面上叠加上其他地理变量，例如坡度、土壤、植被、土地利用现状等，可以提供土地利用规划、工程选线和选址等的决策依据。

坡度图的绘制应在格网 DEM 或三角网 DEM 上进行。已知两点的坐标 $A(x_1, y_1)$，$B(x_2, y_2)$，则可求出两点连线与格网或三角网的交点，以及各交点之间的距离。然后按选定的垂直比例尺和水平比例尺，按距离和高程绘出剖面图，如图 4-37 所示。

在格网或三角网交点的高程通常可采用简单的线性内插算出，且剖面图不一定必须沿直线绘制，也可沿一条曲线绘制，但其绘制方法仍然是相同的。

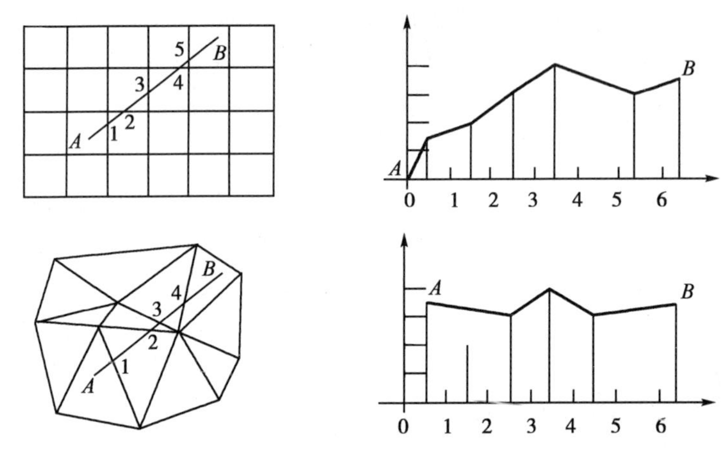

图 4-37　剖面图绘制示意图

2）通视分析

通视分析是指以某一点为观察点，研究某一区域通视情况的地形分析。通视问题可以分为五类：①已知一个或一组观察点，找出某一地形的可见区域；②欲观察到某一区域的全部地形表面，计算最少观察点数量；③在观察点数量一定的前提下，计算能获得的最大观察区域；④以最小代价建造观察塔，要求全部区域可见；⑤在给定建造代价的前提下，求最大可见区。

通视分析的核心是通视图的绘制。绘制通视图的基本思路是：以 O 为观察点，对格网 DEM 或三角网 DEM 上的每个点判断通视与否，通视赋值为 1，不通视赋值为 0。由此可形成属性值为 0 和 1 的格网或三角网。对比以 0.5 为值追踪等值线，即得到以 O 为观察点的通视图。因此，判断格网或三角网上的某一点是否通视成为关键。

另一种利用 DEM 绘制通视图的方法是，以观察点 O 为轴，以一定的方位角间隔算出 0°~360°的所有方位线上的通视情况。对于每条方位线，通视的地方绘线，不通视的地方断开，或相反。这样可得出射线状的通视图。其判断通视与否的方法与前述类似。

根据问题输出维数的不同，通视可分为点的通视，线的通视和面的通视。点的通视是指计算视点与待判定点之间的可见性问题；线的通视是指已知视点，计算视点的视野问题；区域的通视是指已知视点，计算视点能可视的地形表面区域集合的问题。基于格网 DEM 模型与基于 TIN 模型的 DEM 计算通视的方法差异很大。

(1)点对点通视。

基于格网 DEM 的通视问题，为了简化问题，可以将格网点作为计算单位。这样点对点的通视问题简化为离散空间直线与某一地形剖面线的相交问题，如图 4-38 所示，图上灰色区域为不可见区域。

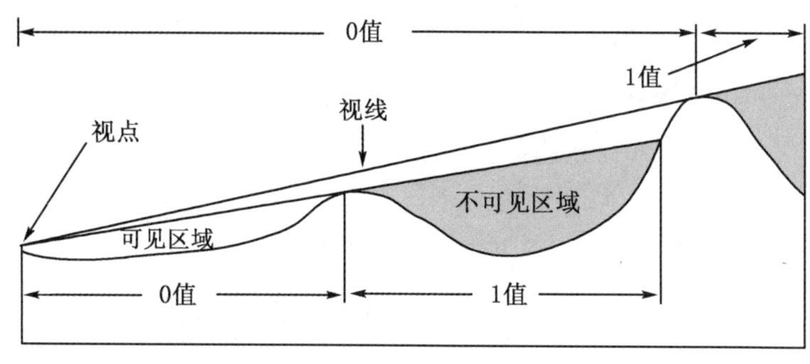

图 4-38 通视分析

(2)点对线通视。

点对线的通视，实际上就是求点的视野。应该注意的是，对于视野线之外的任何一个地形表面上的点都是不可见的，但在视野线内的点有可能可见，也可能不可见。

(3)点对区域通视。

点对区域的通视算法是点对点算法的扩展。与点到线通视问题相同，格网点沿数据边缘顺时针移动。逐点检查视点至格网点的直线上的点是否通视。一个改进的算法思想是，视点到格网点的视线遮挡点，最有可能是地形剖面线上高程最大的点。因此，可以将剖面线上的点按高程值进行排序，按降序依次检查排序后每个点是否通视，只要有一个点不满足通视条件，其余点不再检查。点对区域的通视实质仍是点对点的通视，只是增加了排序过程。

4.5 任务五 空间网络分析

空间网络分析

对地理网络(如交通网络)、城市基础设施网络(如各种网线、电力线、电话线、供排水管线等)进行地理分析和模型化，是地理信息系统中网络分析功能的主要目的。网络分析的根本目的是研究、筹划一项网络工程如何安排，并使其运行效果最好，如一定资源的最佳分配，从一地到另一地的运输费用最低等。其基本思想则在于人类活动总是趋于按一定目标选择达到最佳效果的空间位置。这类问题在社会经济活动中不胜枚举，因此在地理信息系统中此类问题的研究具有重要意义。

4.5.1 空间网络构成

1. 网络中的基本组成部分

网络是现实世界中，由链和节点组成的、带有环路并伴随一系列支配网络中流动之约束条件的线网图形。它是现实世界中的网状系统的抽象表示，可以模拟交通网、通信网、地下水管网、天然气网等网络系统。网络的基本组成部分和属性如图 4-39 所示。

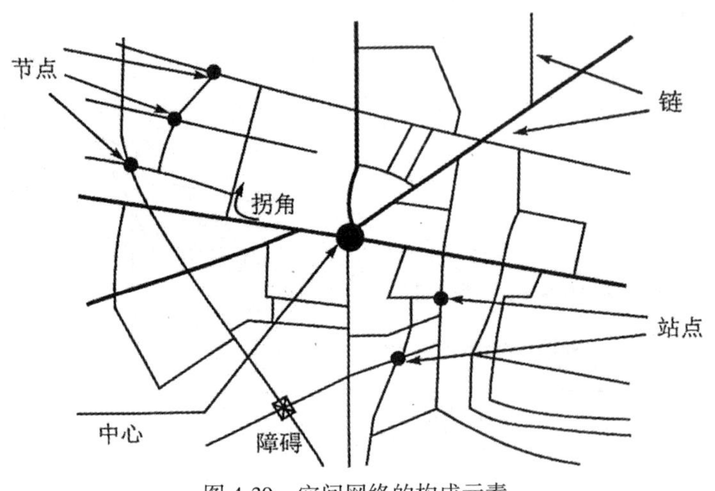

图 4-39　空间网络的构成元素

(1)链(Link)：网络中每两个节点间的弧段，它是网络中资源传送的通道，如管线、街道、河流、水管、电缆线等，其状态属性如资源流动的时间、速度、种类和数据及弧度长度等。

(2)节点(Node)：网络链与网络链之间的连接点，位于网络链的两端，如车站、港口、电站等，其状态属性包括阻力和需求。

(3)中心(Center)：是接受或分配资源的位置，如水库、商业中心、电站等。其状态属性包括资源容量(如总的资源量，阻力限额)，如中心与链之间的最大距离或时间限制。

(4)站点(Site)：在路径选择中资源增减的站点，如库房、汽车站等其状态属性有要被运输的资源需求，如产品数。

(5)障碍(Barrier)：禁止网络中链上流动的，或对资源或通信联络起阻断作用的点，如被破坏的桥梁和禁止通行的关口等。

(6)拐角点(Turn)：出现在网络链中所有的分割节点上状态属性的阻力，如拐弯的时间和限制(如不允许左拐)。

2. 网络中的基本组成属性

每种网络要素都有许多相联系的属性，如道路宽度、名称等。在网络分析中非常重要的 3 个属性详述如下。

(1)碍强度：指资源在网络中运移时所受阻力的大小，如花费的时间、费用等。它用于描述链、拐弯、资源中心、站点所具有的属性。

(2)资源需求量：指网络中与弧段和停靠点相联系资源的数量。如在供水网络中每条沟渠所载的水量；在城市网络中沿每条街道所住的学生数；在停靠站点装卸货物的件数等。

(3)资源容量：指网络中心为了满足各弧段的需求，能够容纳或提供的资源总数量。

如学校的容量(指学校能注册的学生总数)，停车场能停放机动车辆的空间，水库的总容量。

4.5.2 空间网络分析方法

1. 路径分析

在空间网络分析中，路径问题具有非常重要的位置。在很多情况下，人们都想知道在地理空间两个指定的节点之间是否存在路径，如果存在，则希望能够将其找出最优路径。例如，在通信网络中，希望找出两点间信息传递最可靠的路径；在抢险救灾中，要找到行驶最快的路径；在运输网络中，有时需要找出运输费用最少的路径等。

路径分析(Path Analysis)作为 GIS 的最基本功能，是用于计算和寻找网络中两个或两个以上点之间资源流动的路径。当选择了起点、终点和路径必须要经过的若干中间节点后，就可以通过路径分析功能，按照指定的条件找到最优路径。

GIS 通过已建立的网络模型的空间数据库进行模拟、分析和判断，迅速显示出最优路径。具体来讲，在解决 GIS 中的最优路径问题，一般需要以下步骤。

1)确定“最佳”或“最优”的含义

确定“最佳”或“最优”就是根据具体应用目的确定“最优”或“最佳”。例如，最优可以是最短距离(欧几里得距离)，也可以是时间最短、成本最低、费用最少、传输速度最快等。

2)确定从任意给定两点间的最优路径

通过对各路径的计算，经过比较，从中选出最优路径。在 GIS 网络分析中，由于大量的最优路径问题在很大程度上等价于在网络图中寻找最短路问题。因而，E. W. Dijkstra 于 1959 年提出的一种基于有向图的两点间最短距离的算法被 GIS 广泛采用，Dijkstra 算法的基本思路是将网络转换为邻接矩阵和有向图，采用运筹学方法解决。

在计算最优路径时，需要给网络中每条链赋予相关属性或权重。例如，在现实的交通网络中，道路两旁提示牌上的道路限定速度、运输网络中车辆的行驶时间等都可以作为权值，用来计算最优路径。

3)存储最优路径

将最优路径存储在属性表中。这样就可以随时在地图上可视化显示最优路径，还可以将找到的最优路径用于资源分配和设施选址等的网络分析。

值得注意的是，由于实际网络中权值是随权值关系式变化的，可能还会临时出现一些障碍点，需要动态计算最优路径。另外，因为在实践中很多时候最优路径的选择只能是理想情况，由于各种因素而要选择近似最优路径。

2. 资源分配

资源分配就是为网络中的网线寻找最近(这里的远近是按权值或称阻碍限度的大小来确定的)的中心(资源发散地)。例如，资源分配能为城市中的每一条街道确定最近的消防站，为一条街道上的学生确定最近的学校，为水库提供其供水区，等等。资源分配模拟资源是如何在中心(学校，消防站，水库等)和它周围的网线(街道，水路等)间流动的。

资源分配根据中心容量及网线的需求将网线分配给中心，分配是沿最佳路径进行的。当网线被分配给某个中心，该中心拥有的资源量就依据网线的需求而缩减，当中心的资源耗尽，分配就停止。

举一个资源分配的例子：一所学校要依据就近入学的原则来决定应该接收附近哪些街道上的学生。这时，可以将街道作为网线构成一个网络，将学校作为一个节点并将其指定为中心，以学校拥有的座位数作为此中心的资源容量，每条街道上的适龄儿童数作为相应网线的需求，走过每条街道的时间作为网线的权值，如此资源分配功能就将从中心出发，依据权值由近及远地寻找周围的网线并把资源分配给它(也就是把学校的座位分配给相应街道上的儿童)，直至被分配网线的需求总和达到学校的座位总数。

用户还可以通过赋给中心的阻碍限度来控制分配的范围。例如，如果限定儿童从学校走回家所需时间不能超过 20 分钟，就可以将这一时间作为学校对应的中心的阻碍限度，这样，当从中心延伸出去的路径的权值到达这一限度时分配就将停止，即使中心资源尚有剩余。阻碍限度体现了中心克服阻力的能力，或者说反映了该中心的影响区域最大能延伸到哪里。

网络中同时存在多个中心时，如果实施资源分配，既可以使各个中心同时进行分配，也可以赋予各中心不同的先后次序，中心的延迟量就体现了这种次序。延迟量为零的中心总是最先开始分配；如果某中心延迟量为 $D>0$，则只有当其他某个中心分配资源时延伸出的路径权值达到 D 后，这个中心才能开始分配它的资源。

3. 最佳选址

选址功能是指在一定约束条件下、在某一指定区域内选择设施的最佳位置，它本质上是资源分配分析的延伸，例如连锁超市、邮筒、消防站、飞机场、仓库等的最佳位置的确定。在网络分析中的选址问题一般限定设施必须位于某个节点或某条链上，或者限定在若干候选地点中选择位置。

服务中心选址的步骤具体如下：

(1)对若干候选地点或方案进行资源分配分析。将待规划建设的服务中心与现有的中心合在一起进行资源分配分析，划分服务区，进行不同方案的显示。

(2)对每种选址方案的资源分配或服务区划分结果，计算这些方案中所有参与运行的链的网络运行花费的总和或平均值。

比较各种方案，选择上述花费的总和或平均值为最小的方案，即满足约束条件的最佳地址的选择。

(3)实际中，由于要考虑很多实际因素，例如学校选址，需要考虑生源问题，环境嘈杂性，交通性等；商场的选址，要考虑交通状况，周围人群的经济能力、消费水平、文化素质问题等。除此之外，选址不但要考虑社会人文因素，还要考虑地形起伏、建筑物的遮挡等，需要将这些实际因素添加进去，得到一个综合指标的最佳选址。

4. 地址匹配

地址匹配实质是对地理位置的查询，它涉及地址的编码。地址匹配与其他网络分析功能结合起来，可以满足实际工作中非常复杂的分析要求。所需输入的数据，包括地址表和含地址范围的街道网络及待查询地址的属性值。这种查询也经常用于公用事业管理、事故分析等方面，如邮政、通信、供水、供电、治安、消防、医疗等领域。

4.6 任务六 泰森多边形分析

泰森多边形分析

GIS 和地理分析中经常采用泰森多边形进行快速插值，分析地理实体的影响区域。泰森多边形是解决邻接度问题的又一常用工具。

4.6.1 泰森多边形及其特性

荷兰气候学家泰森(A. H. Thiessen)提出了一种根据离散分布的气象站的降雨量来计算平均降雨量的方法，即将所有相邻气象站连成三角形，作这些三角形各边的垂直平分线，于是每个气象站周围的若干垂直平分线便围成一个多边形。用这个多边形内所包含的一个唯一气象站的降雨强度来表示这个多边形区域内的降雨强度，并称这个多边形为泰森多边形。如图 4-40 所示，其中虚线构成的多边形就是泰森多边形。泰森多边形也称为 Dirichlet 图，或 Voronoi 图。

泰森多边形具有如下特性：

(1)每个泰森多边形内仅含有一个离散点数据。

(2)泰森多边形内的点到相应离散点的距离最近。

(3)位于泰森多边形边上的点到其两边的离散点的距离相等。

(4)泰森多边形的每个顶点是三角形外接圆的圆心。

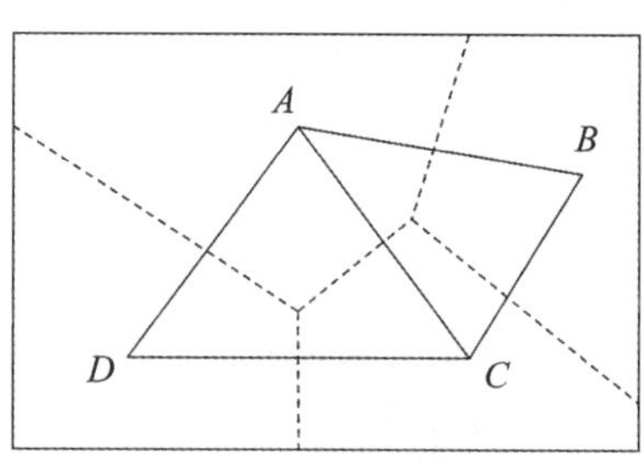

图 4-40 泰森多边形

在泰森多边形的构建中，首先要将离散点构成三角网。这种三角网称为 Delaunay 三角网。

4.6.2 Delaunay 三角网的构建

Delaunay 三角网的构建也称为不规则三角网的构建，就是由离散数据点构建三角网，即确定哪三个数据点构成一个三角形，最后形成三角网。对于平面上 n 个离散点，其平面坐标为(x_i, y_i)，$i=1, 2, \cdots, n$，将其中相近的三个点构成最佳三角形，使每个离散点都成为三角形的顶点，如图 4-41 所示。为了获得最佳三角形，在构建三角网时，应符合 Delaunay 三角形产生的如下准则：

(1)任何一个 Delaunay 三角形的外接圆内不能包含任何其他离散点。

(2)应尽可能使三角形的三个内角均成锐角。

(3)相邻两个 Delaunay 三角形构成凸四边形，在交换凸四边形的对角线之后，6 个内角中的最小角不再增大，即最小角最大化原则。

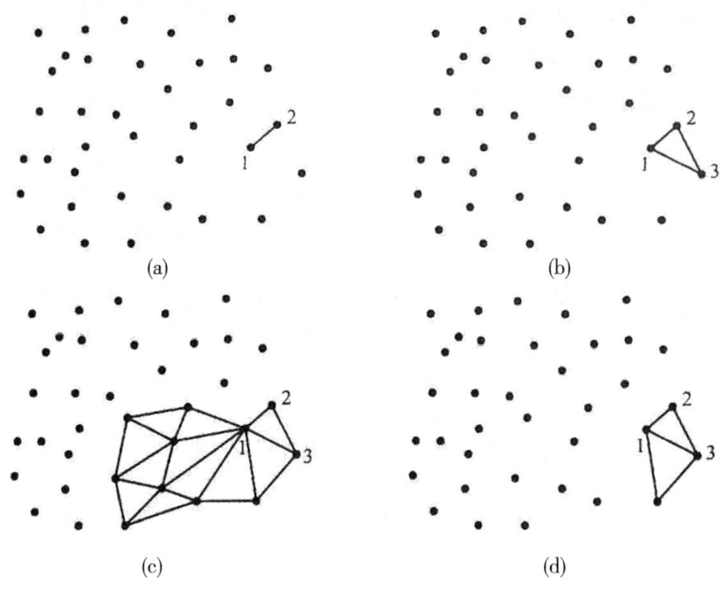

图 4-41　不规则三角网构建过程

4.6.3　泰森多边形的建立步骤

建立泰森多边形算法的关键是对离散数据点合理地连成三角网，即构建 Delaunay 三角网。建立泰森多边形的过程如图 4-42 所示。

(1)对待建立泰森多边形的点数据进行由左向右、由上到下的扫描，如果某个点与前一个扫描点的距离小于给定的邻近容限值，那么分析时将忽略该点。

(2)将离散的点数据构建 Delaunay 三角网，并对离散的点和构建的三角形编号，记录每个三角形是由哪个离散点构成的，同时记录与每个离散点相邻的所有三角形编号。

(3)画出每个三角形边的中垂线，由这些中垂线构成泰森多边形的边，而中垂线的交点是相应的泰森多边形的顶点。

(4)用于建立泰森多边形的点将成为相应的泰森多边形的锚点。

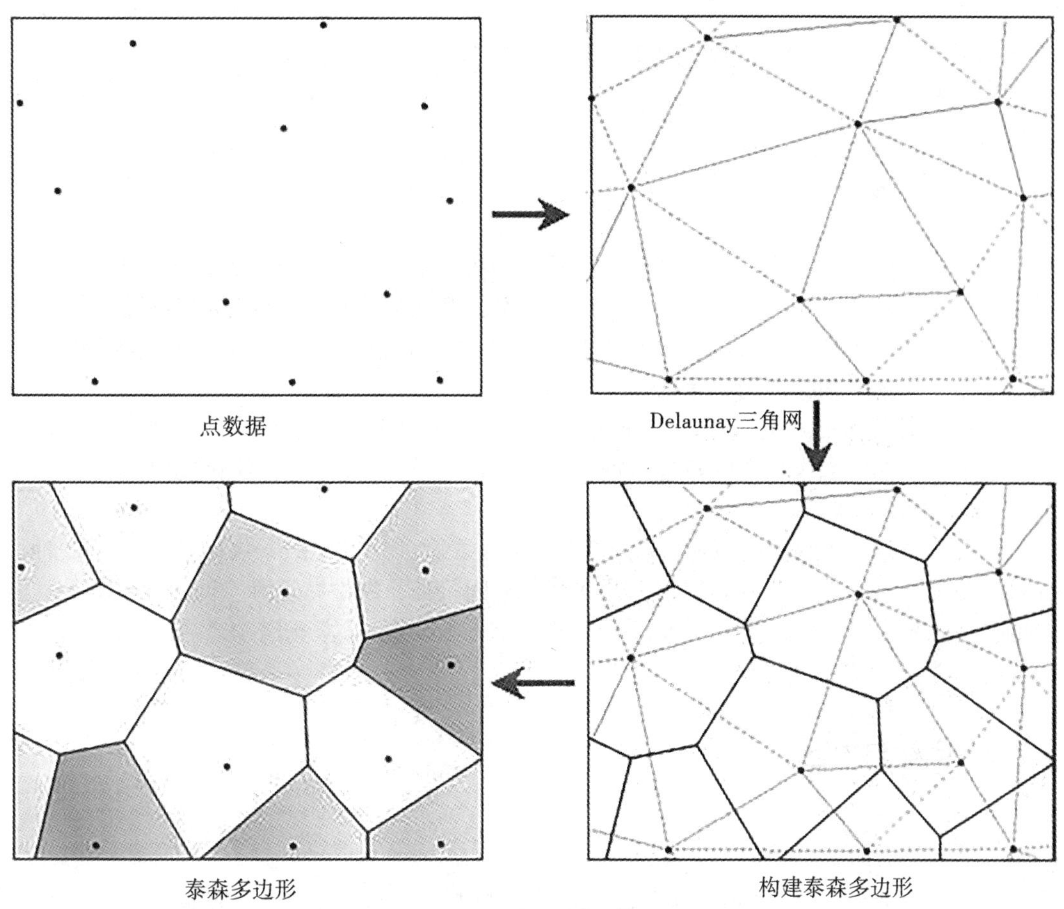

图 4-42 泰森多边形建立过程

4.6.4 泰森多边形的应用

泰森多边形可用于定性分析、统计分析、邻近分析等，通过建立泰森多边形而创建的多边形要素可对可用空间进行划分并将其分配给最近的点要素。泰森多边形有时会用于替代插值操作，以便将一组样本测量值概化到最接近它们的区域。使用泰森多边形可将取自一组气候测量仪的测量值概化到周围区域，还可为一组店铺快速建立服务区模型等。例如：可以用离散点的性质来描述泰森多边形区域的性质；可用离散点的数据来计算泰森多边形区域的数据；判断一个离散点与其他哪些离散点相邻时，可根据泰森多边形直接得出，且若泰森多边形是 n 边形，则就与 n 个离散点相邻；当某一数据点落入某一泰森多边形中时，它与相应的离散点最邻近，无须计算距离。例如，利用泰森多边形可以确定一些商业中心、工厂或其他的经济活动点的影响范围。如果要在考虑每个点的实际大小的基础上修正相邻点连线的垂线，利用泰森多边形分析商店和工厂的影响区域，将更具典型意义。由此，城市规划专家能大致估算一个商业中心满足的最大人口数量。

4.7　案例四　A 级景区空间数据分析

4.7.1　案例场景

空间数据分析是解决一般地理空间问题的分析技术，可以从空间数据中获取有关地理对象的空间位置、分布、形态、形成和演变信息，为人们建立空间应用模型提供基本的方法。利用空间分析技术，通过对原始数据模型的观察和实验，用户可以获得新的经验和知识，并以此作为空间行为的决策依据。

面对 A 级景区的种类繁多的空间数据，如何查询相关要素和信息？某条高速公路穿过哪些地市？哪些景区离市区较近？哪些景区离道路较近？景区在不同类型的坡度和坡向下是如何分布的？

本案例将以“A 级景区空间数据分析”为应用场景，围绕 A 级景区空间查询、缓冲区分析、叠加分析、地形分析等问题，开展基于空间特征、属性特征和空间关系的查询；进行地级行政中心、河流、道路缓冲区与 A 级景区叠加分析；基于 DEM 数据进行坡度、坡向分析，并与 A 级景区进行叠加耦合显示。

4.7.2　目标与内容

1. 目标与要求

(1)掌握空间查询的常用方法，能从提供的数据中查询相关要素和信息。

(2)能创建缓冲区分析和叠加分析。

(3)能进行坡度、坡向计算，并进行重分类。

2. 案例内容

(1)A 级景区数据查询。

(2)缓冲区与叠加分析。

(3)DEM 坡度、坡向分析。

4.7.3　数据与思路

1. 案例数据

本案例讲述空间数据的分析方法，数据存放在“data4”文件夹中，具体如表 4-2 所示。

表 4-2　　数据明细

数据名称	类型	描述
河南省行政区	Shapefile 面要素	用于空间数据查询

续表

数据名称	类型	描述
地级行政中心	Shapefile 点要素	用于创建点缓冲区
河流	Shapefile 线要素	用于创建线缓冲区
高速公路	Shapefile 线要素	用于创建线缓冲区
铁路	Shapefile 线要素	用于创建线缓冲区
河南省 A 级景区	Shapefile 点要素	用于空间查询与其他分析结果显示
河南 DEM 裁剪	DEM 栅格数据	用于坡度、坡向分析

2. 思路与方法

(1)针对“A 级景区数据查询”的问题，采用“识别”工具进行基于空间特征的查询，采用 SQL 查询方法进行基于属性特征的查询，采用按位置选择查询的方法进行基于空间关系的查询。

(2)针对“缓冲区与叠加分析”的问题，创建地级行政中心、河流、道路缓冲区，并利用叠加分析的相交功能将 A 级景区与缓冲区分析结果进行叠加分析。

(3)针对“DEM 坡度坡向分析”的问题，利用 DEM 数据进行坡度、坡向计算，并进行重分类后与 A 级景区进行叠加耦合显示。

4.7.4 步骤与过程

1. A 级景区数据查询

1)基于空间特征的查询

打开 ArcMap，加载河南省行政区、高速公路、河南省 A 级景区数据，点击工具条上的【识别】按钮，分别点击各图层的任意要素即可查询其空间特征(图 4-43、图 4-44、图 4-45)。

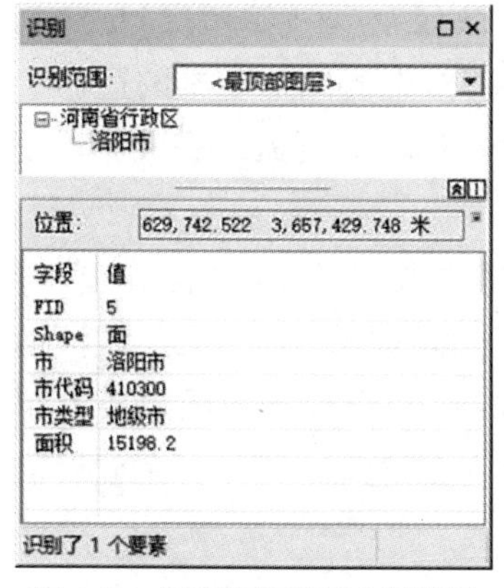

图 4-43 河南省行政区空间特征

图 4-44 高速公路空间特征

图 4-45 河南省 A 级景区空间特征

2)基于属性特征的查询

打开A级景区图层的属性表，点击【按属性选择】按钮，在弹出的对话框中输入:"星级"='4A'，如图4-46所示，点击【应用】，即可查询“河南省4A级景区”的信息。浏览查询到的景区，完成后点击【清除所选要素】按钮取消选择。用相同的方法可以查询高速公路“G45”的信息(图4-47)，也可查询河南省行政区相关的信息。

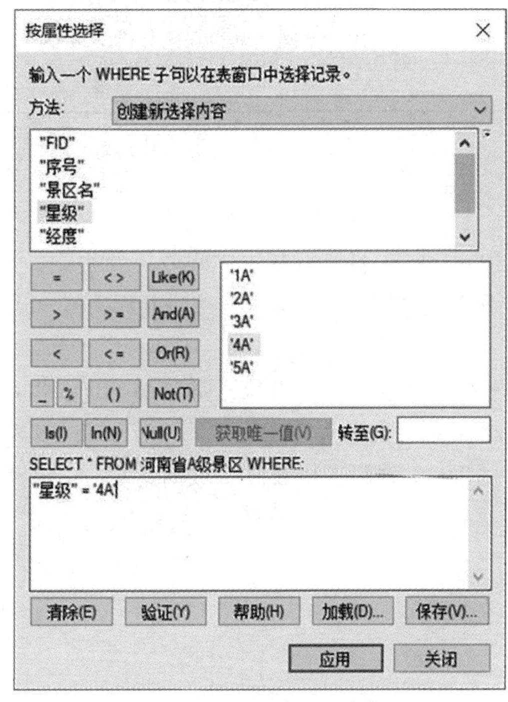

图4-46　A级景区属性特征查询

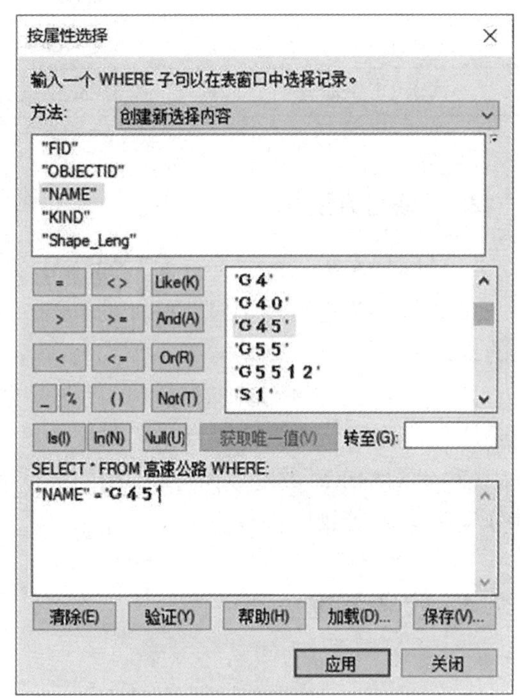

图4-47　高速公路属性特征查询

3)基于空间关系的查询

(1)邻接查询：利用工具条上的【选择要素】按钮选中河南省任意一个地市(如郑州市)所在多边形，打开菜单【选择】→【按位置选择】对话框(图4-48)，在【选择方法】中选择“从以下图层中选择要素”，将【目标图层】选择“河南省行政区”，在【源图层】中选择“河南省行政区”，在【目标图层要素的空间选择方法】中选择“接触源图层要素的边界”，点击【应用】，即可查询到所有与郑州市相邻的行政区。浏览查询到的要素，完成后点击【清除所选要素】按钮取消选择。

(2)包含查询：利用【选择要素】按钮选中开封市所在多边形，打开【按位置选择】对话框(图4-49)，将【目标图层】改为“河南省A级景区”，【源图层】保持不变(即河南省行政区)，勾选“使用所选要素”，在查询方法下拉框中选择“完全位于源图层要素范围内”，点击【应用】，即可查询到开封市范围内的景区。浏览查询到的景区，完成后取消选择。

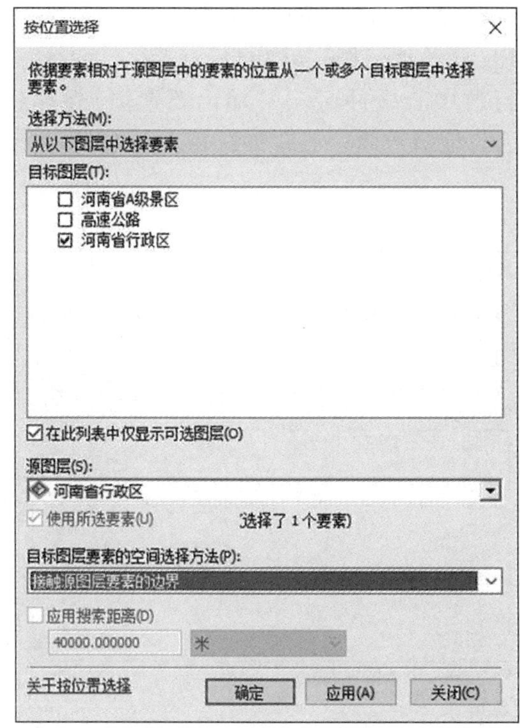

图 4-48 邻接查询设置

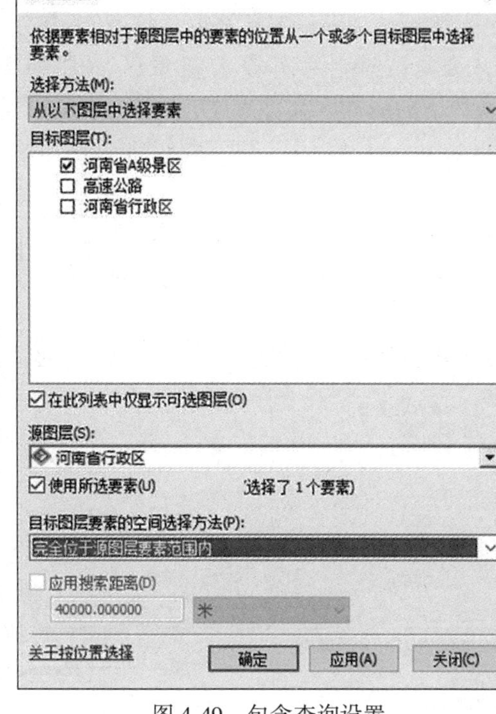

图 4-49 包含查询设置

(3)相交查询：利用上述“基于属性特征的查询”的方法，选中“G45”高速公路，打开【按位置选择】对话框(图 4-50)，将【目标图层】改为“河南省行政区”图层，将【源图层】改为“高速公路”图层，勾选“使用所选要素”，在【查询方法】下拉框中选择“与源图层要素相交”，点击【应用】并打开“河南省行政区”图层的显示，即可查询到选中高速公路线经过的行政区。浏览查询到的结果，完成后取消选择。

(4)落入查询：打开“河南省 A 级景区”图层，关闭“河南省行政区”图层和“高速公路”图层的显示，利用【选择要素】按钮选中任意一个景区点要素，打开【按位置选择】对话框(图 4-51)，将【目标图层】设置为“河南省行政区”，将【源图层】设置为“河南省 A 级景区”，勾选“使用所选要素”，在【查询方法】下拉框中选择“完全包含源图层要素”，点击【应用】并打开“河南省行政区”图层的显示，即可查询到选中景区所在的行政区。浏览查询到的结果，完成后取消选择。

2. 缓冲区与叠加分析

1)地级行政中心缓冲区与 A 级景区叠加分析

打开 ArcMap，加载“河南省 A 级景区”“地级行政中心”数据，在 ArcToolbox 工具箱中，打开【分析工具】→【邻域分析】→【缓冲区】对话框(图 4-52)，【输入要素】选择“地级行政中心”，【输出要素类】保存到“data4”下的缓冲区文件夹中，命名为“地级行政中心缓冲区”，【线性单位】选择“千米”，输入“30”(即创建以地级行政中心为对象的 30km 缓冲区)，【融合类型】选择“ALL”，其余项默认，点击【确定】。

利用叠加分析的相交功能可以清晰地显示哪些 A 级景区在离地级行政中心 30km 的范围内。在 ArcToolbox 工具箱中，打开【分析工具】→【叠加分析】→【相交】对话框(图4-53)，【输入要素】选择“河南省 A 级景区”和“地级行政中心缓冲区”，【输出要素类】保存到“data4”下的缓冲区文件夹中，命名为“A 级景区与地级行政中心缓冲区相交结果”，其余项默认，点击【确定】，其结果如图 4-54 所示。

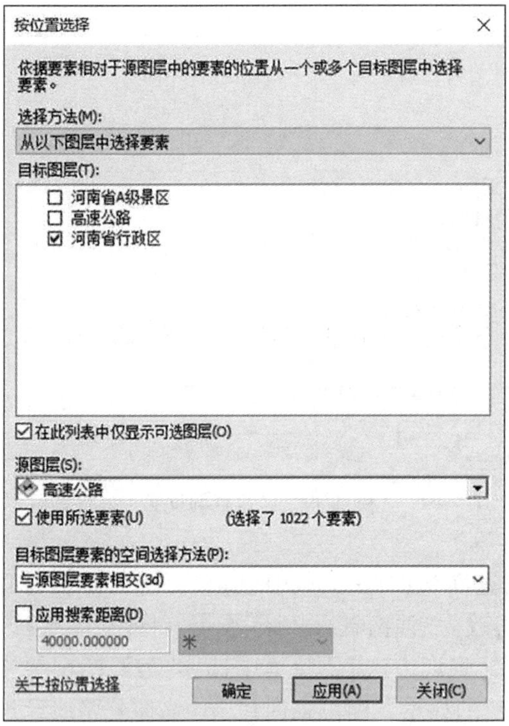

图 4-50　相交查询设置

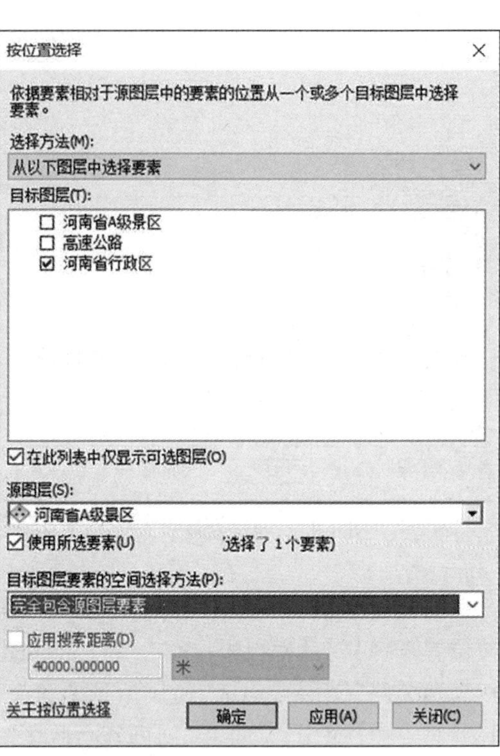

图 4-51　落入查询设置

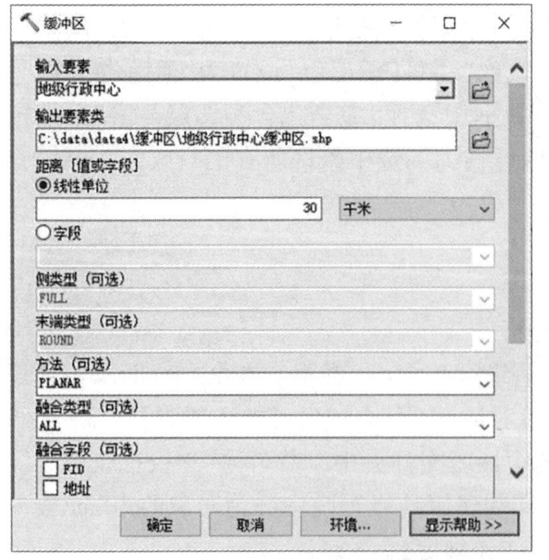

图 4-52　【缓冲区】对话框

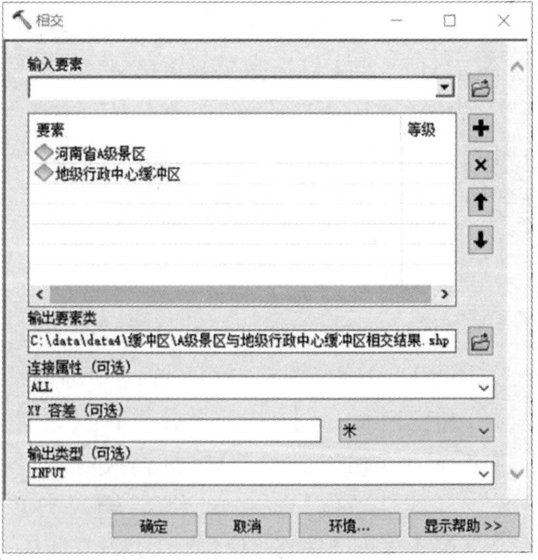

图 4-53　叠加分析【相交】对话框

2）河流、道路缓冲区与 A 级景区叠加分析

用上述相同的方法创建河流 10km 缓冲区，并与 A 级景区进行相交叠加分析，其结果如图 4-55 所示。读者可对高速公路和铁路创建缓冲区，并与 A 级景区进行相交叠加分析，这里不再一一列出。

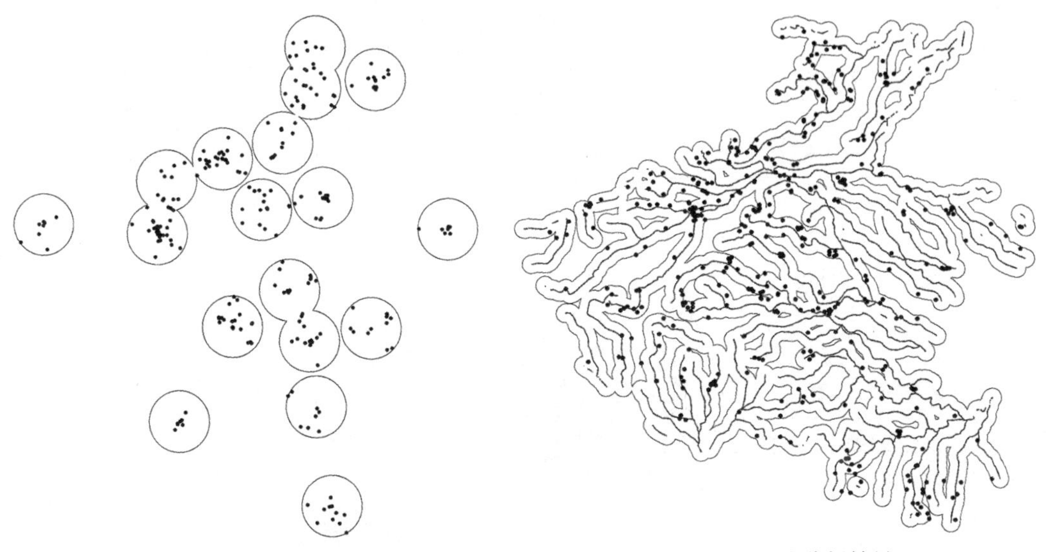

图 4-54 地级行政中心分析结果　　图 4-55 河流分析结果

3. DEM 坡度坡向分析

打开 ArcMap，加载“河南 DEM 裁剪”“河南省 A 级景区”数据，在 ArcToolbox 工具箱中，打开【Spatial Analyst】工具→【表面分析】→【坡度】对话框（图 4-56），【输入栅格】设置为“河南 DEM 裁剪”，【输出栅格】设置为“坡度”，点击【确定】，得到坡度数据。将坡度信息重分类为 7 个等级：0°～0.5°为平原，0.5°～2°为微斜坡，2°～5°为缓斜坡，5°～15°为斜坡，15°～35°为陡坡，35°～55°为峭坡，55°～90°为垂直壁。打开【Spatial Analyst】工具→【重分类】→【重分类】对话框（图 4-57），【输入栅格】选择“坡度”，【重分类字段】选择“Value”，【输出栅格】设置为“坡度重分类”，点击【分类】按钮，打开【分类】对话框（图 4-58），将【类别】选择“7”，【方法】选择“手动”，将中断值前 6 项依次修改为“0.5、2、5、15、35、55”，点击两次【确定】，完成坡度数据的重分类，与 A 级景区叠加显示，其结果如图 4-59 所示。

在 ArcToolbox 工具箱中，打开【Spatial Analyst】工具→【表面分析】→【坡向】对话框，【输入栅格】设置为“河南 DEM 裁剪”，【输出栅格】设置为“坡向”，点击【确定】，得到坡向数据。按照系统默认生成的坡向分类结果，与 A 级景区叠加显示，可查看其耦合效果。

5. 案例结果

本案例数据成果为各类分析结果，具体内容如表 4-3 所示。

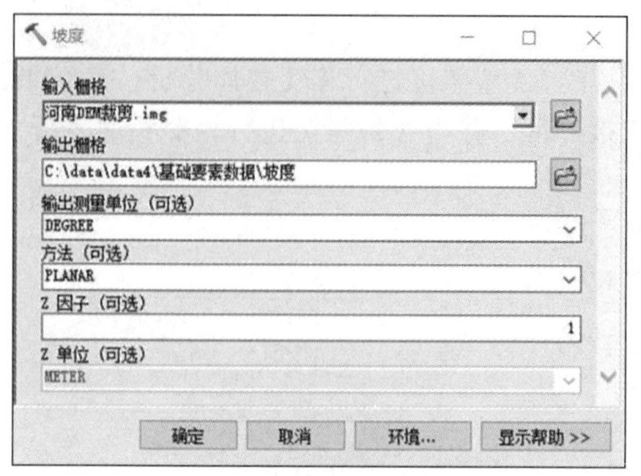

图 4-56　【坡度】对话框

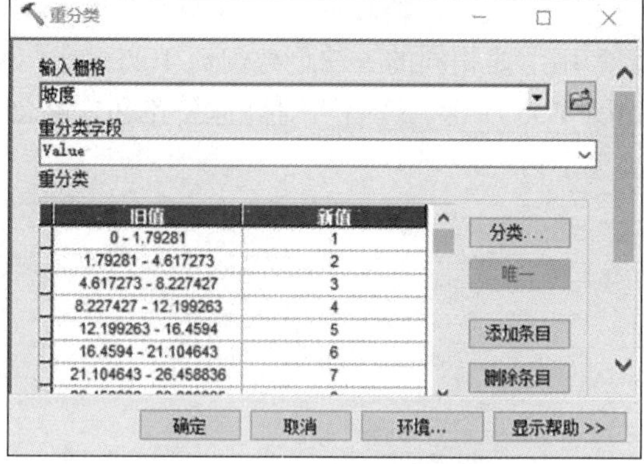

图 4-57　【重分类】对话框

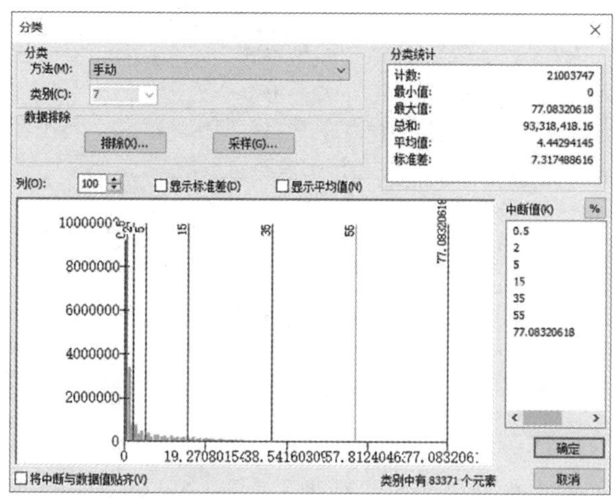

图 4-58　【分类】对话框

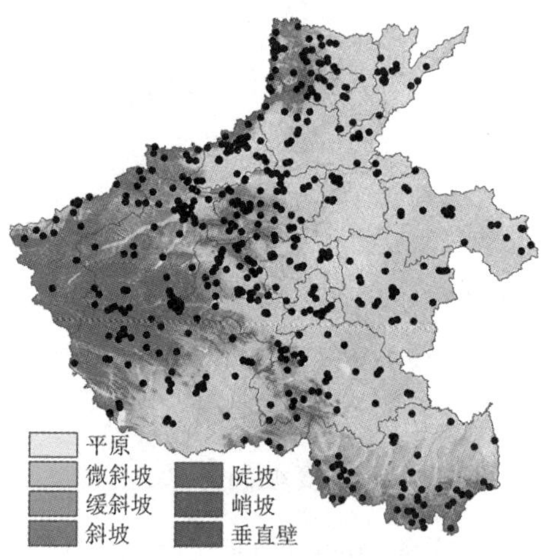

图 4-59　坡度分析结果

表 4-3　　**成 果 数 据**

数据名称	类型	描述
地级行政中心缓冲区	Shapefile 线要素	地级行政中心 30km 缓冲区
A 级景区与地级行政中心缓冲区相交结果	Shapefile 点要素	地级行政中心 30km 以内的 A 级景区
河流缓冲区	Shapefile 线要素	河流 10km 缓冲区
A 级景区与河流缓冲区相交结果	Shapefile 点要素	河流两侧 10km 范围内的 A 级景区
坡度	DEM 栅格数据	利用 DEM 通过坡度计算得到的坡度图
坡度重分类	DEM 栅格数据	对坡度进行 7 级重分类得到的坡度图

4.8　拓展四　坚定文化自信　赋能文化遗产分布

文化遗产作为世代相承的文化表现形式以及经济、文化结构的重要组成部分，其存续发展对于维护国家文化身份、传承民族精神、提升文化软实力意义重大。2014 年 2 月 26 日，习近平总书记主持召开座谈会并发表重要讲话，将京津冀协同发展提升到重大国家战略高度，自此京津冀一体化发展成为人们共同关注的热点问题。在一体化的空间战略背景下，京津冀丰富的文化遗产资源作为该区域发展和文化传承的历史印记，唯有通过密切的交流与合作，才能实现共谋发展，因此建设京津冀文化遗产资源保护协同发展之路显得尤为重要。文物保护单位作为文化遗产的重要组成部分，其中国家级和省级文物保护单位的价值尤为突出，对实现京津冀文化遗产保护协同发展意义重大。以京津冀省级及以上文物保护单位为例，利用 GIS 空间分析方法分析京津冀文化遗产空间分布格局，可为未来的京津冀文化遗产保护和利用提供借鉴和参考。

4.8.1 京津冀地区文化遗产概况

京津冀地区位于华北平原北部，属于暖温带大陆性季风气候，且地形构造复杂，发育平原、丘陵、盆地、山区、高原等多种地貌类型，总体呈现出西北高、东南低的地形特点。该区域作为我国继长三角、珠三角以来的第三个增长极，是全国重要的经济中心之一，同时也是我国城市较密集、工业基础较雄厚的区域之一，该区域包括北京、天津 2 个直辖市和河北省的石家庄、保定、邢台、邯郸、廊坊、衡水、沧州、张家口、承德、秦皇岛、唐山 11 个地级市。在一体化的空间战略背景下，京津冀整体城市功能定位是“以首都为核心的世界级城市群、区域整体协同发展改革引领区”。

从地理环境来看，京津冀地区是燕山和太行山脉向华北平原和渤海湾过渡地带，山脉环抱阻挡了北方的干冷空气，迎接东南方向的暖湿气流，肥沃土壤和丰沛水源保障了山前平原的物产丰饶，使之成为适合人类繁衍发展的宝地。京津冀地区在历史上属于兵家必争之地，太行山-燕山山脉环绕拱卫为历史延续提供屏障，而山脉中诸多通道又保障了沟通交通，因此区域内形成了诸多长时间、大空间跨度的文化遗产，如太行八陉、古北口御道、山海关等。从发展历史来看，京津冀地区历史文化底蕴深厚，是炎黄文明和燕赵文化发源地，是北方游牧民族文明和中原农耕民族文明长期融合发展地带，同时也是我国古都密集布局的区域，先后出现了商早期邢都(邢台)、晚期殷都(安阳)，战国时期燕国的燕下都(易县)，赵中晚期的邯郸，中山国的灵寿古城(平山县)，东汉末年及魏晋南北朝时期的邺城(临漳县)，更是金、元、明、清以来长达 800 多年的京畿要地。长盛不衰的文化经济活动形成了丰富的非物质和物质性文化遗产。从产业基础来看，永济渠和京杭大运河的开通促进了区域经济往来和交流。至明清时，京津冀地区已经形成区域性的产业功能分区，而西方列强入侵影响了区域产业格局，产生了相应的工矿业和殖民遗产。当前，北京从传统政治、文化中心逐步演化为经济中心，区域各城市职能也发生了相应的变化，直接影响了文化遗产的保护利用。

京津冀共有省(市)级及以上文物保护单位 2059 处。其中，北京市有全国重点文物保护单位 130 个，市级 356 个；天津市有全国重点文物保护单位 69 个，市级 222 个；河北省有全国重点文物保护单位 286 个，省级 996 个。

4.8.2　文化遗产空间分布特征

利用GIS空间分析方法生成京津冀史前至先秦、秦汉至隋唐、宋元明清、近代以来4个核密度分布格局(图4-60)。

1. 史前至先秦时期分布格局

史前至先秦时期的文物保护单位空间分布形成了3个核心城市密集区和1个次核心区，主要集中在南北走向的太行山东麓大道的邯郸和邢台、石家庄、保定以及东西走向的燕山南麓大道的唐山(图4-60(a))。史前时期京津冀所在区域是古人类活动和繁衍的重要区域之一，其所在的太行山和燕山区域，尤其太行山以东、燕山以南地带是黄河与海河水系共同冲积而成的华北平原，地势平坦，土肥地沃，人口密集，为古人类的生活和狩猎提供了良好的环境。这里从古至今一直是各种经济、文化、政治、军事的交流和碰撞、民居活动的热点地区，因而留下了各种文化交流、汇集和融合的记载和痕迹，形成了丰富的早期人类文化遗存。

2. 秦汉至隋唐时期分布格局

秦汉至隋唐时期的文物保护单位形成3个核心区，集中分布在太行山以东的山前地带，即河北石家庄、邢台、邯郸和北京中心城区(图4-60(b))。在这个时期，京津冀地区的人口、经济与文化中心均分布在太行山前20km范围内，燕国的蓟和赵国的邯郸是该区域范围内的两大政治、经济、军事与文化中心，形成了燕赵对峙、幽冀并立局面。隋唐时期，由于大运河的开通，“南货”源源北上与丝路上的“西货”“东货”交汇于蓟城。幽州地区达到了空前的繁荣，呈现出熔南北胡汉经济文化为一炉的特色。此外，各少数民族大举南下，入主中原，幽蓟地区轮番被北方民族和中原政权所占领，胡汉杂居的局面更突出，也因此促成了京津冀是多民族文化发展的重要区域。

3. 宋元明清时期分布格局

宋元明清时期的文物保护单位形成了1个以北京为主的极核心区(图4-60(c))。根据历史发展脉络，北京是一个多民族聚居的城市，经历了辽宋金时期北方政治中心到元明清时期大统一封建王朝政治中心的辉煌发展。在明成祖永乐元年(1403年)改北平为北京后，即永乐四年(1406年)开始兴办筹建北京宫殿城池，至此北京城构成了宫城、皇城、内城和外城的基本轮廓，周围民居区规划建设典型四合院。到了清代，北京的坊、街、巷、胡同、四合院多有变迁和易名，但大体沿袭明代规模。

4. 近代以来分布格局

近代以来的文物保护单位主要集中在天津这个核心区(图4-60(d))。在清咸丰十年(1860年)，第二次鸦片战争的失败导致清政府被迫与英法签订中英、中法《北京条约》，天津被迫开放为商埠，西方列强纷纷在天津设立租界，形成了以天津为中心的腹地经济，至此天津开始兴办大批近代工业，影响并带动了一批工商业城市的兴起。天津开埠后，成

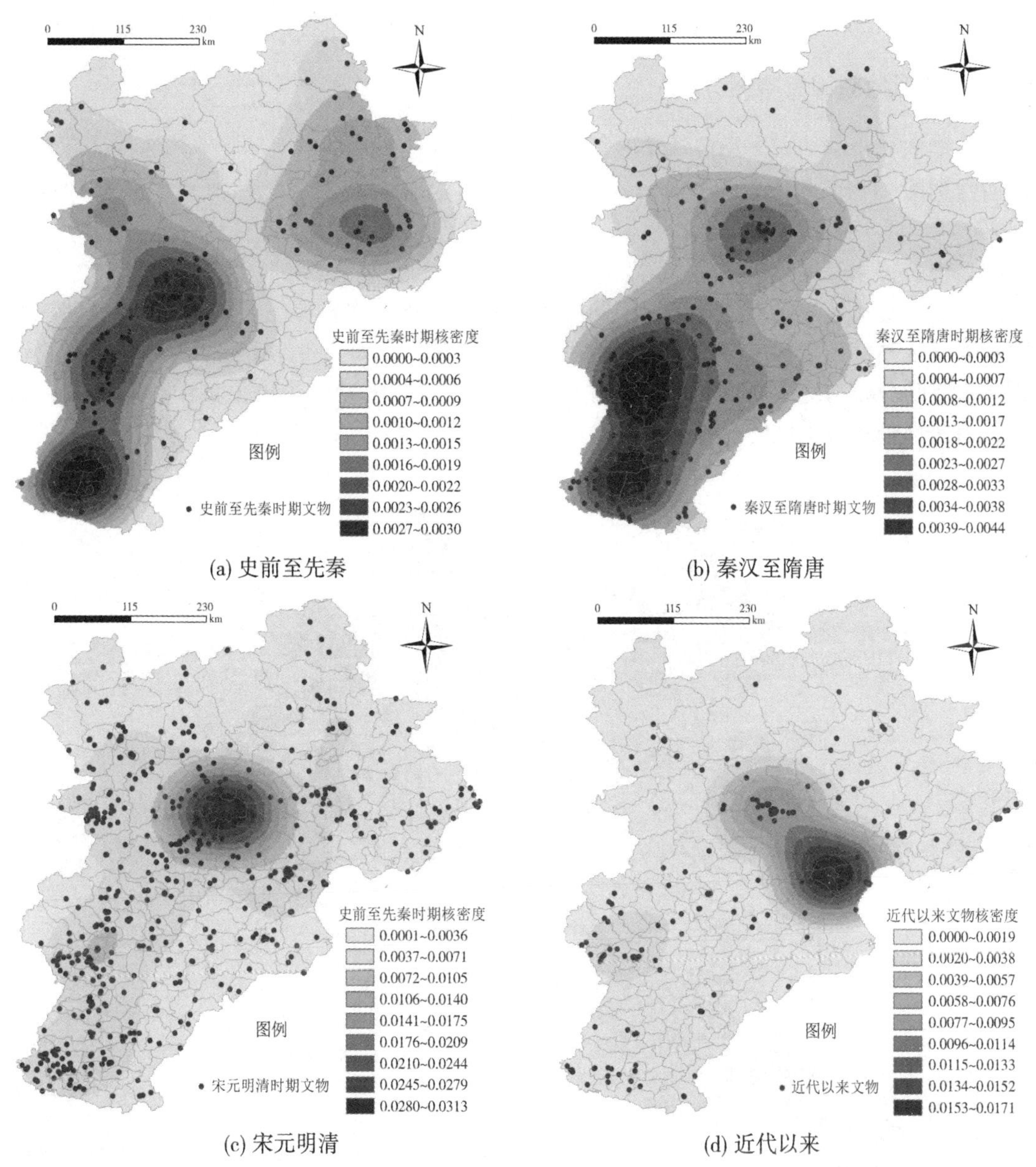

(a) 史前至先秦　　(b) 秦汉至隋唐

(c) 宋元明清　　(d) 近代以来

图 4-60　京津冀地区文化遗产核密度空间分布格局

为近代中国洋务运动的基地，军事近代化以及铁路、电报、邮政、采矿、近代教育等方面的大力建设，使得天津成为当时中国第二大工商业城市和北方最大的金融商贸中心。基于近代发展历史背景，形成了现在的天津以旧居、旧址、近代学校为主的文物保护单位分布格局。

4.8.3　相关影响因素空间分析

文化遗产是人类社会文化经济活动的重要表征，展示了区域交流合作的历史脉络。通过地理信息系统空间分析方法，对京津冀文化遗产的空间分布特征及影响因素进行分析。

1. 地形地貌因素空间分析

地形地貌是制约人文经济活动的重要基础，对其他要素与地理环境整体性特征有着广泛而深刻的影响。与文物保护单位点相关的地形地貌因素主要包括海拔、坡度和坡向因素。

1)海拔因素空间分析

海拔是地形地貌的重要属性，不同海拔位置的气候、水资源、土壤等条件都有差异。因此以海拔高度为指标来考察地形地貌对文物保护单位空间分布的影响。将京津冀文物保护单位空间分布与地形高程图进行叠加(图4-61)，可知文物保护单位集中分布于太行山山脉山前地带和浅山区的交界处。

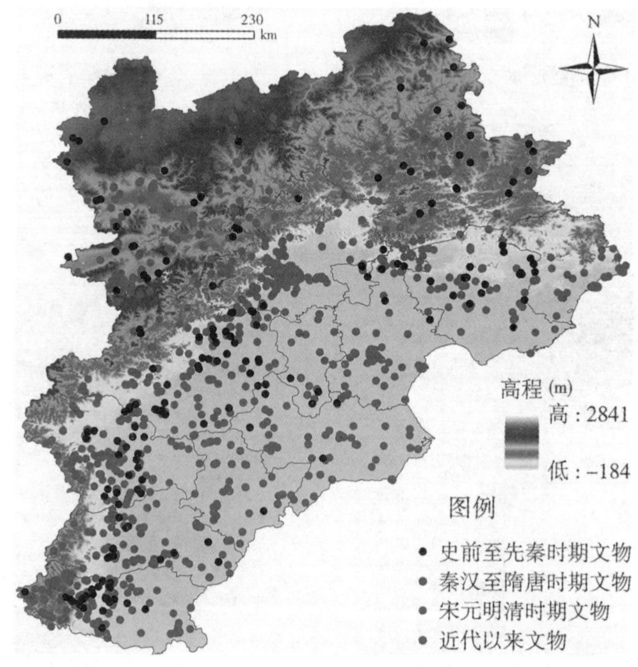

图4-61　京津冀不同时期文物保护单位海拔分布图

按照0~200m为平原，200~500m为丘陵，500~1000m为山地，1000m以上为高原的海拔划分方法，通过提取分析统计不同海拔的数量，可知京津冀文物保护单位主要分布在0~200m的平原地带，总占比高达72.56%。这是由于平原地带气候温和、水系发达、交通便利，适宜人类居住，人类活动频繁，从而产生较多的文物资源。其次是山地，占比为12.34%。海拔在高原地带的文物保护单位分布较少，占比仅为3.84%，这是由于此区域气候条件较差，地势崎岖不平，交通不便，不适宜人类生活，从而留下的文物资源较少。

2)坡度因素空间分析

坡度作为地面倾斜度定量描述，主要描述研究区地势起伏状况，影响景观效果，坡度越大，景观被看到和被注意到的可能性就越大。在进行坡度分级时采用国际地理学联合会地貌调查与地貌制图委员会关于地貌详图应用的坡地分类：0°~0.5°为平原，0.5°~2°为微斜坡，2°~5°为缓斜坡，5°~15°为斜坡，15°~35°为陡坡，35°~55°为峭坡，55°~90°为垂直壁。在坡度(图4-62)上提取不同时期文物保护单位的坡度数据，四个时期的文物保护单位随着坡度增加，分布呈减少趋势。文物保护单位在0.5°~2°微斜坡和2°~5°缓斜坡的坡度上分布最多，其中史前至先秦时期在微斜坡和缓斜坡上的文物保护单位占总数的67.62%；同样地，秦汉至隋唐时期、宋元明清时期和近代以来在这两个坡度上的文物保护单位总和分别占总数的70.99%、71.08%、76.82%。这在一定程度上表明随着时间的推移，文物保护单位的分布更加倾向于地势起伏较小的区域。在15°~35°陡坡和35°~55°峭坡上，四个时期的文物保护单位分别在这两个坡地上的分布总和均较少，分别占同等时期文物保护单位总数的5.71%、7.85%、5.26%、5.08%。整个分析表明，坡度对文物保护单位分布具有明显的影响，坡度越大，地势起伏越大，文物保护单位分布越少；反之，则越多。

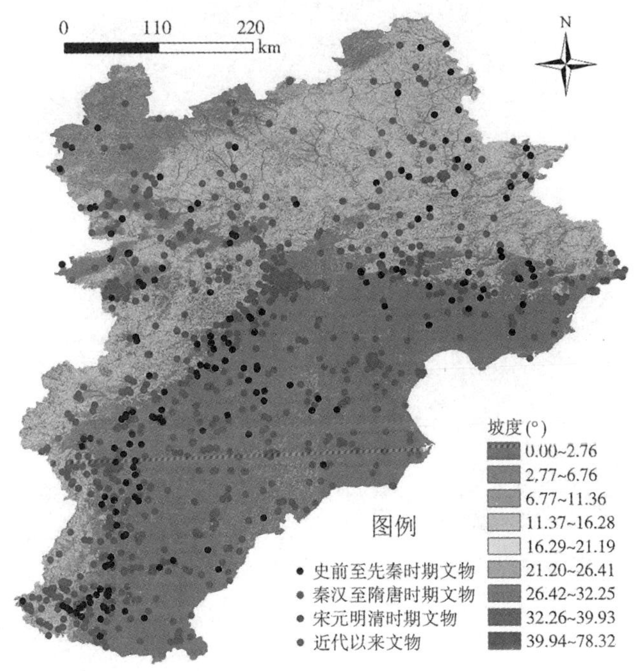

图4-62　京津冀不同时期文物保护单位的坡度分布图

3)坡向因素空间分析

坡向作为重要的地形因子，主要体现区域微地形的复杂情况，直接影响土壤的光热条件。不同坡向因接受日照时间和太阳辐射量的差异而具有不同的日照效果，一般而言，阳坡能接受更多的太阳辐射，拥有更好光热条件。在北半球，南坡的太阳辐射量最大，北坡的最少。以0°起点，按顺时针方向将坡向分为8个方向(图4-63)，然后按照这8个坡向分别统计四个时期文物保护单位在不同坡向上的分布数量。四个历史时期中，文物保护单位的分布坡向具有一定的异同。差异性主要表现在史前至先秦时期的文物保护单位在正西坡向上分布最多，而秦汉至隋唐、宋元明清及近代以来的文物保护单位在东南坡向上分布最多；相同性主要表现在四个历史时期的文物保护单位均在正北坡向上分布最少，这是由于京津冀处在北半球，北坡无论在哪个季节获得的日照都很少，尤其是冬季比较寒冷，加之取暖条件的限制，使得北坡不适宜人类居住。另外，广义上坡向可以分为阳坡(90°~270°)和阴坡(0°~90°，270°~360°)，京津冀四个历史时期的文物保护单位分布具有明显的向阳性特点，在阳坡和阴坡上的分布数量分别为 1314 个和 625 个，阳坡上的分布数量约为阴坡的 2.1 倍。其中在阳坡范围内，东南和西南坡向上的文物保护单位数较多，分别占总数的 14.67%和 12.68%；其次是正东坡、正西坡、东北坡和正南坡，占比分别为 12.38%、12.24%、12.04%、11.85%。分析结果显示各历史时期受到取暖条件和社会生产力的限制，倾向于选择日照充足的、适宜居住的坡向。

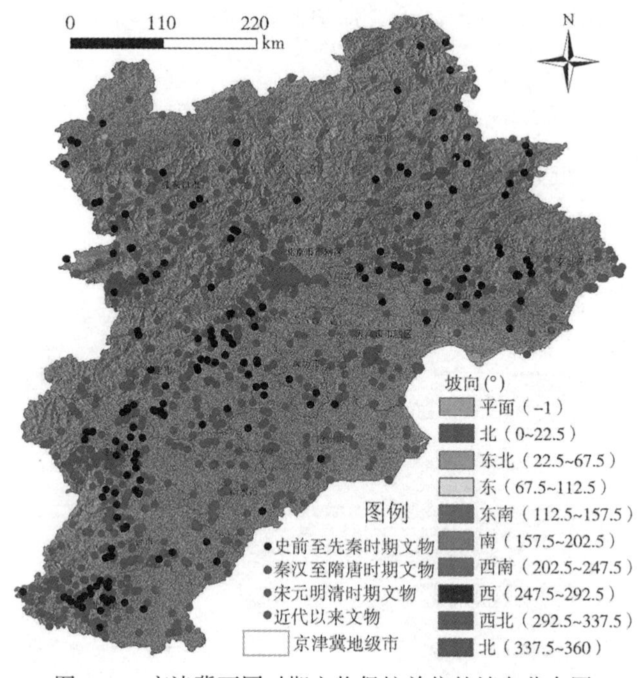

图 4-63 京津冀不同时期文物保护单位的坡向分布图

2. 河流因素空间分析

河流水系作为影响资源空间分布的主要因素之一，是人类生产生活的重要物质基础和各类文化遗产的发祥地。在古代社会，由于生产力水平低下，人类通常选择近河但并不临河的位置居住，居民生活严重依赖河流。所以古人类的早期文明也多沿河流发展，特别是在绿洲农业发展后，人类的民居选址会把水源作为重要的首要参考条件，也因此造就了各流域文化遗产的产生。利用 GIS 的缓冲区分析，根据河流级别，分别建立一级河流 20km、二三级河流 15km、四级河流 10km、五级河流 5km 的缓冲区，最终形成京津冀河流缓冲区与文物保护单位分布图(图 4-64)。分析可知，沿河流分布的文物保护单位总数量为 1866 个，占京津冀文物保护单位总数的 90.63%。其中史前至先秦时期在河流缓冲区的文物保护单位数量为 211 个，占比高达 100%；秦汉至隋唐时期在河流缓冲区的文物保护单位数量为 286 个，占比 97.95%；宋元明清时期在河流缓冲区内的文物保护单位数量为 1032 个，占比 93.56%；近代以来在河流缓冲区内的文物保护单位数量为 337 个，占比 74.39%。显然，河流对京津冀文物保护单位的分布具有较强的限制作用，表明了人类社会活动在选址上的亲水特点，并且年代越久远，对河流水域的依赖性越明显。

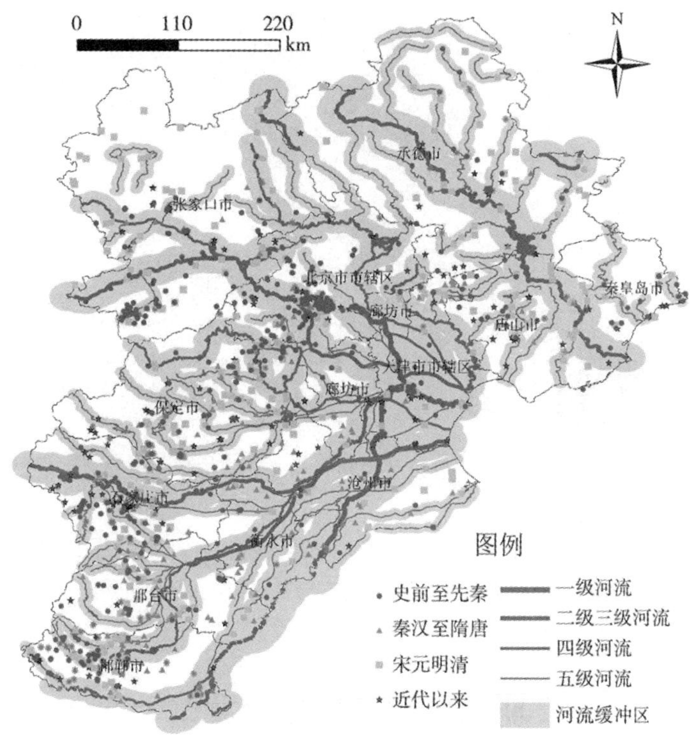

图 4-64 京津冀河流缓冲区与文物保护单位分布

3. 交通因素空间分析

交通作为文化交流的重要载体和渠道，能在较大程度上增加人们文化活动和文化产品的丰度，增进交流的深度和广度。文化遗产资源作为古人类文化的一种呈现方式，其地理空间分布严重受到交通影响，交通通达性越高，文化交流越密切，文化遗产也就越密集。公路和铁路作为灵活的交通运输方式，对京津冀地区经济发展和文化旅游发展具有重要的战略意义。特别是元明清时期，北京作为全国陆路和水运交通中枢；加之作为全国唯一贯穿南北河道的京杭大运河流经京畿区域，受此影响，该区域的大部分主要城市分布在这些水陆运输干线两侧，也因此留存丰富的文物古迹。将京津冀文物保护单位点与京津冀主要铁路和公路进行叠加，同时以 15km 为宽带，建立缓冲区，得到京津冀文物保护单位与交通路网的缓冲区分布图(图 4-65)，通过分析得出四个时期高达 83.83%的文物保护单位沿交通线路分布，由此证明了京津冀文物保护单位空间分布与交通线路呈显著正相关。

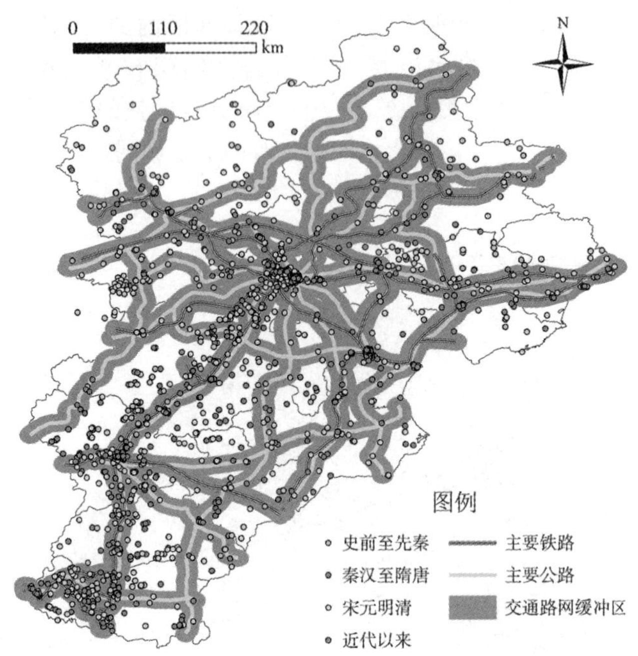

图 4-65　京津冀路网缓冲区与文物保护单位分布

本拓展中的图 4-60~图 4-65 的彩色版可扫描封底数字资源二维码获取。

资料来源：岳菊，戴湘毅．京津冀文化遗产时空格局及其影响因素——以文物保护单位为例[J]．经济地理，2020，40(12)：221-230.

职业技能等级考核测试

1. 单选题

(1)下面可以从“地类区”文件中检索出所有“建设用地”的语句是______。　(　　)

A. Select　*　FROM 地类区 WHERE 地类=“建设用地”

B. Select　*　FROM 地类区 WHERE 地类 IN“建设用地”

C. Select 建设用地　FROM　地类区

D. Select　*　FROM 地类区 WHERE 地类==“建设用地”

(2)下面哪一个不是缓冲区的组成要素？　(　　)

A. 主体　B. 邻近对象　C. 作用条件　D. 客体

(3)叠置分析中矢量数据叠置不包括______。　(　　)

A. 点与多边形的叠置分析　B. 线与多边形的叠置分析

C. 多边形与多边形的叠置分析　D. 点与点的叠置分析

(4)下列对多边形叠置分析中描述不正确的是______。　(　　)

A. 并：保留两个输入图层的所有多边形

B. 交：保留两个输入图层的公共部分多边形

C. 擦除：输出层为保留以其中一输入图层为控制界之外的所有多边形

D. 擦除：输出层为保留以其中一输入图层为控制界之内的所有多边形

(5)下列对 DEM 的描述正确的是______。（　　）

A. DEM 可通过等高线建立

B. DEM 的建立不需要高程数据

C. DEM 不能可派生出等高线、坡度图等信息

D. DEM 不能表示地貌形态

(6)下列属于 GIS 网络分析功能的是______。（　　）

A. 计算道路拆迁成本

B. 计算不规则地形的设计填挖方

C. 沿着交通线路、市政管线分配点状服务设施的资源

D. 分析城市地质结构

(7)监狱观察哨的位置应设在能随时监视到监狱内某一区域的位置上，视线不能被地形挡住，使用 DEM 分析功能确定观察哨的位置，用到的是 DEM 的______功能。（　　）

A. 地形曲面拟合　B. 通视分析　C. 路径分析　D. 选址分析

(8)以下分析方法中不属于空间统计分类分析的是______。（　　）

A. 地形分析　B. 主成分分析　C. 系统聚类分析　D. 判别分析

(9)对于缓冲区的描述错误的是______。（　　）

A. 围绕图层中某个点、线或面周围一定距离范围的多边形

B. 缓冲区是地理空间目标的一种影响范围或服务范围

C. 对于线对象有双侧对称、双侧不对称或单侧缓冲区

D. 对于面对象只能做外侧缓冲区析

(10)多边形叠置分析后是否产生新的属性？（　　）

A. 是　B. 否

C. 有时产生，有时不产生　D. 以上都不对

(11)叠置分析是对新要素的属性按一定的数学模型进行计算分析，其中往往涉及______、逻辑并、逻辑差等的运算。（　　）

A. 逻辑交　B. 逻辑和　C. 逻辑与　D. 逻辑或

(12)通过分布在各地的气象站测得的降雨量生成降雨量分布图，用到的方法是______。（　　）

A. 缓冲区分析　B. 泰森多边形分析　C. 空间统计分析　D. 网络分析

(13)下列给出的方法中，哪项适合生成 DEM？（　　）

A. 等高线数字化法　B. 多边形环路法

C. 四叉树法　D. 拓扑结构编码法

(14)现需要制作一个全国人口分布等值线图，人口数据延伸到县级，此过程中涉及到以下哪项技术？（　　）

A. 网络分析　B. 属性统计　C. 质心量测　D. 多边形叠加分析

(15)DTM 与 DEM 的关系是______。（　　）

A. 没有关系　B. DTM 是 DEM 的子集

C. 两者相同　D. DEM 是 DTM 的子集

2. 判断题

(1)等高线数字化法是普遍采用的生成 DEM 的方法。（　　）

(2)数据内插是广泛应用于等值线自动制图、DEM 建立的常用数据处理方法之一。（　　）

(3)河流周围保护区的定界可采用叠置分析方法。（　　）

(4)进行多边形叠置分析采用矢量数据比栅格数据更简单易行。（　　）

(5)DTM 的质量决定 DEM 的精确性。（　　）

(6)叠加分析是 GIS 用户经常用以提取数据的手段之一。在 GIS 系统中，根据数据存储的方式不同，叠加分析又分为栅格系统的叠加分析和矢量系统的叠加分析。矢量系统的叠加分析复杂，但能够保留图元的拓扑关系。（　　）

(7)缓冲区生成与分析是根据数据库中的点、线、面实体，自动建立其周围一定宽度范围的缓冲区多边形。（　　）

(8)在 GIS 系统中，根据数据存储的方式不同，叠加分析又分为栅格系统的叠加分析和矢量系统的叠加分析。栅格系统的叠加分析复杂，栅格系统的叠加分析能够保留图元的拓扑关系。（　　）

(9)格网越细，DEM 精度越高，所以格网越细越好。（　　）

(10)DEM 通常是从航空立体相片上直接获取的，所以在利用 DEM 进行通视分析时，楼房、建筑物的高度可以忽略不计。（　　）

(11)在利用网络分析进行路径选择时，最短路径不可能是最优路径。（　　）

(12)使用不同的权值关系进行路径分析，得到的最佳路径也必然不同。（　　）

(13)通过在线地图规划出的行车路线，未必是最合理行车路线，在有些情况下，还要综合交通现状、政策、地理特征等众多因素进行判读，所以在线地图的指路服务也只能作为一个参考。（　　）

(14)多边形的擦除操作，输出层为保留以其中一输入图层为控制界之内的所有多边形。（　　）

(15)在利用网络分析进行路径选择时，最短路径就是最优路径。（　　）

项目 5　地理空间数据可视化

【项目概述】

在 GIS 领域，空间信息可视化可以理解为以地理信息科学、计算机科学、地图学、认知科学与信息传输学为基础，通过计算机技术、数字技术和多媒体技术，来动态、直观、形象地表现、解释、传输地理空间信息并揭示其规律，是关于信息表达和传输的理论、方法与技术。地图是空间信息可视化的最主要和最常用的表现形式，此外，动态地图、三维仿真、虚拟现实等也是空间信息可视化的重要表现形式。

本项目由二维空间数据可视化、三维空间数据可视化、时空数据可视化 3 个学习型工作任务组成。通过本项目的实施，为学生从事地理信息应用作业员岗位工作打下基础。

【教学目标】

◆**知识目标**

(1)掌握地理空间数据可视化的概念与表现形式。

(2)掌握地图符号的分类及变量、专题地图可视化以及地图布局与输出。

(3)理解三维可视化的原理，了解地形三维可视化和城市三维可视化。

(4)了解时空数据的静态可视化和动态可视化。

◆**能力目标**

(1)制作点状符号、线状符号、面状符号和文字符号。

(2)制作专题地图，进行版面设计、图面配置与输出。

(3)创建山体阴影，实现地形的三维立体显示。

(4)利用兴趣点(POI)数据创建热力图。

◆**素质目标**

(1)结合 GIS 新技术、新方法和新工艺，创新可视化的表现形式，培养创新思维。

(2)引导学生在可视化过程中，注重构图、色彩搭配、符号设计等，培养学生对 GIS 产品的审美感知能力。

(3)选取我国优秀传统文化、革命文化、社会主义先进文化等主题进行可视化，增强学生对中国文化的认同感和自豪感，坚守中国文化自信。

5.1　任务一　二维空间数据可视化

空间数据可视化是运用计算机图形图像处理技术，将复杂的科学现象和自然景观及一些抽象概念进行图形化的过程。二维空间数据可视化就是利用地图学、计算机图形图像技术，将地理空间信息输入、查询、分析、处理，采用图形、图像，结合图表、文字、报表，以可视化的形式实现显示和交互处理技术。

5.1.1　空间数据可视化概述

GIS 显示与可视化

1. 空间数据可视化内容

地理空间信息要被计算机所接收处理，就必须转换为数字信息存入计算机。这些数字信息对于计算机来说是可识别的，但对于人的肉眼来说是不可识别的，必须将这些数字信息转换为人可识别的地图图形才具有实用价值。这一转换过程即为地理空间信息的可视化过程，其内容表现在如下几个方面。

(1)地图的可视化表示。地图的可视化表示最基本的含义是地图数据的屏幕显示。人们可以根据这些数字地图数据分类、分级特点，选择相应的视觉变量(如形状、尺寸、颜色等)，制作全要素或分要素表示的可阅读的地图，如屏幕地图、纸质地图或印刷胶片等。

(2)地理信息的可视化表示。地理信息的可视化表示是利用各种数学模型，把各类统计数据、实验数据、观察数据、地理调查资料等进行分级处理，然后选择适当的视觉变量以专题地图的形式表示出来，如分级统计图、分区统计图、直方图等。这种类型的可视化体现了科学计算机可视化的初始含义。

(3)空间分析结果的可视化表示。地理信息系统的一个很重要的功能就是空间分析，包括网络分析、缓冲区分析、叠加分析等，分析的结果往往以专题地图的形式来描述。

2. 空间数据可视化表现形式

1)电子地图

电子地图从狭义上讲，是一种以数字地图为数据基础、以计算机系统为处理平台、在屏幕上实时显示的地图形式，而广义上的电子地图应该是屏幕地图与支持其显示的地图软件的总称。归纳电子地图的基本特性，主要包括以下几点：①电子地图是一种模拟地图产品。它反映了地理信息，同时具有地图的三个基本特征，即数学法则、制图综合和特定的符号系统。②电子地图的数据来源是数字地图。数字地图是地图的数字形式，一般存储于计算机硬盘、CD-ROM 等介质上，其可以是矢量地图数据，也可以是栅格地图数据。③电子地图的采集、设计等都是在计算机平台环境下实施的。计算机系统为电子地图提供强大的软硬件支持。同时，电子地图的屏幕显示也依赖于某个特定地图软件的表达功能。④电子地图的表达载体是屏幕。电子地图的显示不是静止的和固化的，而是实时和可变化的。

此外，与传统纸质地图相比，电子地图还具有数据与软件的集成性、使用过程的交互性、信息表达的多样性、无级别缩放与多尺度表达性、高效空间信息检索性以及共享性等特点。

2)动态地图

动态地图的产生和发展是时空 GIS 发展的必要基础和前提，是空间信息可视化中一个蓬勃发展的分支。动态地图的主要特征是逼真而又形象地表现出空间信息时空变化的状态、特点和过程，也就是运动中的特点。动态地图可以用于以下几个方面：①动态模拟，使重要事物变迁过程再现，如地壳演变、冰川形成、人口增长与变化等；②运动模拟，对于运动的空间实体(如人、车、船、飞机、卫星、导弹等)，进行运动状态测定和调整，以及环境测定和调整；③实时跟踪，在运动的物体上安装全球定位系统，能显示运动物体的运动轨迹，使空中管制、交通监控和疏导、战役和战术的合围等具有可靠的时空信息保证。

动态地图的表示方法根据空间地理实体的运动状态和特点，可采用多种方法及其组合，具体而言，可以归纳为以下 4 种方法。①利用传统的地图符号和颜色等表示方法。采用传统的视觉变量组成动态符号，结合定位图表、分区统计图以及动线法来表示。②采用定义了动态视觉变量的动态符号来表示。基于动态视觉变量，如视觉变量的变化时长、速率、次序及节奏等，可设计相应的一组动态符号，来反映运动中物体的质量、数量、空间和时间变化特征。③采用连续快照方法制作多幅或一组地图。这是采用一系列状态连续的地图来表现空间信息时空变化的状态。④地图动画。其制作方法与上一方法相似，仅仅是它在空间差异中适当地内插了足够多的快照，使状态差异由突变改为渐变。

3)三维地图

空间信息的可视化在早期受限于计算机二维图形显示技术的发展，大量的研究放在图形显示的算法上。随着计算机技术和三维显示技术的发展，数字地面模型等三维图形显示技术的研究和应用逐渐深入。目前，三维图形显示技术在三维地图上的应用主要表现为两种，一是把三维空间数据投影显示在二维平面上，由于对空间数据场的表达是二维的，而不是真三维实体空间关系的描述，因此属于 2.5 维可视化；二是根据现实世界的真三维空间，构建可视化的真三维数据场，例如，表达地质体、矿山、海洋、大气等地学现象。

4)虚拟现实

虚拟现实(Virtual Reality，VR)又称临境技术或人工环境，是指通过三维立体显示器、数据手套、三维鼠标、数据衣、立体声耳机等使人能完全沉浸在计算机生成创造的一种特殊三维图形环境，并且人可以操作控制三维图形环境，实现特殊的目的。虚拟现实是发展到一定水平的计算机技术与思维科学相结合的产物，具有以下基本特征。

(1)交互。虚拟现实的最大特点就是用户可以用自然方式与虚拟环境进行交互操作，这种人机交互要比通常的计算机屏幕界面交互复杂得多。例如，当人在虚拟环境中行走时，体位和视角的任何变化，都应引起场景画面的变动，计算机都要连续不断地重新构造画面。

(2)沉浸。虚拟现实的沉浸特征可以看作交互的深化，即置身于一个“适人化”的多维信息空间，以人在自然空间所具有的各种感觉功能(视觉、听觉、触觉、味觉、嗅觉)去感知虚拟空间的信息。在这个空间中，技术的难点是感知系统、肌肉系统与 VR 系统的交互，只有各种感觉的逼真感受，才能产生沉浸于多维信息空间的仿真感觉。

(3)想象。虚拟环境的设计不仅来自真实世界，即仿制客观世界现有的物体、现象、行为等，而且可以来自人的想象世界。这个想象世界是将难以在现实生活中出现的微观、剧变、艰险、复杂的环境，用虚拟现实技术再现出来，使用户拥有亲历的机会。

5.1.2　地图符号的分类

广义的地图符号是指表示各种事物现象的线划图形、色彩、数学语言和记注的数量、质量等特征的标志和信息载体，包括线划符号、色彩图形和注记。数量、质量等特征的标志和信息载体，包括线划符号、色彩图形和注记。

1. 按符号表示的制图对象的几何特征分类

按照符号表示的制图对象的几何特征，地图符号主要分为点状符号、线状符号、面状符号和体状符号四类。

1）点状符号

点状符号是一种表达不能依比例尺表示的小面积事物（如油库）和点状要素（如控制点）所采用的符号。点状符号的形状和颜色表示事物的性质，点状符号的大小通常反映事物的等级或数量特征，但是符号的大小与形状与地图比例尺无关，它只具有定位意义，一般又称这种符号为不依比例符号（图 5-1）。

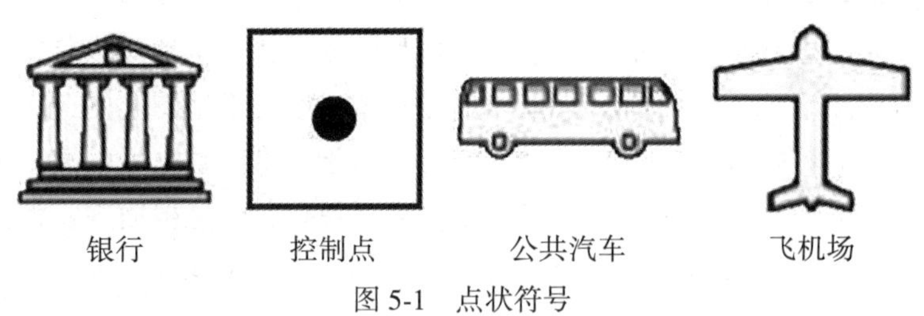

图 5-1　点状符号

2）线状符号

线状符号是一种表达呈线状或带状延伸分布的事物的符号（如河流），其长度能按比例尺表示，而宽度一般不能按比例尺表示，需要适当地夸大。因而，线状符号的形状和颜色表示事物的质量特征，其宽度往往反映事物的等级或数值。这类符号能表示事物的分布位置、延伸形态和长度，但不能表示其宽度，一般又称为半依比例符号（图 5-2）。

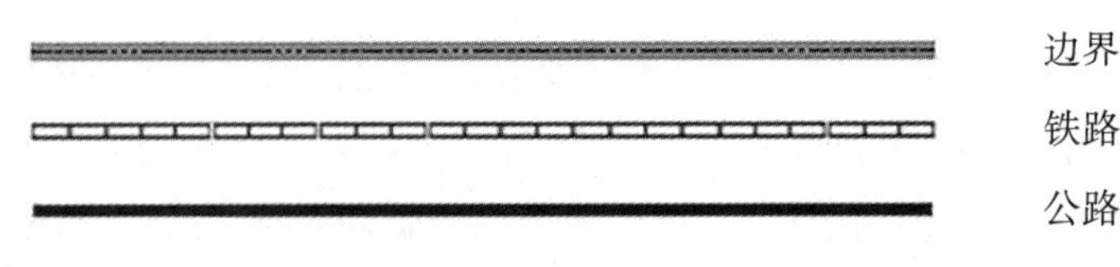

图 5-2　线状符号

3) 面状符号

面状符号是一种能按地图比例尺表示出事物分布范围的符号。面状符号是用轮廓线(实线、虚线或点线)表示事物的分布范围，其形状与事物的平面图形相似，轮廓线内加绘颜色或说明符号以表示它的性质和数量，并可以从图上测量其长度、宽度和面积，一般又把这种符号称为依比例符号(图 5-3)。

4) 体状符号

体状符号是表达空间上具有三维特征现象的符号。体状符号具有定位特征，其表示的范围大小与比例尺相关(图 5-4)。

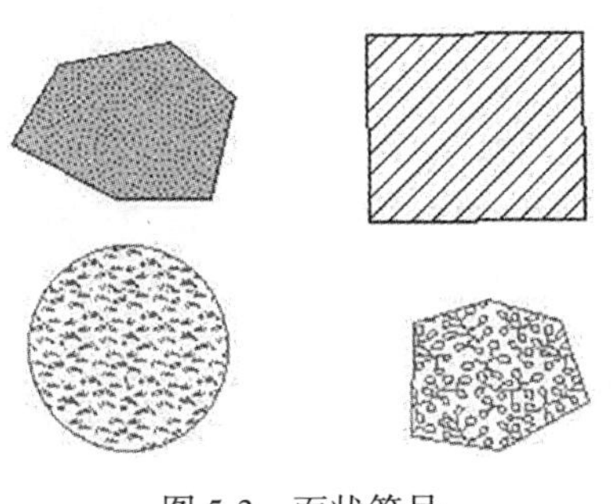

图 5-3　面状符号

图 5-4　体状符号

2. 按符号与地图比例尺的关系分类

地图上符号与地图比例尺的关系，是指符号与实地物体的比例关系，即符号反映地面物体轮廓图形的可能性。由于地面物体平面轮廓的大小各不相同，符号与物体平面轮廓的比例关系可以分为依比例、半依比例和不依比例三种。据此，符号按与地图比例尺的关系也分为依比例符号、半依比例符号和不依比例符号三种。

1) 依比例符号

依比例符号指能够保持物体平面轮廓图形的符号，又称真形符号或轮廓符号。依比例符号所表示的物体在实地占有相当大的面积，因而按比例尺缩小后仍能清晰地显示出平面轮廓形状，其符号具有相似性且位置准确，即符号的大小和形状与地图比例尺之间有准确的对应关系，如地图上的街区、湖泊、森林、海洋等符号(图 5-5)。

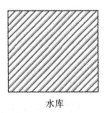

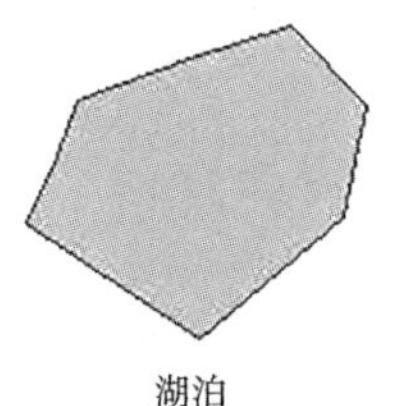

图 5-5　依比例符号

依比例符号由外围轮廓和内部填充标志组成。轮廓表示物体的真实位置与形状，有实线、虚线和点线之分。填充标志包括符号、注记、纹理和颜色，这里的符号仅仅是配置符号，它和纹理、颜色一样起到说明物体性质的作用，注记是用来辅助说明物体数量和质量特征的。

2)半依比例符号

半依比例符号指只能保持物体平面轮廓的长度，而不能保持其宽度的符号，一般多是线状符号。半依比例符号所表示的物体在实地上是狭长的线状物体，按比例缩小到图上后，长度依比例表示，而宽度却不能依比例表示。例如，一条宽 6m 的公路，在 1：10 万比例尺地图上，若依比例表示，只能用 0.06mm 的线表示，显然肉眼很难辨认，因此，地图上采用半依比例符号表示。半依比例符号只能供测量其位置和长度，不能测量其宽度，如地图上的道路符号、境界符号等(图 5-6)。

汽车隧道　　铁路干道

图 5-6　半依比例符号

3)不依比例符号

不依比例符号指不能保持物体平面轮廓符号形状的符号，又称记号性符号。不依比例符号所表示的物体在实地上占有很小的面积，一般为较小的独立物体，按比例缩小到图上后只能呈现一个小点，根本不能显示其平面轮廓，但由于其重要而要求表示它，因此采用不依比例符号表示。不依比例符号只能显示物体的位置和意义，不能用来测量物体的面积大小和高度(但可以通过说明注记辅助表示)，如地图上的油库符号、三角点符号等(图5-7)。

图 5-7　不依比例符号

3. 按符号表示的制图对象的属性特征分类

按符号表示的制图对象的属性特征可以将符号分为定性符号、定量符号和等级符号，如图 5-8 所示。

1)定性符号

定性符号是表示制图对象质量特征的符号，这种符号主要反映制图对象的名义尺度，即性质上的差别。

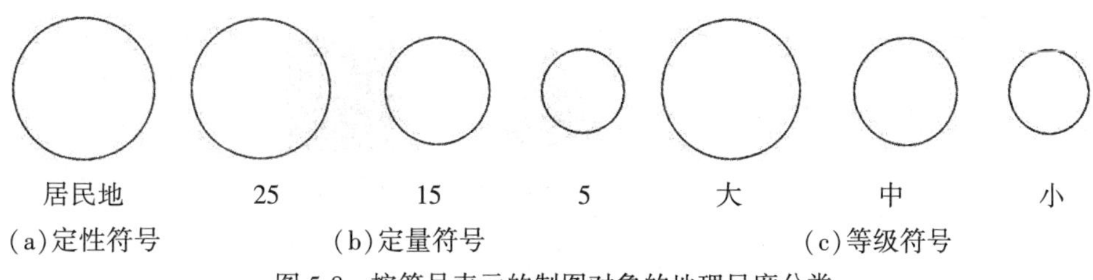

(a)定性符号 (b)定量符号 (c)等级符号

图 5-8 按符号表示的制图对象的地理尺度分类

2)定量符号

定量符号是表示制图对象数量特征的符号，这种符号主要反映制图对象的定量尺度，即数量上的差别。在地图上，通过定量符号的比率关系，可以获取制图对象的数量值。

3)等级符号

等级符号是表示制图对象大、中、小顺序的符号，这种符号主要反映制图对象的顺序尺度，即等级上的差别。在地图上一般通过符号的大小来判断其等级的大小。

4. 按符号的形状特征分类

根据符号的外形特征，还可以将符号分为几何符号、透视符号、象形符号和艺术符号等。

几何符号，指用简单的几何形状和颜色构成的记号性符号，这些符号能体现制图现象的数量变化，如矩形符号、三角形符号等，如图 5-9(a)所示。透视符号，指从不同视点将地面物体加以透视投影得到的符号，根据观测制图对象的角度不同，可将地图符号分为正视符号和侧视符号，普通地图上的面状符号大多属于正视符号，如图 5-9(b)所示，点状符号大多属于侧视符号，如图 5-9(c)所示。象形符号，指对应于制图对象形态特征的符号，如房屋、岸线、树木、桥梁等，如图 5-9(d)所示，普通地图上的符号大多是象形符号。艺术符号，指与被表示的制图对象相似、艺术性较强的符号，例如各种专题地图上的公园、加油站等符号，如图 5-9(e)所示，多数是以缩小简化图片(或位图)的形式出现。

5.1.3 地图符号的视觉变量

视觉变量也称图形变量，是引起视觉的生理现象差异的图形因素。视觉变量为图形符号设计的科学性、系统性、规范性、可视性提供了重要的支撑作用。地图学家根据地图符号的特点，提出了构成地图符号的视觉变量。但是，由于人们的理解和认识不同，所以给出的内容也不完全相同，其中，在二维图形视觉变量的研究方面，法国图形学家贝尔廷(J. Bertin)于 1967 年提出的 6 个基本视觉变体系较为完整，被广泛采用。

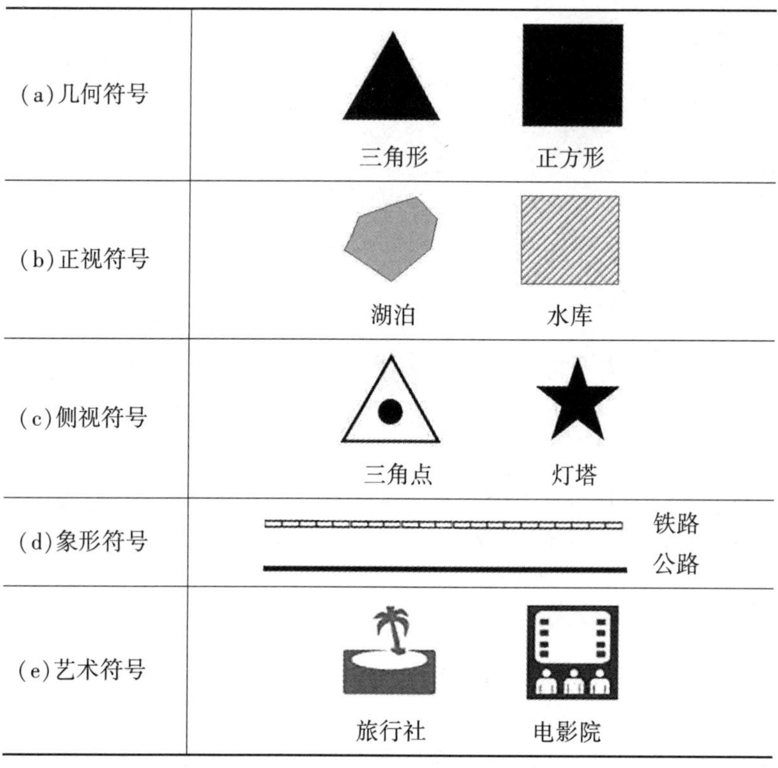

图 5-9　按符号的形状特征分类

1. 形状变量

形状变量是点状符号与线状符号最重要的构图因素。对点状符号来说，形状变量就是符号本身图形的变化，它可以是规则的或不规则的，从简单几何图形如圆形、三角形、方形到任何复杂的图形。对于线状符号来说，形状变量是指组成线状符号的图形构成形式，如双线、单线、虚线、点线以及这些线划的组合与变化。直线与曲线的变化不属于形状的变化，只是一种制图现象本身的变化。面状符号无形状变量，因为面状符号的轮廓差异是由制图现象本身所决定的，与符号设计无关，如图 5-10 所示。

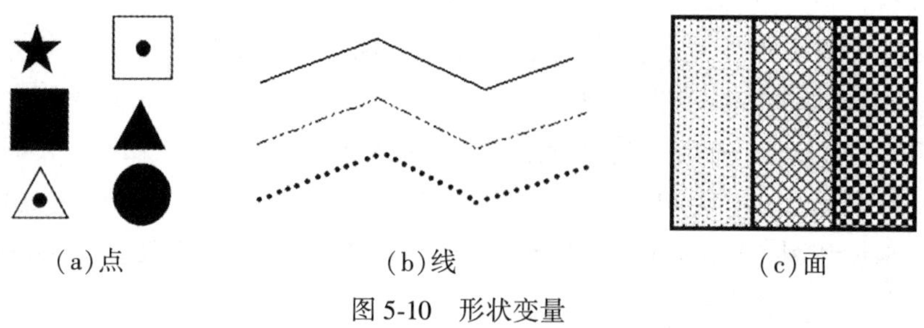

图 5-10　形状变量

2. 尺寸变量

尺寸变量对于点状符号，是指符号图形大小的变化。线状符号是指单线符号线的粗细，双线符号的线粗与间隔，虚线符号的线粗、短线的长度与间隔，以及点线符号的点子大小、点与点之间的间隔等。面状符号无尺寸变化，因为面状符号的范围大小由制图现象来决定，如图 5-11 所示。

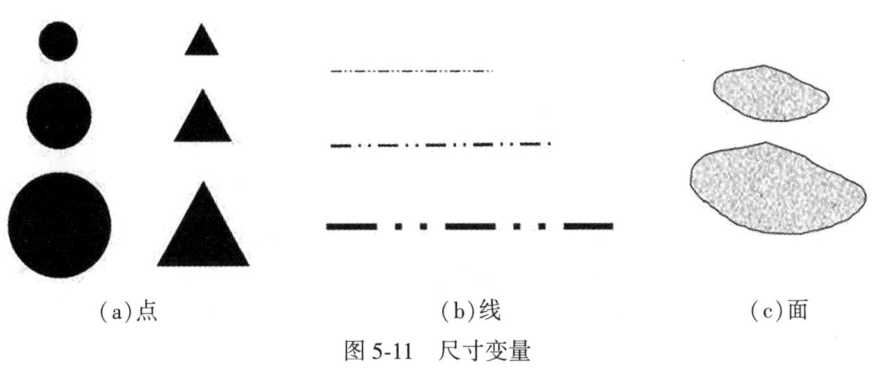

(a)点　　(b)线　　(c)面

图 5-11　尺寸变量

3. 方向变量

方向变量是指符号方向的变化。对于线状符号和面状符号来讲，是指组成线状符号或面状符号的点的方向的改变，如图 5-12 所示。并不是所有的符号都含有方向的因素，例如，圆形符号就无方向之分，方形符号也不易区分其方向，且容易在某一角度上产生菱形的印象，从而和形状变量相混淆。

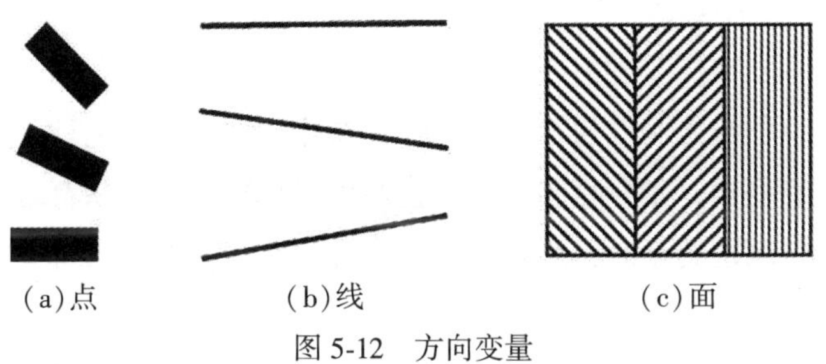

(a)点　　(b)线　　(c)面

图 5-12　方向变量

4. 亮度变量

亮度不同可以引起人眼的视觉差别，利用它作为基本变量，是指点、线、面符号所包含的内部区域亮度的变化。当点状符号与线状符号本身尺寸很小时，很难体现出亮度上的差别，这时可以看作无亮度变量。面状符号的亮度变量，是指面状符号的亮度变化，或说是印刷网线的线数变化，如图 5-13 所示。

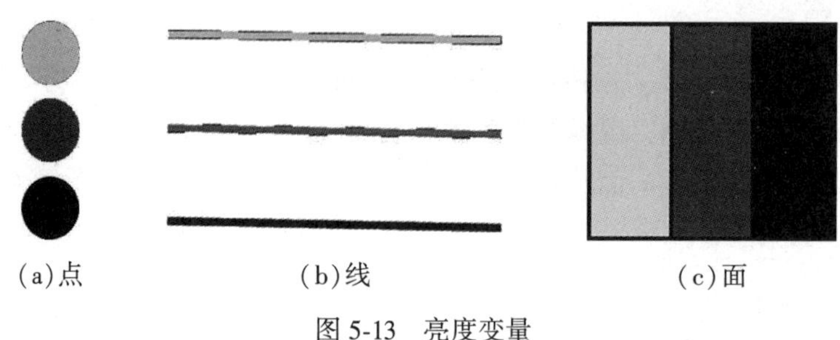

图 5-13　亮度变量

5. 密度变量

密度作为视觉变量是保持亮度不变，即黑白对比不变的情况下改变像素的尺寸及数量。这可以通过放大或缩小符号的图形来实现。全白或全黑的图形无法体现密度变量的差别，这是因为它无法按定义体现这种视觉变量，如图 5-14 所示。

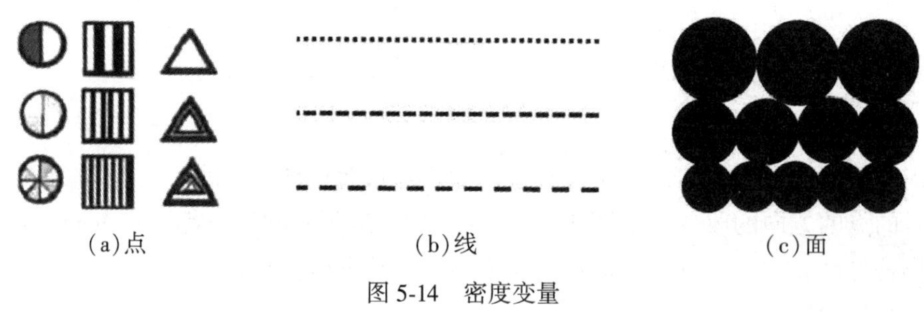

图 5-14　密度变量

6. 色彩变量

色彩变量对于点状符号和线状符号来说，主要体现在色相的变化上，如图 5-15 所示。对于面状符号，色彩变量是指色相和纯度。色彩可以单独构成面状符号，当点状符号与线状符号用于表示定量制图要素时，其色彩的含义与面状符号的色彩含义相同。

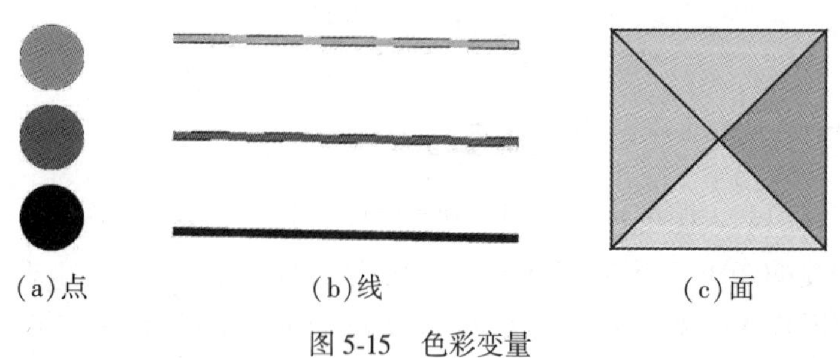

图 5-15　色彩变量

5.1.4 专题地图的可视化

专题地图是突出、详细地表示一种或几种自然及人文现象，使地图内容专题、专门、专用或特殊化的地图。常用的专题地图可视化方法根据其表示的专题内容的不同可以分为定位符号法、线状符号法、运动符号法等，如图 5-16 所示。

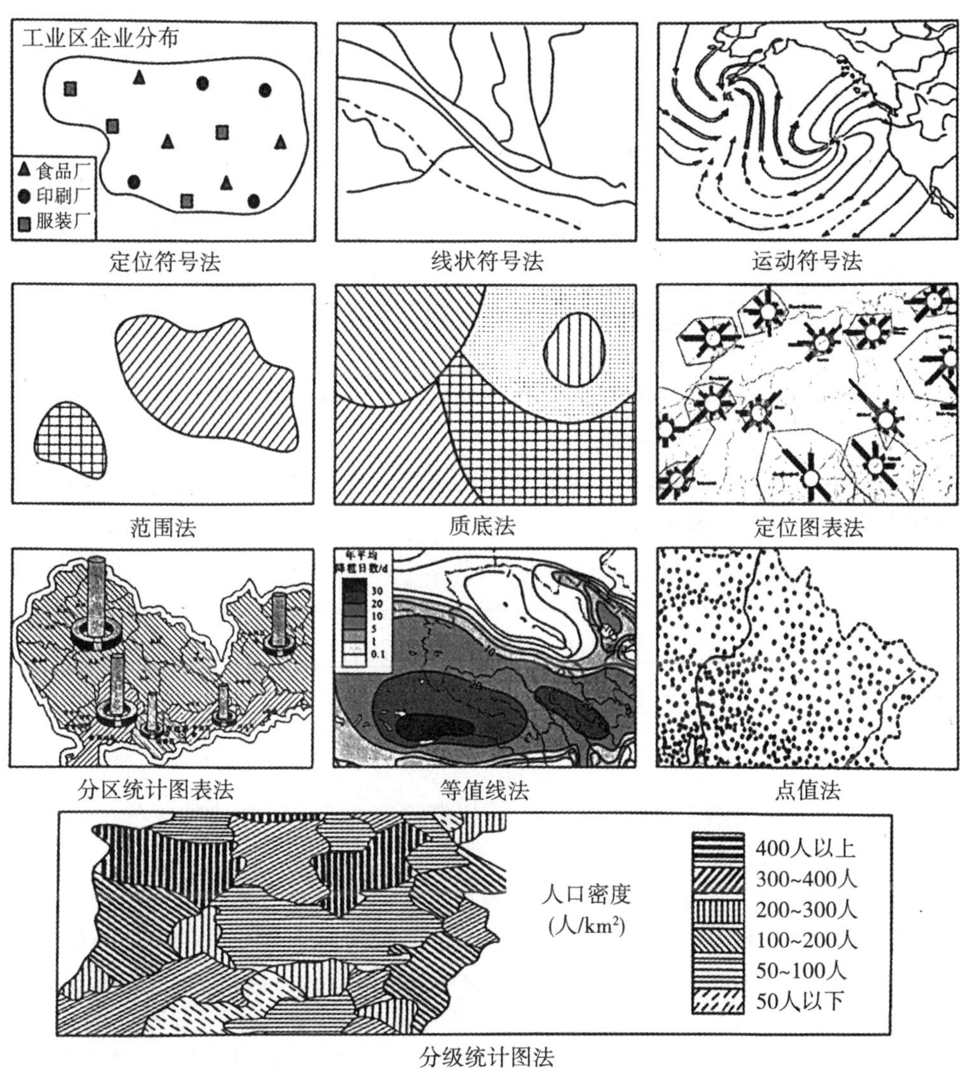

图 5-16 专题内容的表示方法

1. 点、线状和运动专题内容的表示方法

(1)定位符号法：是通过采用各种不同形状、大小、颜色和结构的点状符号来表示各自独立的各个点状要素空间分布及其数量和质量特征的方法。每个符号代表一个独立的地

物或现象，是一种不依据比例尺的符号。

(2)线状符号法：是以线状或带状的图形符号表示事物分布特征的方法，如交通线、水系、境界线、地质构造线等。

(3)运动符号法：是用运动符号表示运动事象的方法，也称为“动线法”。运动符号即箭头符号，一般以箭头指示运动方向，箭身的宽度和长度表示运动的速度和强度，而事象的种类以符号的颜色或形状表示。运动符号法般用于表示洋流、风或气旋、动物迁移、货运流通等。

2. 面状专题内容的表示方法

(1)范围法：是以轮廓范围或在范围线内使用颜色、晕线或注记等表示间断成片分布事象区域范围的方法。

(2)质底法：是按照现象的某种质量指标划分类型及其分布范围，并在各范围内涂以颜色或填绘晕线、花纹和注记以显示连续布满全区域的现象的质量差别(或各区间的差别)的方法。

(3)定位图表法：是以统计图表的形式表示固定点位的对象季节、周期性数量变化的方法。

(4)等值线法：是用连接各等值点的平滑曲线表示全区内连续且渐变分布的现象的数量特征差异的方法，也称为“等量线法”。

(5)点值法：是指用一定大小、形状相同的点子表示统计区内分散分布的事象数量特征的区域差异和疏密程度的方法。

(6)分区统计图表法：是以分区的统计图表形式表示对象区域单元间数量差异的方法。

(7)分级统计图法：是以不同统计区的数值分级表示整个区域事象数量分布差异和集中于分散趋势的方法。

3. 几种表示方法的比较

上述10种方法，虽然有些在形式上比较相像，但性质上有严格的区分，以下对不同方法之间的差别进行说明。

(1)范围法与质底法的区别。范围法只表示具有间断分布特征的制图对象，这种对象不会布满整个制图区域；而质底法表示连续分布且布满整个制图区域的对象的分布情况。

(2)范围法与点值法的区别。范围法用点子表示时，点子只表示分布范围，不表示数量；而点值法的点子不仅表示分布范围，而且代表一定数量数值的大小，即点值法的点子有点值。

(3)点值法与定位符号法的区别。点值法的点子表示一定区域内专题事象的分布数量，它不是严格意义上的定位点，且所有点的数值相同；而定位符号法中单个点子符号具有严格的点位，每个符号代表的数值因符号的大小而不同。点值法的点子密，符号法的点子稀。

(4)定位图表法与定位符号法的区别。定位图表法的图表表示事象季节/周期性的数量变化特征；而定位符号法中的结构符号表示制图对象的数量总和及其组成结构。

(5)分区统计图表法与定位符号法的区别。分区统计图表法中的图形和定位符号法中的可以完全一样，但在意义上有本质差别。分区统计图表法中的图形反映的是区划范围内的制图对象，而定位符号法中的图形反映的是某个确定点上的制图现象。

5.1.5 地图布局与输出

GIS 图形输出系统设计

1. 图面配置

图面配置是指对图面内容的安排。在一幅完整的地图上，图面内容包括图廓、图名、图例、比例尺、指北针、制图时间、坐标系统、主图、副图、符号、注记、颜色、背景等内容，内容丰富而繁杂，在有限的制图区域上如何合理地进行制图内容的安排，并不是一件轻松的事。一般情况下，图面配置应该主题突出、图面均衡、层次清晰、易于阅读，以求美观和逻辑的协调统一而又不失人性化。

1)主题突出

制图的目的是通过可视化手段来向人们传递空间信息，因此在整个图面上应该突出所要传递的内容，即地图主体。制图主体的放置应遵循人们的心理感受和习惯，必须有清晰的焦点，为吸引读者的注意力，焦点要素应放置于地图光学中心的附近，即图面几何中心偏上一点，同时在线划、纹理、细节、颜色的对比上要与其他要素有所区别。

图面内容的转移和切换应比较流畅。例如，图例和图名可能是随制图主体之后要看到的内容，因此应将其清楚地摆放在图面上，甚至可以将其用方框或加粗字体突出，以吸引读者的注意力(图 5-17)。

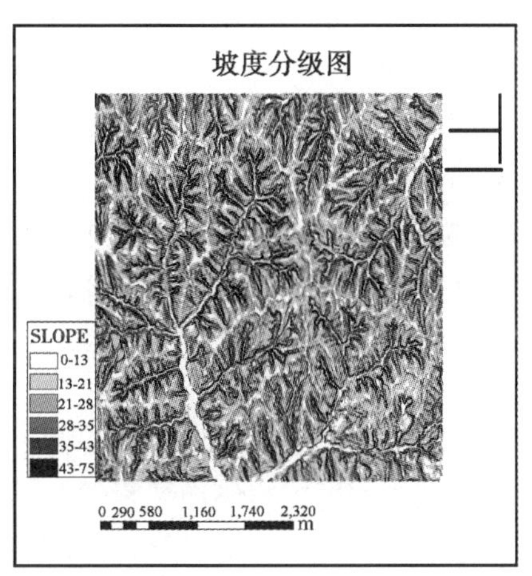

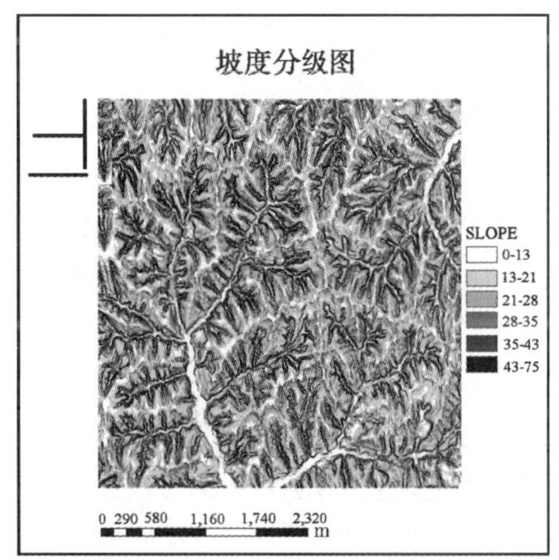

图 5-17 图面内容与图例转换

2)图面平衡

图面是以整体形式出现的，而图面内容又是由若干要素组成的。图面设计中的平衡，就是要按照一定的方法来确定各种要素的地位，使各个要素显示得更合理。图面布置得平衡不意味着将各个制图要素机械性地分布在图面的每一个部分，尽管这样可以使各种地图要素的分布达到某种平衡，但这种平衡淡化了地图主体，并且使得各个要素无序。图面要素的平衡安排往往无一定之规，需要通过不断地反复试验和调整才能确定。一般不要出现过亮或过暗，偏大或偏小，太长或太短，与图廓太紧等现象(图 5-18)。

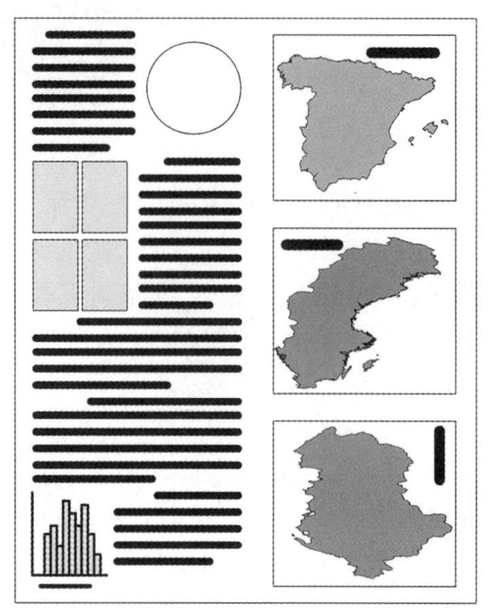
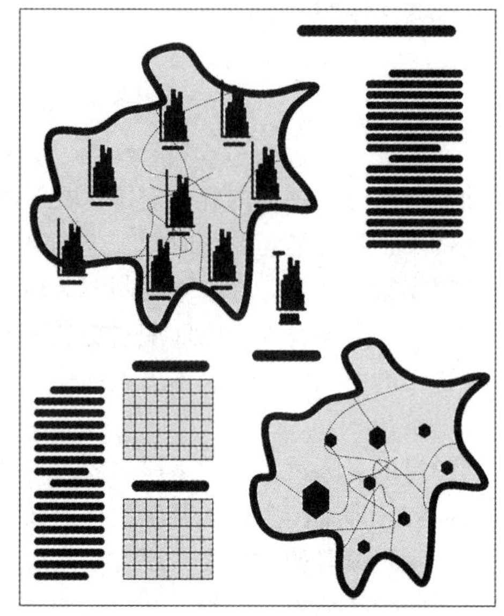

图 5-18　视觉的平衡

3)图形-背景

图形在视觉上更重要一些，距读者更近一些，有形状、令人深刻的颜色和具体的含义。背景是图形背景，以衬托和突出图形。合理地利用背景可以突出主体，增加视觉上的影响和对比度，但背景太多会减弱主体的重要性。图形-背景并不是简单地决定应该有多少对象和多少背景，而是要将读者的注意力集中在图面的主体上。例如，如果在图面的内部填充的是和背景一样的颜色，则读者就会分不清陆地和水体(图 5-19)。

图形-背景可用它们之间的比值进行衡量，称之为图形-背景比率。提高图形-背景比率的方法是使用人们熟悉的图形，例如分析陕北黄土高原的地形特点时，可以将陕西省从整体中分离出来，可以使人们立即识别出陕西的形状，并将其注意力集中到焦点上。

4)视觉层次

视觉层次是图形-背景关系的扩展。视觉层次是指将三维效果或深度引入制图的视觉设计与开发过程，它根据各个要素在制图中的作用和重要程度，将制图要素置于不同的视觉层次中。最重要的要素放在最顶层并且离读者最近，而较为次要的要素放在底层且距读者比较远，从而突出了制图的主体，增加了层次性、易读性和立体感，使图面更符合人们的视觉生理感受。

视觉层次一般可通过插入、再分结构和对比等方式产生。

插入是用制图对象的不完整轮廓线使它看起来像位于另一对象之后。例如，当经线和纬线相交于海岸时，大陆在地图上看起来显得更重要或者在整个视觉层次中占据更高的层次，图名、图例如果位于图廓线以内，无论是否带修饰，看起来都会更突出。

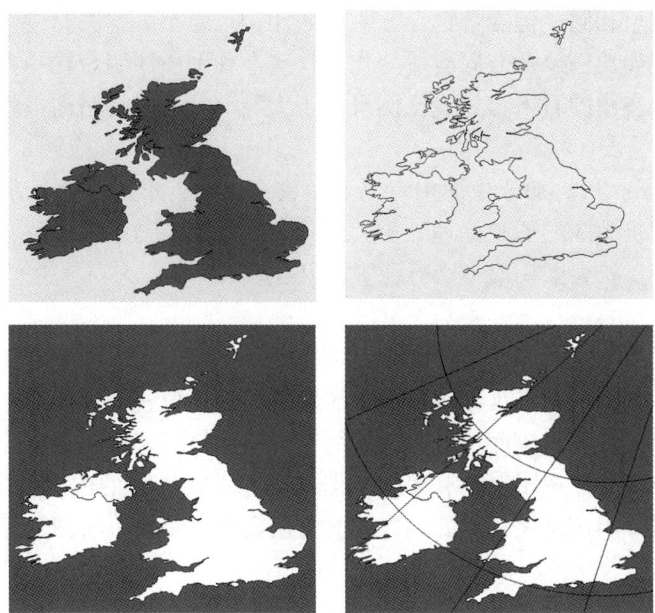

图 5-19 图形-背景关系

再分结构是根据视觉层次的原理，将制图符号分为初级和二级符号，每个初级符号赋予不同的颜色，而二级符号之间的区分则基于图案。例如，在土壤类型利用图上，不同土壤类型用不同的颜色表达，而同一类型下的不同结构成分则可通过点或线对图案进行区分。再分结构在气候、地质、植被等制图中经常用到。

对比是制图的基本要求，对布局和视觉层都非常重要。尺寸宽度上的变化可以使高等级公路看起来比低等级公路、省界比县界、大城市比小城市等更重要，而色彩、纹理的对比则可以将图形从背景中分离出来。

不论是插入法还是对比法，应用过程中要注意不要滥用。过多地使用插入，将会导致图面费解而破坏平衡性，而过多地对比则会导致图面和谐性受到破坏，如亮红色和亮绿色并排使用就会很刺眼。

2. 制图内容输出

1) 主图

主图是地图图幅的主体，应占有突出位置及较大的图面空间。同时，在主图的图面配置中，还应注意以下 4 个问题。

(1) 在区域空间上，要突出主区与邻区是图形与背景的关系，增强主图区域的视觉对比度。

(2) 主图的方向一般按惯例定为上北下南。如果没有经纬格网标示，左、右图廓线即指示南北方向。但在一些特殊情况下，如果区域的外形延伸过长，难以配置在正常的制图区域内，就可考虑与正常的南北方向作适当偏离，并配以明确的指向线。

(3) 移图。制图区域的形状、地图比例尺与制图区域的大小难以协调时，可将主图的一部分移到图廓内较为适宜的区域，这就称为移图。移图也是主图的一部分。移图的比例尺可以与主图比例尺相同，但经常也会比主图的比例尺缩小。移图与主图区域关系的表示应当明白无误。假如比例尺及方向有所变化，均应在移图中注明。在一些表示我国完整疆域的地图中，经常在图的右下方放置比例尺小于大陆部分的南海诸岛，就是一种常见的移图形式。

(4)重要地区扩大图。对于主图中专题要素密度过高，难以正常显示专题信息的重要区域，可适当采取扩大图的形式处理。扩大图的表示方法应与主图一致，可根据实际情况适当增加图形数量。扩大图一般不必标注方向及比例尺。

2)副图

副图是补充说明主图内容不足的地图，如主图位置示意图、内容补充图等。一些区域范围较小的单幅地图，用图者难以明白该区域所处的地理位置，需要在主图的适当位置配上主图位置示意图，它所占幅面不大，却能简明、突出地表现主图在更大区域范围内的区位状况。内容补充图是把主图上没有表示、但又是相关或需要的内容，以附图形式表达，如地貌类型图上配一幅比例尺较小的地势图，地震震中及震级分布图上配一幅区域活动性地质构造图等。

3)图名

图名的主要功能是为读图者提供地图的区域和主题的信息。表示统计内容的地图，还必须提供清晰的时间概念。图名要尽可能简练、确切。组成图名的三个要素(区域、主题、时间)如已经以其他形式作了明确表示，则可以酌情省略其中的某一部分。例如在区域性地图集中，具体图幅的区域名可以不用写。图名是展示地图主题最直观的形式，应当突出、醒目。它作为图面整体设计的组成部分，还可看成一种图形，可以帮助取得更好的整体平衡。图名一般可放在图廓外的北上方，或图廓内以横排或竖排的形式放在左上、右上的位置。图廓内的图名，可以是嵌入式的，也可以直接压盖在图面上，这时应处理好与下层注记或图形符号的关系(图5-20)。

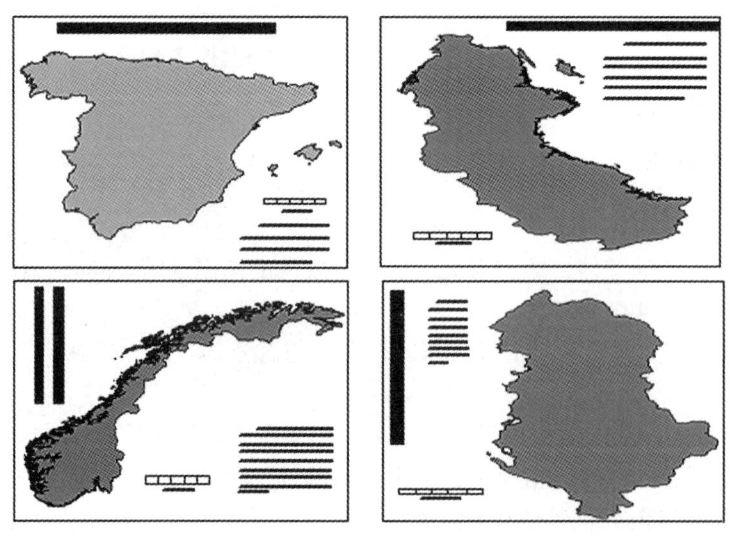

图5-20 图名位置的安排

4) 图例

图例应尽可能集中在一起。虽然经常被置于图面中不显著的某一角，但这并不降低图例的重要性。为避免图例内容与图面内容的混淆，被图例压盖的主图应当镂空。只有当图例符号的数量很大，集中安置会影响主图的表示及整体效果时，才可将图例分成几部分，并按读图习惯，从左到右有序排列。对图例的位置、大小、图例符号的排列方式、密度、注记字体等的调节，还会对图面配置的合理性与平衡性起重要作用(图 5-21)。

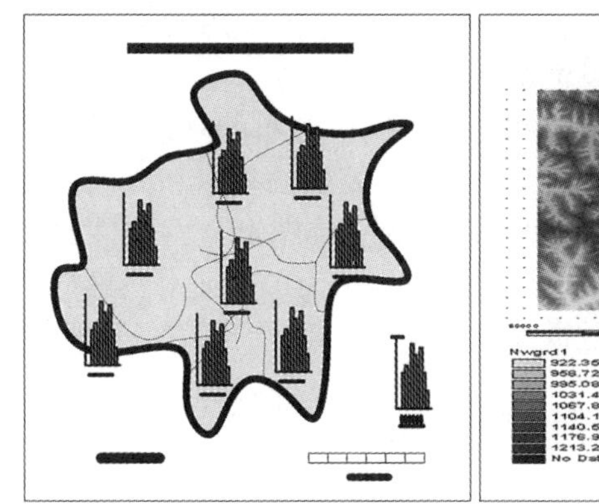

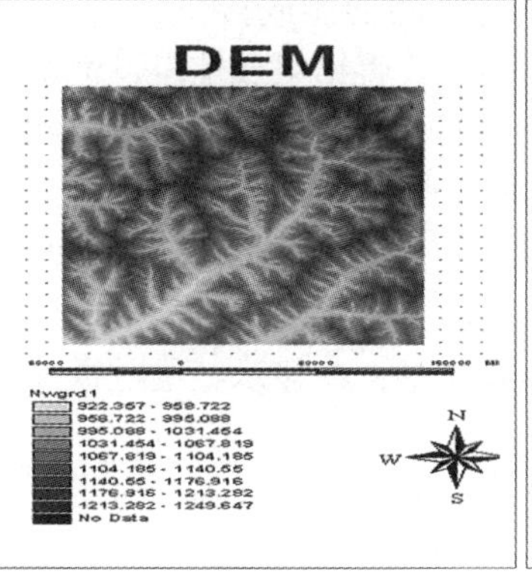

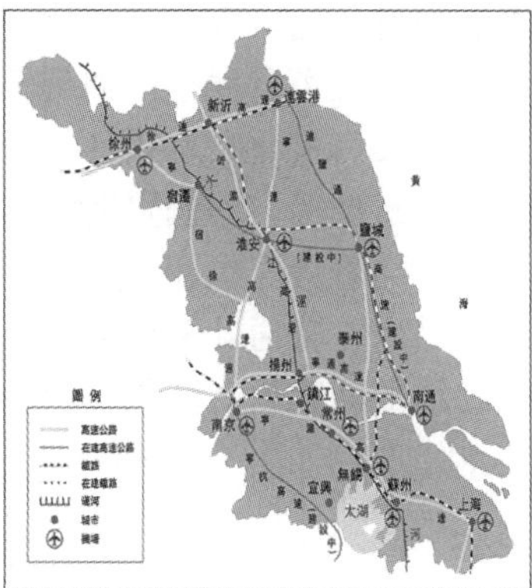

图 5-21　图例位置的安排

5) 比例尺

地图的比例尺一般被安置在图名或图例的下方。地图上的比例尺，以直线比例尺的形式最有效、实用。但在一些区域范围大、实际的比例尺已经很小的情况下，如一些表示世界或全国的专题地图，甚至可以将比例尺省略。因为，这时地图所要表达的主要是专题要素的宏观分布规律，各地域的实际距离等已经没有多少价值，更不需要进行距离方面的量算。放置了比例尺，反而有可能会得出不切实际的结论。

6) 统计图表与文字说明

统计图表与文字说明是对主题进行概括与补充的比较有效的形式。由于其形式(包括外形、大小、色彩)多样，能充实地图主题、活跃版面，因此有利于增强视觉平衡效果。统计图表与文字说明在图面组成中只占次要地位，数量不可过多，所占幅面不宜太大。对单幅地图更应如此。

7) 图廓

单幅地图一般以图框作为制图的区域范围。挂图的外图廓形状比较复杂。桌面用图的图廓比较简练，有的就以两根内细外粗的平行黑线显示内外图廓。有的在图廓上标示经纬度分划注记，有的为检索而设置了纵横方格的刻度分划。

5.2　任务二　三维空间数据可视化

三维空间数据的可视化是利用可视化技术将模型的空间形态以及各种属性信息以三维的形式表达出来，使研究人员能够进行观察和模拟，从而丰富了科学发现的过程，给予人们意想不到的洞察力，为进行空间数据的描述与分析提供了支持。

5.2.1 三维可视化的原理

三维空间数据的可视化在很大程度上依赖于视觉表现，它能够提供更丰富、逼真的信息，各种用户结合自己的经验与理解可以作出准确且快速的空间决策。三维空间数据的可视化包括对模型的显示、操作以及编辑等，其核心在于以建立起来的空间数据模型为基础，对该模型进行显示，并通过进一步的操作剖析模型内部的信息，满足用户深层次的需求。同时，它可以为用户提供适当的功能或接口，使用户可以把自己的设想实施在模型上，而模型可以通过虚拟现实的方式将结果或信息反馈给用户。

三维可视化是运用计算机图形学和图像处理技术，将三维空间中分布的复杂对象(如地形、模型等)或过程转换为图形或图像显示在屏幕上并进行交互处理的技术和方法。近年来，随着计算机图形显示设备性能的提高以及一些功能强大的三维图形开发软件的推出，用户在普通计算机上进行高度真实感的三维图形显示成为可能。为了保证由三维空间向二维平面映射时图像显示的立体感，在显示三维数据前需要进行一系列计算机图形学的技术处理，如图 5-22 所示。

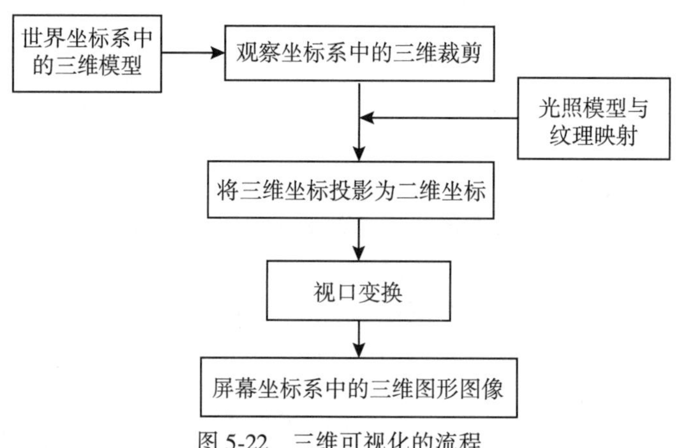

图 5-22 三维可视化的流程

三维可视化的流程如下：首先，地形、地物等三维空间对象的数学模型在世界坐标系中被建立起来，经坐标变换后转换为观察坐标系，在观察坐标系中实现三维地形在视景体中的裁剪、光照以及纹理映像；然后，通过投影变换将观察坐标系中的三维坐标转换成投影平面上的三维坐标，并经视口变换转换成屏幕坐标；最后，该坐标经栅格化后显示在屏幕上。其中，世界坐标系是指地理坐标系，也称为“用户坐标系”，为右手坐标系；屏幕坐标系是用户观察坐标系，为左手坐标系。

5.2.2 地形三维可视化

1. 地形三维可视化的过程

随着计算机软、硬件技术的进步以及计算机图形学中算法原理的日益完善，让高度逼真地再现地形、地貌成为可能，地形的三维表达成为当今地形可视化的主要特征。从DEM到地形的三维再现(含地表分布的各种地物)，需要经过以下几个步骤。

(1)DEM的三角形分割(TIN不需要此步)。

(2)透视投影变换：建立地面点(DEM节点)与三维图像点之间的透视关系，由视点、视角、三维图形的大小等参数确定。

(3)光照模型：建立一种能逼真地反映地形表面明暗及色彩变化的数学模型，逐个计算像素的灰度和颜色。

(4)消隐和裁剪：消去三维图形中的不可见部分，裁剪三维图形范围外的部分。

(5)图形绘制和存储：依据各种相应的算法绘制并显示各种类型的三维地形图，若有需要则按照标准的图形图像文件格式进行存储。

(6)地物叠加：在三维地形图上，叠加各种地物符号、注记，并对颜色、亮度、对比度等进行处理。

经过以上步骤的处理，可以实现对多种地形的三维表达，常用的表达方法有立体等高线图、线框透视图、立体透视图以及各种地形模型与图像数据叠加而成的地形景观等。

2. 立体等高线模型

平面等高线虽具有量测性但不直观。借助计算机技术，可以实现由平面等高线构成的空间图形在平面上的立体体现，即将等高线作为空间直角坐标系中函数$H=f(x, y)$的空间图形，再投影到平面上后获得立体效果图，如图5-23所示。

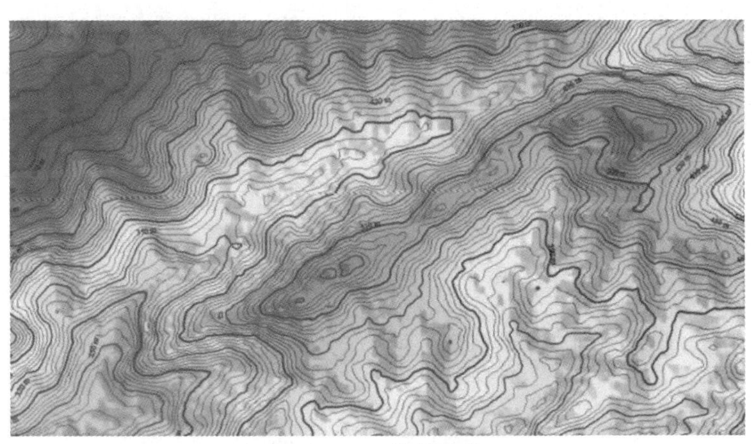

图5-23 立体等高线

3. 三维线框透视模型

线框模型是对三维对象轮廓的描述，用顶点和邻边表示该三维对象，如图5-24所示。其优点是结构简单、易于理解、数据量少、建模速度快；缺点是没有面和体的特征，表面的轮廓线将随视线方向的变化而变化。由于不是连续的几何信息，因而不能明确地定义给定点与对象之间的关系(如点在形体内、外等)。同时从原理上讲，此模型不能消除隐藏线，也不能做任意的剖切、计算物性以及进行两个面的求交。尽管如此，速度快、计算简单的优点仍然使线框模型在DEM的粗差探测和地形趋势分析中有着重要的应用。

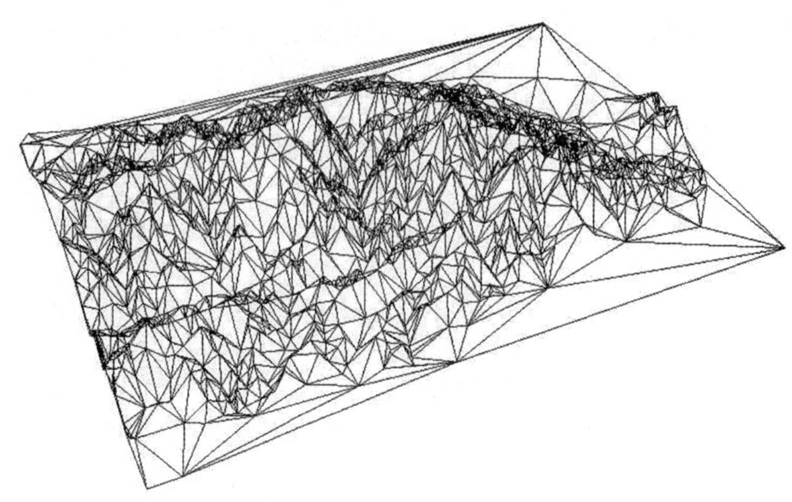

图 5-24 DEM 三维线框透视图

4. 地形三维表面模型

三维线框透视图是通过点和线建立三维对象的立体模型，只能提供可视化效果而无法进行有关的分析。地形三维表面模型是在三维线框模型的基础上，通过增加有关的面、表面特征、边的连接方向等信息实现对三维表面且以面为基础的定义和描述，从而满足面面求交、线面消除、明暗色彩图等应用的需求。简言之，三维表面模型就是用有向边围成的面域定义形体表面以及由面的集合定义形体。把 DEM 单元看作一个个面域，要实现对地形表面的三维可视化表达，其表达形式可以是未被渲染的线框图，也可以采用光照模型进行光照模拟；同时可以通过增加各种地物信息以及遥感影像等来形成更加逼真的地形三维景观模型，如图 5-25 所示。

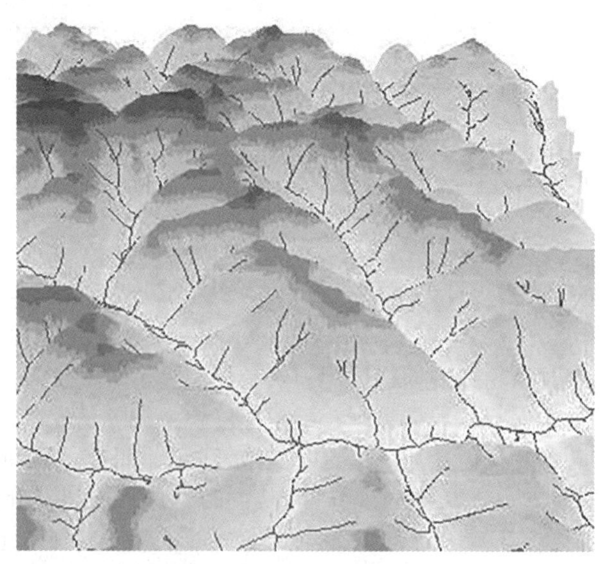

图 5-25 DEM 三维表面模型

5.2.3　城市三维可视化

数字城市是对空间信息可视化技术的典型应用。数字城市作为城市发展的基础设施正受到越来越多的重视，它作为未来城市建设管理的新手段，已成为全球关注和研究的热点。数字城市的主要功能之一体现在多源数据的集成可视化上。在现阶段的数字城市空间框架共享平台中，往往需要对多种数据如遥感影像、数字线划地图、数字高程模型、专题数据、统计分析数据等进行集成可视化，以逼真地展现现实世界，如图 5-26 所示。

基于数字城市三维模型数据，不仅可以进行三维城市的虚拟漫游，还可以进行三维地籍管理(图 5-27)。对于日常不可见的地下设施如地下管线等，可以借助可视化技术进行直观的展示、查询以及管理(图 5-28)。此外，数字城市有助于人们更直观地开展相关的可视化分析，如污染物水平方向扩散模拟(图 5-29)、建筑物在不同时间的日照阴影分析(图 5-30)、室内三维路径分析(图 5-31)等。

图 5-26　数字城市

图 5-27　三维地籍查询与管理

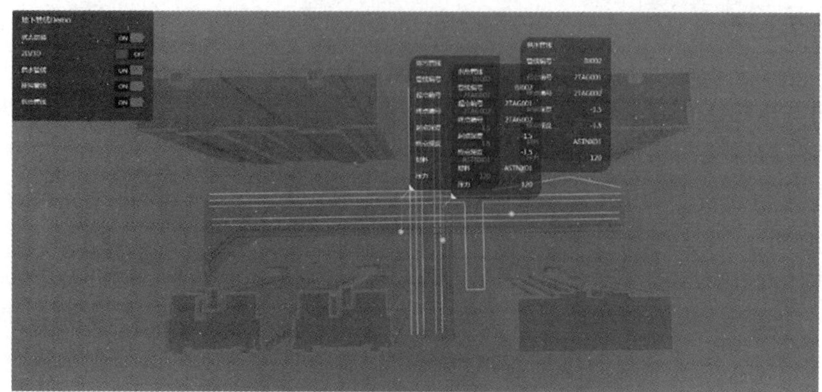

图 5-28　城市地下管线可视化管理

图 5-29　污染物水平方向扩散模拟

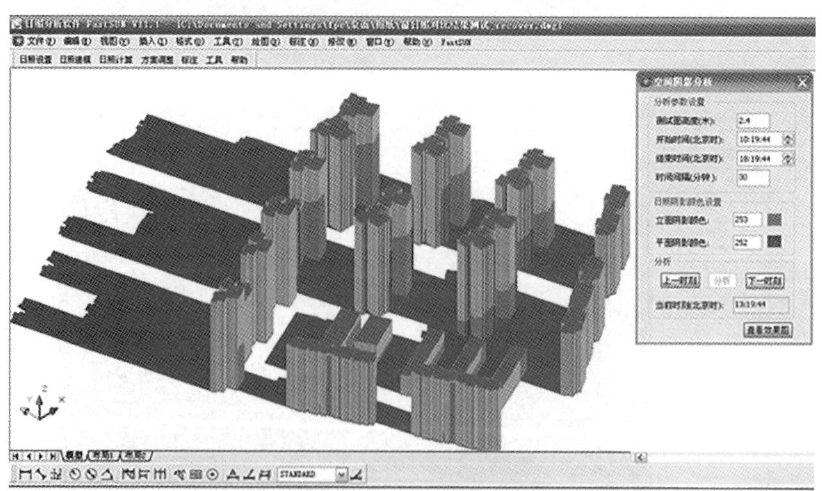

图 5-30　日照阴影分析

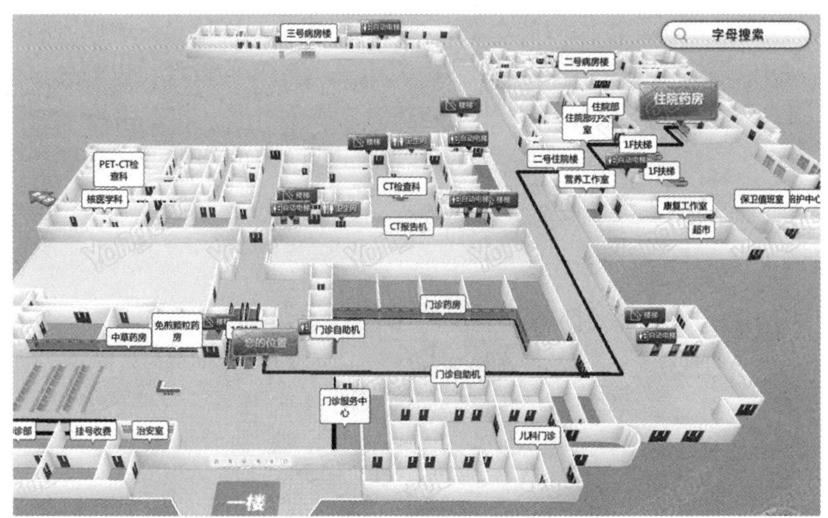

图 5-31 室内三维路径分析

5.3 任务三 时空数据可视化

时空数据的可视化是地理信息系统可视化的重要分支。从技术上分析，时空数据可视化属于三维可视化或四维可视化，但时空数据的可视化与地形数据的三维可视化还有重大区别。当前，时空数据的可视化分为静态可视化和动态可视化。静态可视化是指空间事物的位置、属性和时间信息通过地图符号表达出来。动态可视化主要是把计算机动画引入地图可视化中，使得与时间相关的地图内容随着动画进程而改变。

5.3.1 时态数据的静态可视化

地理事物的空间分布规律和随时间的动态变化过程是地理信息系统研究的核心内容。以往由于高时间分辨率的历史数据的可获取性较困难，地理信息系统所关注的数据主要是长时间间隔的资料，这些时间密度较小的数据并没有给 GIS 分析与可视化技术带来挑战。随着物联网技术的发展，社会数据感知能力的增强，单位时间内产生和获取高时间分辨率的时空大数据变得越来越容易。而可视化作为时空大数据技术的主要内容之一，如何更好地可视化此类海量时空大数据，显得越来越重要。

随着大数据技术的兴起，海量数据的可获取能力不断增强。现实世界中，在对地理对象的数字化表达上，相比线要素和面要素，点要素的表达最广泛。这些点可以是表征基础设施的 POI 数据，可以是某个移动对象的轨迹点数据，也可以是诸如事故、盗窃等事件点。对于海量数据而言，提取并可视化这些数据的宏观汇总模式及其特征显得尤为重要。基于密度的分析及可视化方法，是常用的方法之一。

时空数据的二维静态可视化更容易通过纸质载体进行传播，所以比三维静态可视化研究更早，也更成熟。但由于地图的静态空间通常只能表达二维信息，因此时间维的表达通常有两类：一类以多个地图界面来实现；另一类是通过精巧的设计，以颜色、符号等的差异来实现。图 5-32 所示为某地区旅游资源 POI 的二维热力图，其本质是一种数字场的构建及热力图可视化。对线和面要素进行适当处理，也可以构建此类热力图。

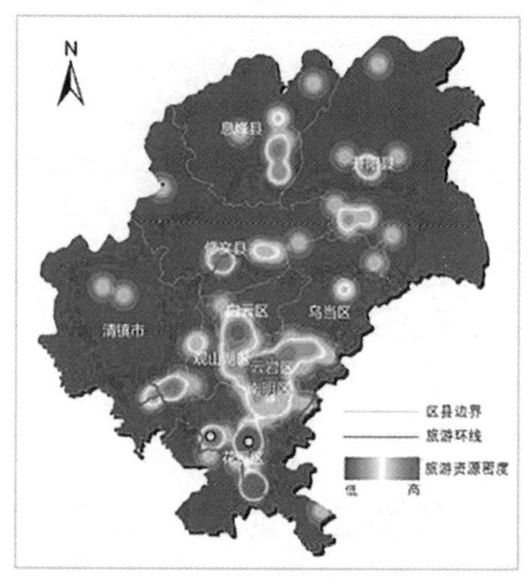

图 5-32　二维热力图

目前，三维静态可视化最主要的方法为时空立方体。时空立方体是一种典型的时空数据挖掘与可视化方法。时空立方体是以二维图形沿着时间维发展变化的过程，表达现实世界中的事物随着时间的演变现象和特征。这样就构成了以 xy 为平面坐标来标定空间位置，以 z 轴作为时间轴来标定时间序列的均质的三维立方体。立方体的大小由用户自己定义，其棱长决定了可表示的最小距离和最小时间间隔。通常，通过颜色视觉变量渲染立方体，表征某个变量随时间和位置的变化特征。图 5-33 所示为某事件段特定区域内出租车轨迹的时空立方体时空热力图(图 5-33(a))和局部放大后的时空立方体热力图(图 5-33(b))。图 5-34 所示为某地区旅游资源 POI 的三维热力图。

5.3.2　时态数据的动态可视化

动态可视化的研究是在静态可视化的基础上进行的。相对于静态可视化，动态可视化将时间维再次从空间维中移出，时间对应于现象的真实发生时间，使得时空中的各维不会发生维数上的压缩与转移，增加了表达空间的容量。动态可视化从视觉效果上主要可以分为二维图形图像法、三维图形图像法、虚拟现实等。虚拟现实由于在显示空间上是真三维并能模拟时间，从而实现了更高层次的模拟。动态可视化的实现主要有以下三种：一是基于体素的帧动画实现法，该方法是将三维地理信息系统信息和景观依时间次序计算每帧的显示图像，然后用帧动画播放的形式表现时空数据的动态效果；二是动态地图符号法，或动态地图法，采用动态视觉变量形成地图符号；三是采用一系列时态对应的地图信息，以快照方式来表现时空变化的状态，可以利用时间动画实现的历史追踪分析，将时空数据库中具有时间标记的记录按时间顺序在地图上显示，以表达地理现象的演变过程。

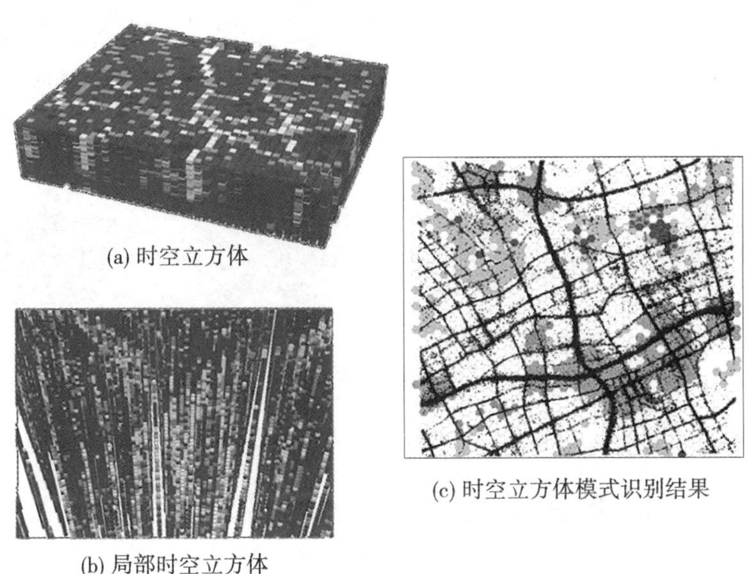

(a) 时空立方体

(b) 局部时空立方体

(c) 时空立方体模式识别结果

图 5-33 时空立方体示意图

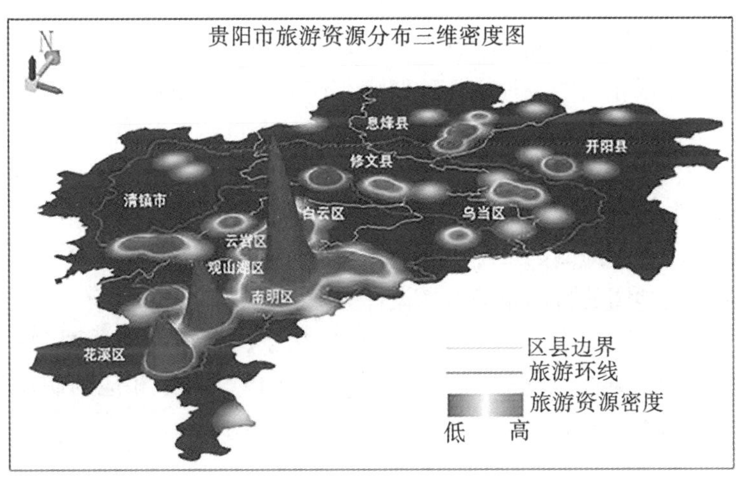

图 5-34 三维热力图

从宏观模式汇总层面来看，一种常用的可视化方法是按照一定的时间间隔，基于三维密度分析构建时间序列三维密度图谱(图 5-35)。图 5-35 分别显示了某城市从 7 时到 10 时、18 时到 21 时乘坐地铁的人流的时空变化过程。

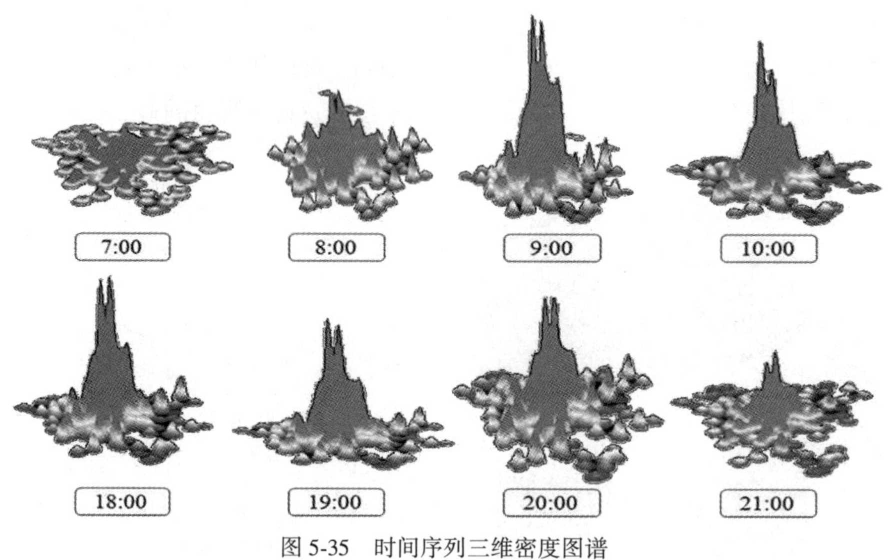

图 5-35　时间序列三维密度图谱

5.4　案例五　A 级景区空间分布图制作

5.4.1　案例场景

专题地图突出反映一种或几种主题要素，是在地理底图上，按照地图主题的要求，突出而完善地表示与主题相关的一种或几种要素，使地图内容专题化、形式各异、用途专门化的地图。它通常面向某一专题应用领域的需要，包含自然专题地图、人文专题地图和特殊专题地图三大类，如地貌图、工农业产值专题地图、人口专题地图、旅游专题地图等。

在专题地图的制作过程中，除了要面对与普通地图制作相同的一般性问题外，还要解决以下几个问题：①专题地图的基础底图地理要素如何选择与获取？②专题数据的符号化有哪些注意事项？③地图的打印布局怎样设计等？

本案例以“A 级景区空间分布图制作”为应用场景，围绕专题地图制作的关键问题，基于河南省 A 级景区及其相关基础要素数据，利用 GIS 软件中相应的制图工具，开展专题数据的符号化、地图布局的制作打印等在内的专题地图制作。

5.4.2　目标与内容

1. 目标与要求

(1)掌握专题地图表达的基本方法。

(2)熟练利用 GIS 软件独立设计并制作专题地图。

2. 案例内容

(1)加载地理要素并符号化。
(2)添加标注。
(3)地图布局与整饰。
(4)地图保存与输出。

5.4.3 数据与思路

1. 案例数据

本案例讲述 A 级景区空间分布图的制作方法，数据存放在“data5”文件夹中，具体如表 5-1 所示。

表 5-1 **数据明细**

数据名称	类型	描　　述
河南省 A 级景区	Shapefile 点要素	用于制作河南省 A 级景区空间分布图
地级行政中心	Shapefile 点要素	用于制作河南省 A 级景区空间分布图
河流	Shapefile 线要素	用于制作河南省 A 级景区空间分布图
高速公路	Shapefile 线要素	用于制作河南省 A 级景区空间分布图
河南省行政区	Shapefile 面要素	用于制作河南省 A 级景区空间分布图

2. 思路与方法

基于河南省 A 级景区及其相关基础要素数据，制作河南省 A 级景区空间分布图主要通过符号化、标注、布局整饰、打印输出等关键步骤实现。首先加载基础地理要素，针对不同要素进行符号化设计并添加标注；其次进行地图布局设计与整饰，基于主题突出、图面均衡、易于阅读的原则，设置页面与数据框大小，添加图名、图例、比例尺、指北针、文字说明等，并对其在图面上放置的位置和大小进行设计与制作；最后设置打印参数，输出地图成果。

5.4.4 步骤与过程

1. 加载地理要素并符号化

在 ArcGIS 中加载“河南省 A 级景区”“地级行政中心”“河流”“高速公路”“河南省行政区划”数据。分别对各图层进行符号化，对于“地级行政中心”图层，在【图层属性】对话框的【符号系统】标签(图 5-36)，选择按唯一值分类显示【类别】→【唯一值】，字段选择“名称”，点击【添加值】，选择“郑州市”并点击【确定】后，双击“郑州市”前的符号，将其修改为双圆状的省会城市符号，符号大小设置为 6，颜色设置为红色；双击“其他所有值”前的符号，将其修改为单圆形状符号，符号大小设置为 5，颜色设置为红色，并将它们的【标注】分别修改为“省会”和“地级市”，点击【确定】完成设置。其他图层符号化较为简单，读者自行设置完成。

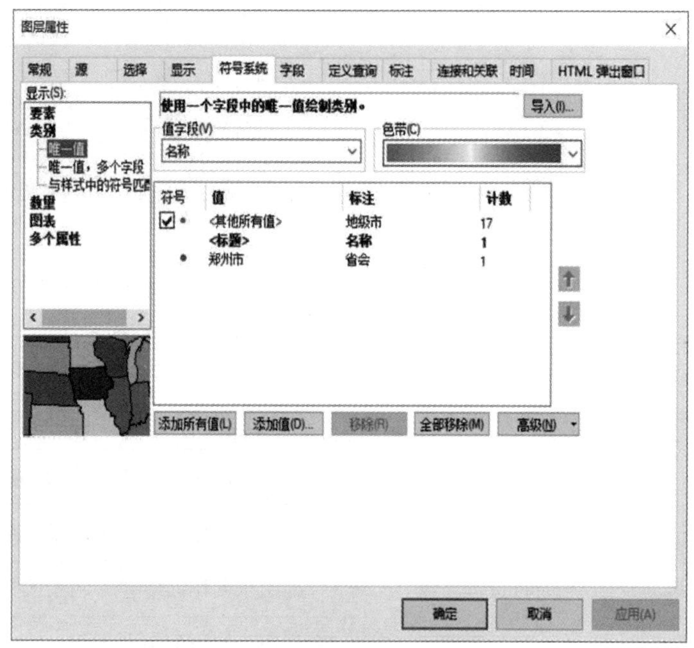

图 5-36　图层要素符号化设置

2. 添加标注

右击“河南省行政区”图层，选择“属性”，打开【图层属性】对话框，点击【标注】标签(图 5-37)，选中“标注此图层中的要素”复选框，在【标注字段】中选择“市”字段，设置文本符号的参数(字体、字号、颜色等)，然后点击【确定】，则各地市的名称将标注到图上。

注意：有时候会出现注记文字被其他要素遮挡的情况，可以对文字注记添加白色描边，在标注对话框中，点击【符号】按钮，在弹出的符号选择器对话框中，选择【编辑符号】按钮，打开【编辑器】对话框(图 5-38)，选择【掩膜】中的“晕圈”，三次点击【确定】后，完成文字注记添加白色描边。

3. 地图布局与整饰

将显示区从“数据视图”切换至“布局视图”，观察窗口的布局情况，完成以下操作。

(1)页面设置：点击菜单【文件】→【页面和打印设置】对话框(图 5-39)，取消“使用打印机纸张设置”勾选，【标准大小】改为“自定义”，宽度和高度均设置 10cm，点击【确定】。

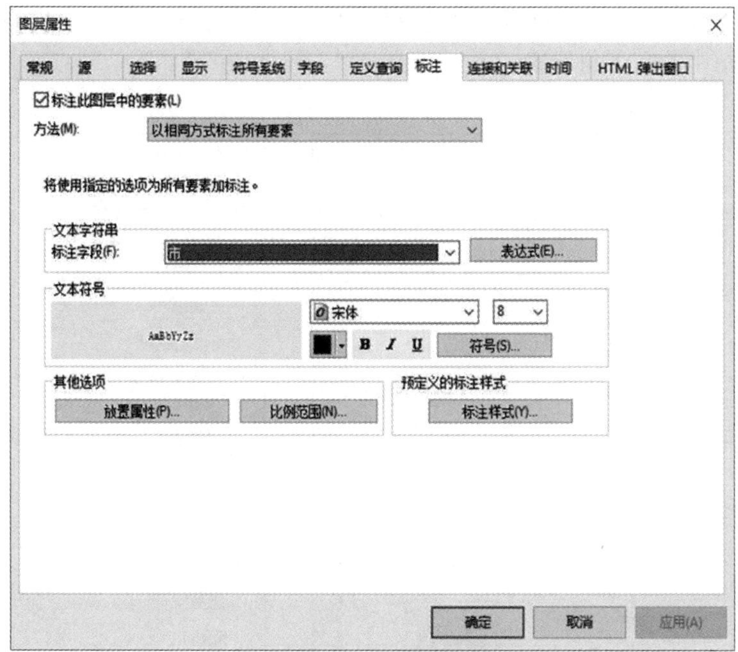

图 5-37 标注设置

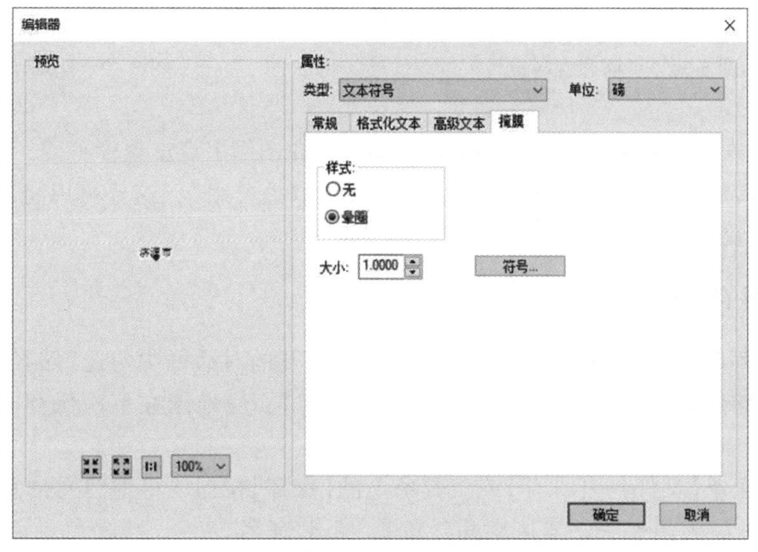

图 5-38 文字注记描边设置

(2)调整数据框的大小和位置，以适应页面布局的需要。

(3)插入图名、比例尺、指北针、图例：点击菜单【插入】→【标题】，输入“河南省A级景区空间分布图”，调整其参数设置，将其置于图中的顶部位置；打开菜单【插入】→【比例尺】对话框，选择“比例线1”，点击【属性】按钮，弹出【比例尺】对话框(图5-40)，将【主刻度单位】改为“千米”，将【标注】改为“km”，两次点击【确定】后，将比例尺置于图中的左下角位置；打开菜单【插入】→【指北针】对话框，选择“ESRI指北针3”，将其置于图中的右上角位置；打开菜单【插入】→【图例】对话框，点击【下一步】按钮，直到完成，将其置于图中的右上角位置。

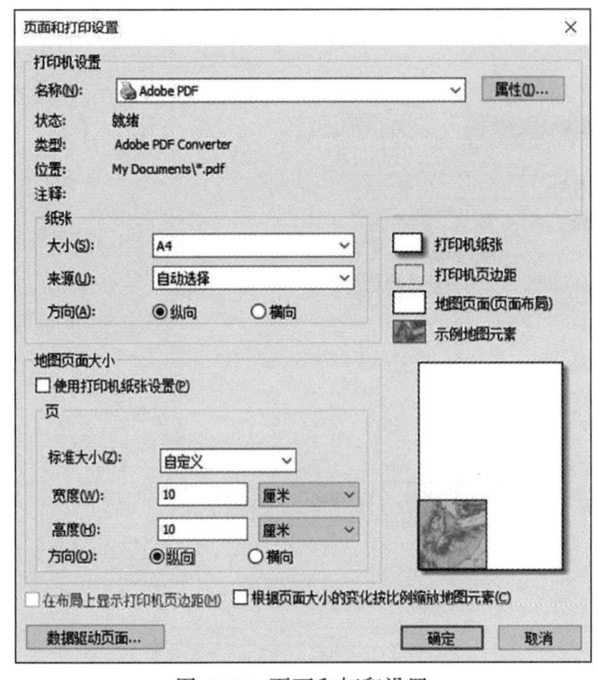

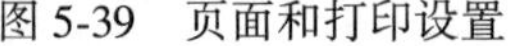
图 5-39 页面和打印设置

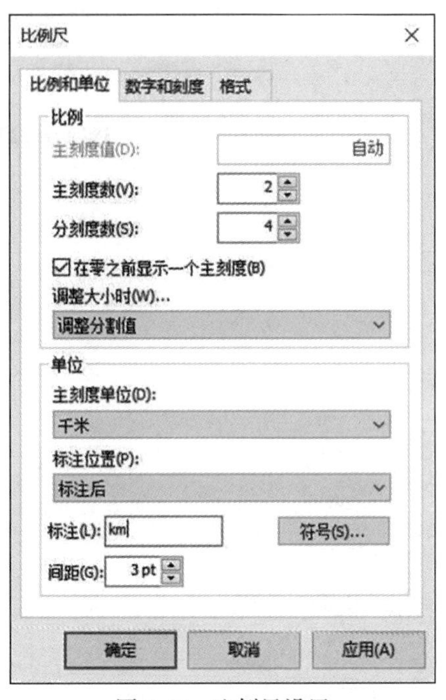

图 5-40 比例尺设置

注意：插入的图例是一个整体，不利于调整，在图例上点击鼠标右键，在弹出的菜单中选择“将其转换为图形”，继续点击右键，选择“取消分组”，这样可以将图例分为单个符号和文字，便于删除和修改样式等。

4. 地图保存与输出

(1)点击菜单【文件】→【地图文档属性】，在打开的对话框中勾选“路径名”后的复选框，选中“存储数据源的相对路径名”，点击【确定】，使地图在下次保存时按相对路径保存。

(2)点击菜单【文件】→【保存】或工具条上的【保存】按钮，将地图文档保存到“data5”文件夹中，并以“河南省 A 级景区空间分布图 . mxd”命名。

(3)点击菜单【文件】→【导出地图】，设置【输出路径】为“data5”，文件名可采用默认的“河南省 A 级景区空间分布图”，文件格式采用 JPEG。点击左下角【常规】按钮，将分辨率设置为 300dpi，点击【保存】输出地图，输出结果如图 5-41 所示。也可以将地图按 PDF 格式输出。

5. 案例结果

本案例最终成果为“河南省 A 级景区空间分布图”，具体内容如表 5-2 所示。

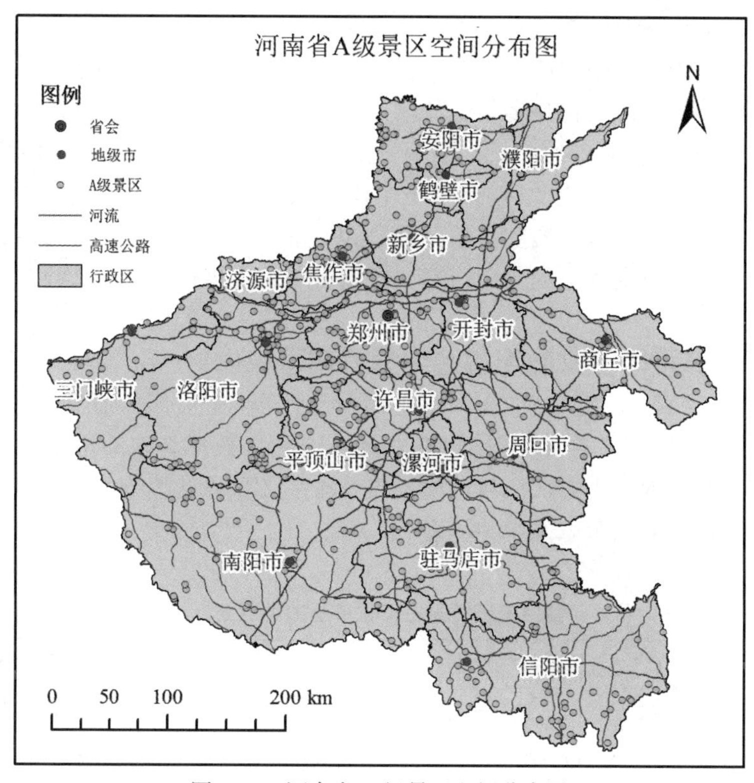

图 5-41 河南省 A 级景区空间分布图

表 5-2 **成果数据**

数据名称	类型	描　述
河南省 A 级景区空间分布图	MXD 工程文件	保存的工程文件
河南省 A 级景区空间分布图	JPG 栅格图像	输出的地图结果

5.5 拓展五 传承红色基因 红色资源可视化

爱国主义教育基地是体现爱国主义主题，面向社会开展以爱国主义教育为重点的革命历史纪念类、文化遗产类、党史学习教育类、国防教育类、科普教育类、风景名胜类、现代化建设成果类等活动场所，是重要的红色资源。党的十八大以来，习近平总书记考察走访了全国 60 多个爱国主义教育基地，对用好革命圣地、革命纪念馆、革命遗址等红色资源，作出一系列重要论述和指示，为推动爱国主义教育基地工作的开展指明了方向，提供了依据。

1994 年，中共中央印发《爱国主义教育实施纲要》，指出要“搞好爱国主义教育基地的建设”。1997 年，中宣部公布了首批百个全国爱国主义教育基地，先后于 2001 年、2005 年、2009 年、2017 年、2019 年公布了第二批到第六批，在 2021 年 6 月建党百年之际，中宣部又新命名 111 个，至此，全国爱国主义教育基地总数达到 585 个。

黄河流域是中华文明的核心发源地，黄河是中华民族的母亲河，更是承载光荣革命传统的红色之河，见证了中国共产党的伟大革命历程，遗存的大量革命遗址遗迹、文化遗产和形成的黄河精神、黄河文化是爱国主义教育基地的重要红色资源。2022 年通过的《中华人民共和国黄河保护法》明确要“加强黄河流域爱国主义教育基地建设，传承弘扬黄河红色文化”。以黄河流域 9 省(自治区)的 171 个国家级爱国主义教育基地为对象，利用 GIS 空间可视化方法对黄河流域爱国主义教育基地的类型分布和密度分布进行可视化，可以揭示黄河流域爱国主义教育基地的分布情况，以期为布局优化提供参考指导。

5.5.1　黄河流域爱国主义教育基地类型分布可视化

根据《新时代爱国主义教育实施纲要》以及爱国主义教育基地的主体性，并参照相关地市爱国主义教育基地管理办法，将黄河流域爱国主义教育基地分为革命传统教育类、历史文化教育类和建设成就标志类 3 种类型(表 5-3)。

表 5-3　　黄河流域爱国主义教育基地类型划分

基地类型	场所形式	代表性基地
革命传统教育类	革命历史纪念馆、纪念设施、革命历史遗址遗迹等	郑州二七纪念馆、天福山革命遗址
历史文化教育类	博物馆、档案馆、民俗馆、非遗馆、名人纪念馆等	陕西历史博物馆、孔繁森纪念馆
建设成就标志类	重大建设项目、重点工程、突出贡献先进单位等	青藏铁路、甘肃刘家峡水电厂

利用 ArcGIS 软件对黄河流域爱国主义教育基地类型分布进行可视化(图 5-42)，其差异显著，革命传统教育类基地数量最多，达 103 个，占比 60.23%，是开展爱国教育活动的重要场所；历史文化教育类次之，数量为 57 个，占比 33.33%，与当地文化资源密切相关，在爱国教育中的作用越显突出；建设成就标志类数量最少，仅 11 个，占比 6.44%，是今后发展的重点。3 类基地在各省份表现出不同的分布形式，其中 7 个省份分布 3 种类型的基地，山西省和内蒙古自治区仅有 2 种类型基地，尚无建设成就标志类基地；3 类基地分布比例具有明显的省际差异，山西省革命传统教育类基地比例最大，达到 76.47%，河南省历史文化教育类基地比例最大，为 39.29%，青海省建设成就标志类基地比例最大，达到 25.00%。

5.5.2　黄河流域爱国主义教育基地密度分布可视化

黄河流域爱国主义教育基地的总体分布密度为 0.479 个/万 km^2，其中河南省的分布密度为 1.677 个/万 km^2，山东省为 1.412 个/万 km^2，而青海省为 0.111 个/万 km^2，内蒙古自治区为 0.110 个/万 km^2，可以看出不同省份之间密度分异特征十分显著。利用 ArcGIS 的核密度分析工具对黄河流域爱国主义教育基地的密度分布进行可视化，采用自然间断点分级法分为 7 级，生成爱国主义教育基地核密度分布图(图 5-43)。从图中可以看出，黄河流域爱国主义教育基地在空间上呈“水”字形分布格局，表现为 1 个核心密度

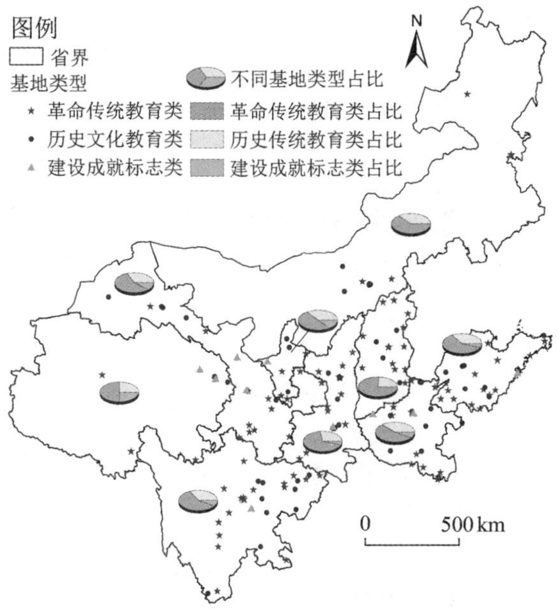

图 5-42 黄河流域爱国主义教育基地类型分布图

区、4 个高密度区、2 个次高密度区，核心边缘分界清晰。核心密度区位于陕西延安，分布密度达 2.125~2.944 个/万 km^2；4 个高密度区分别位于陕西关中、河南信阳、呈“花生”状分布的四川中东部，以及呈“V”字形分布的晋豫鲁地区，分布密度为 1.536~2.124 个/万 km^2；2 个次高密度区分别位于甘宁交界和内蒙古呼和浩特，分布密度为 1.132~1.535 个/万 km^2。

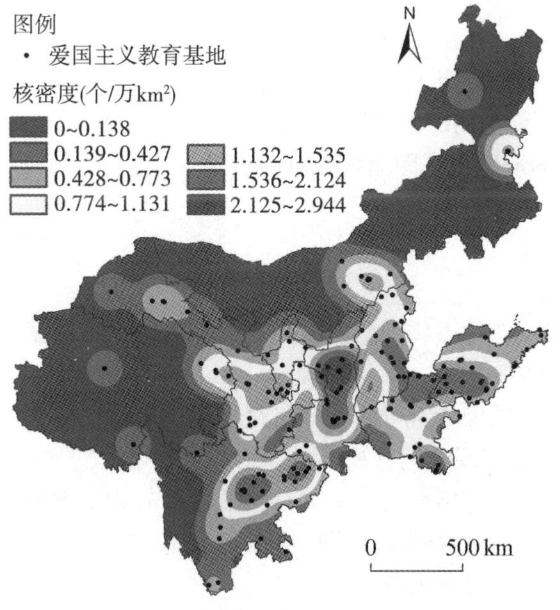

图 5-43 黄河流域爱国主义教育基地密度分布图

结合可视化结果可知，黄河流域爱国主义教育基地类型结构不均衡，集聚分布显著。黄河流域各地区发展爱国主义教育基地，应充分利用文化资源、经济基础等内在优势，借助交通水平、地形条件等外在优势，深入挖掘红色资源、拓展爱国教育功能、统筹规划协同建设、提升使用效率，进而推动爱国主义教育基地空间分布格局的优化。

职业技能等级考核测试

1. 单选题

(1)天气预测图、旅游图、交通图与地铁线路图属于________。 ( )

A. 一般地图 B. 专题地图 C. 专业地图 D. 综合地图

(2)______是空间信息可视化的最主要和最常用的形式。 ( )

A. 数据 B. 地图 C. 图形 D. 信息

(3)下面不属于地理信息系统输出产品的是______。 ( )

A. 地图 B. 元数据 C. 图像 D. 统计图表

(4)以下哪项不是可视化的技术方法? ( )

A. 测绘技术 B. 多媒体技术 C. 虚拟现实技术 D. Internet 网络技术

(5)以下设备中不属于输出设备的是______。 ( )

A. 打印机 B. 绘图仪 C. 扫描仪 D. 显示器

(6)完整的地理空间信息可视化概念不包括______。 ( )

A. 数据可视化 B. 环境可视化 C. 科学计算可视化 D. 信息可视化

(7)以下哪个符号不是按制图对象的属性特征表示的? ( )

A. 定性符号 B. 定量符号 C. 等级符号 D. 几何符号

(8)生成电子地图必须要经过的一个关键技术步骤是______。 ( )

A. 细化 B. 二值化 C. 符号识别 D. 符号化

(9)动态可视化从视觉效果上来看，不包括______。 ( )

A. 二维图形图像法 B. 三维图形图像法 C. 虚拟现实 D. 热力图法

(10)在一幅完整的地图上，图面内容可以不显示______。 ( )

A. 图名 B. 比例尺 C. 图例 D. 制图者

2. 判断题

(1)地图符号是表示各种事物现象的线划图形、色彩、数学语言和注记的数量、质量等特征的标志和信息载体。 ( )

(2)地图符号库可建成矢量符号库或栅格符号库，前者比后者的优势在于占用存储空间小，且图形输出时容易实现几何变换。 ( )

(3)图形是 GIS 的主要输出形式之一，它包括各种矢量地图和栅格地图；各种全要素地图、专题地图、等高线图、坡度坡向图、剖面图以及立体图等。 ( )

(4)扫描仪输入得到的是矢量数据。 ( )

(5)地图是地理信息系统的数据源，是 GIS 查询与分析结果的主要表示手段。( )

(6) GIS 产品的输出设备有显示器、打印机、扫描仪、硬盘等。 (   )

(7) 数字数据是 GIS 的输出形式之一，它包括存储在磁盘、磁带或光盘上的各种图形、图像或测量、统计数据。 (   )

(8) 电子地图的生成一般要经过数据采集、数据处理和符号化三个步骤。 (   )

(9) GIS 产品按内容和形式可分为全要素地图、专题地图、等高线图、透视图、立体图、坡度图、坡向图、剖面图等。 (   )

(10) 地理信息可视化是 GIS 技术与现代计算机图形、图像处理显示技术、数字建模技术相结合共同发展的结果。 (   )

项目 6　GIS 技术综合应用

【项目概述】

GIS 已广泛应用于国民经济建设的各个领域。GIS 可以为公众提供各种空间信息服务。GIS 与国土资源管理相结合，实现图文一体化的土地信息化管理，高质量、高效率地完成土地规划、土地利用、耕地保护、土地整治等工作。GIS 应用于城市规划和管理领域，为城市各类基础设施和公共设施的合理布局与选址提供空间分析，解决城市资源配置问题。GIS 在其他行业也有着广泛的应用，如测绘制图、资源调查、环境保护、防灾减灾、商业选址、电子政务等。GIS 行业正在迅速变化，新技术不断涌现。

本项目由 GIS 在公众服务中的应用、GIS 在国土资源管理中的应用、GIS 在城市建设中的应用、GIS 在其他行业中的应用、GIS 新技术应用 5 个学习型工作任务组成。通过本项目的实施，为学生从事地理信息应用作业员岗位工作打下基础。

【教学目标】

◆知识目标

(1) 了解 GIS 在地图服务、位置服务、导航服务中的应用。

(2) 了解 GIS 在地籍管理、土地利用规划、城镇土地分等定级估价、建设用地、不动产登记中的应用。

(3) 了解 GIS 在城市规划、交通运输、建设工程、公安消防、城市管网中的应用。

(4) 了解 GIS 在其他行业中的应用及应用于不同行业中的途径与方式。

(5) 了解三维 GIS、大数据 GIS、人工智能 GIS 等新技术及应用。

◆能力目标

(1) 说出 GIS 在公共服务、国土资源、城市建设等各领域中发挥的作用。

(2) 举例说明 GIS 技术在公共服务、国土资源、城市建设等各领域中应用的方法。

(3) 举例说明 GIS 新技术的应用场景，并总结其发展前景。

◆素质目标

(1) 引导学生关注 GIS 在公众服务、资源管理、城市建设等方面的应用，增强社会责任感。

(2) 积极学习 GIS 新技术，认识到科技在推动国家发展中的重要作用，增强科技强国意识。

(3) 培养学生理论联系实践，探索地理信息产业发展的时代意义，培养维护民族与国家尊严、共建社会命运共同体的情感认同和责任担当，进而树立和践行正确的价值观。

6.1　任务一　GIS 在公共服务中的应用

GIS 在公共服务中的应用

GIS 已经走入人们生活的各个方面，可以说已经渐渐地变成了生活的一部分，人们也潜移默化地接受了 GIS。GIS 与互联网、GNSS、无线技术和 Web 服务的结合，可以为公众提供各种服务，例如，在线地图网站提供定位寻找银行、餐馆、旅游景点、酒店和房产等；基于位置的服务可确定移动电话用户的位置信息，获取附近的自助取款机、宾馆和公交站台等位置信息，并追踪走失的小孩和老人等；汽车导航系统为司机提供最优路线选择、实时监控导航，并实时更新路况信息。

6.1.1　地图服务

1. 电子地图服务

电子地图服务，即利用网络技术和 GIS 技术结合开发的地图空间信息服务。目前，互联网上的电子地图服务网站比比皆是，大型的地图服务网站如百度地图(图 6-1)、高德地图、腾讯地图、搜狗地图、“天地图”(图 6-2)等。电子地图服务通常包括地图浏览、卫星影像浏览、全景查看、地点搜索、周边搜索、交通查询、距离测量以及空间分析，如热力图(图 6-3)、统计图、迁徙分析等。

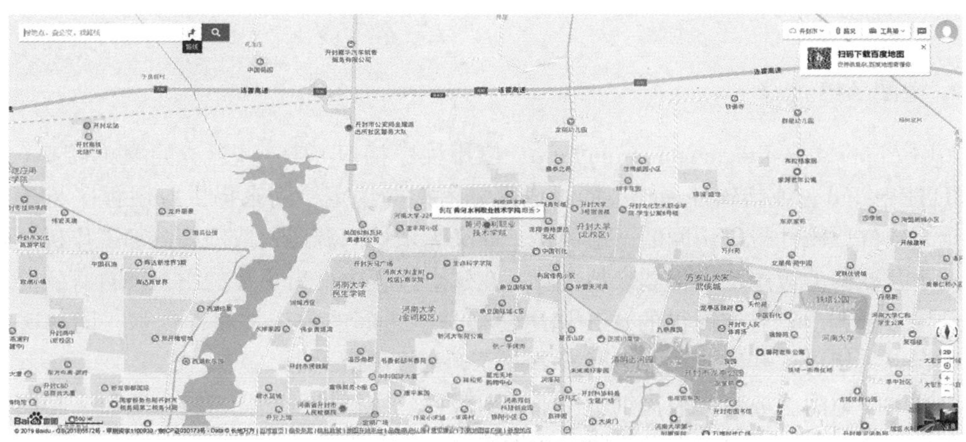

图 6-1　百度地图服务

图 6-2　“天地图”服务

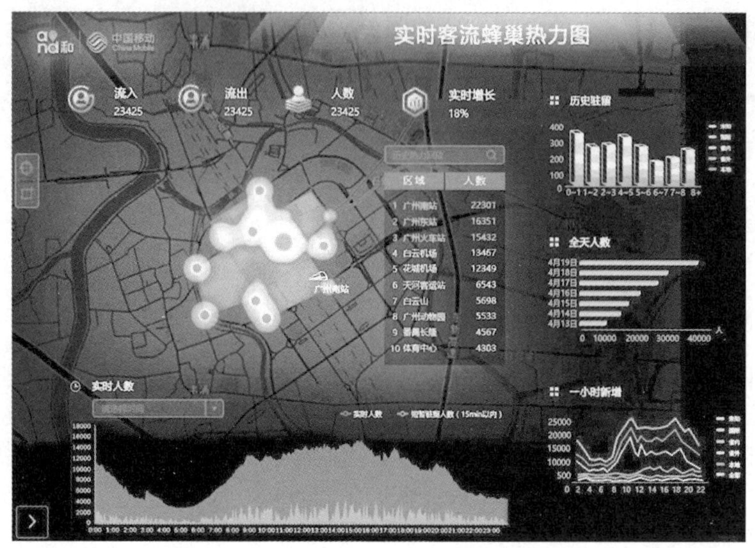

图 6-3　热力图

2. 地图 API 服务

API(Application Programming Interface，应用程序接口)是一些预先定义的接口(如函数、HTTP 接口)，或指软件系统不同组成部分衔接的约定。用来提供应用程序与开发人员基于某软件或硬件得以访问的一组例程，而又无须访问源码，或理解内部工作机制的细节。基于互联网的应用正变得越来越普及，在这个过程中，有更多的站点将自身的资源开放给开发者来调用。对外提供的 API 调用使得站点之间的内容关联性更强，同时这些开放的平台也为用户、开发者和中小网站带来了更大的价值。

大型电子地图服务商一般提供了用于地图服务二次开发的地图 API。例如，高德开放平台提供二维、三维、卫星多种地图形式供用户选择，无论基于哪种平台，都可以通过高德开放平台提供的 API 和 SDK(Software Development Kit，软件开发工具包)轻松地完成地图的构建工作。

开发者可以在高德平台中定制区域面、建筑物、水系、天空、道路、标注、行政边界共 7 大类 44 种地图元素，随心所欲地设计心仪的地图样式，设计并发布自定义地图，地图从此不再千篇一律。

模板使地图切合主题，高德自定义地图平台提供了梵高、草色青、涂鸦、青门引、马卡龙、夜游宫、青玉案、翻糖等多种地图模板(图 6-4)，用户可以根据不同的使用场景选择切合主题的模板。

颜色使地图更多样，44 种地图元素可供设置是否显示、填充颜色、描边颜色、不透明度等多种属性，根据场景选择性地显示地图元素，地图更简洁、更美观。

纹理使地图颇具质感，陆地、水系、建筑物、天空等 5 大类地图元素可配置纹理，用户可以选择系统默认纹理或自定义上传纹理进行填充。

360°全景地图视角，可进行 360°地图旋转，0~80°俯仰角设置，无死角地图展示。

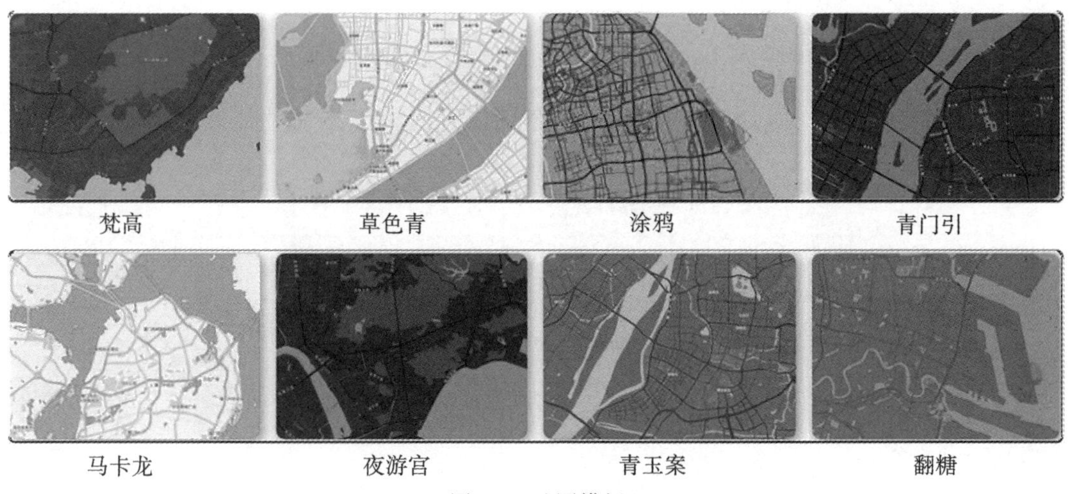

图 6-4 地图模板

6.1.2 位置服务

1. 位置服务概念

位置服务(Location Based Services，LBS)又称定位服务，是由移动通信网络和卫星定位系统技术相结合提供的一种增值业务，通过一组定位技术获得移动终端的位置信息，如经纬度坐标数据，提供给移动用户以及通信系统，实现各种与位置相关的服务业务。位置服务可以被应用于不同的领域，如健康娱乐、工作、个人生活等。位置服务可以用来辨认一个人或物的位置，如通过个人所在的位置提供手机广告，个人化的天气讯息，甚至提供本地化的游戏。

2. 位置服务应用

在移动互联网大发展的趋势下，各类应用在蓬勃发展，特别是嵌入了位置服务功能的应用后，更实现了爆发式增长，微信、微博、移动阅读、移动游戏等应用，为百姓生活提供了极大的便利。目前，位置服务最常见的应用方式是通过手机 APP，定制各种专业化的位置信息服务，如滴滴打车、大众点评等。

出行服务是高德平台提供的一项最主要的位置服务。高德开放平台现已为包括滴滴出行、易到等在内的国内 90%出行应用提供地图、导航和路径规划服务，目前已覆盖出租车、专车、顺风车、快车等细分市场。

精准数据引导智慧出行(图 6-5)。通过精准定位和个性化地图展现功能展示附近车辆；基于实时路况的车辆到达时间预估服务，提高派单效率；基于出行大数据挖掘，结合地址和道路数据，推荐上车地点；基于精准路况为用户提供时间最短，躲避拥堵、避免收费等多种路线规划；基于 POI 兴趣点数据库搜索服务为用户推荐更准确、更易识别的上车点和下车点，结合推荐上车点和到达点，实现最优行程起终点设置体验；通过精准的定位能力与智能的轨迹纠偏服务为用户提供准确的里程与费用计算。

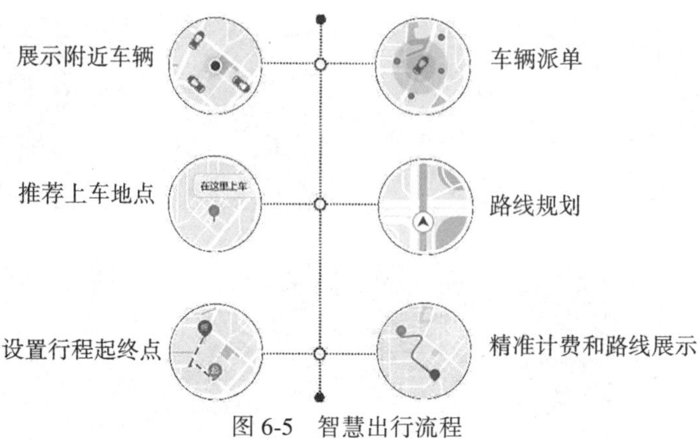

图6-5 智慧出行流程

6.1.3 导航服务

1. 导航服务概念

导航服务可以看作由卫星导航定位系统、GIS以及网络技术等相结合，构建起来的一种路径搜索服务。它能根据用户设定的起点和终点计算最佳路径，并能实时提示用户正确的运动轨迹。目前，最常见的交通导航服务即车载导航系统(图6-6)，它让司机在驾驶汽车时随时随地知晓自己的确切位置，并且为司机提供自动的路径提示和语音导航提示等。此外，由于当前智能手机都已内置了卫星导航定位系统，因此，基于手机APP的交通导航服务应用已经十分普遍。

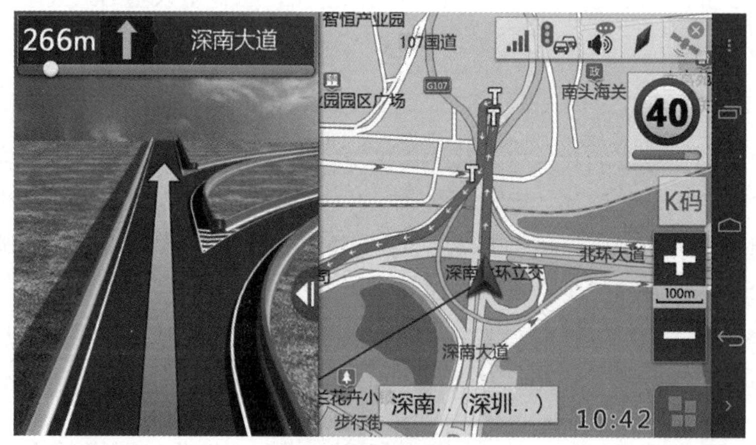

图6-6 车载导航服务

2. 导航服务应用

基于高德导航提供全面的路网信息，精准的实时路况，全面的导航方式，在多端为用户提供准确的导航服务(图6-7)。除实时导航外，还提供模拟整个导航过程的模拟导航功能，以及无须起点与终点的智能巡航功能。

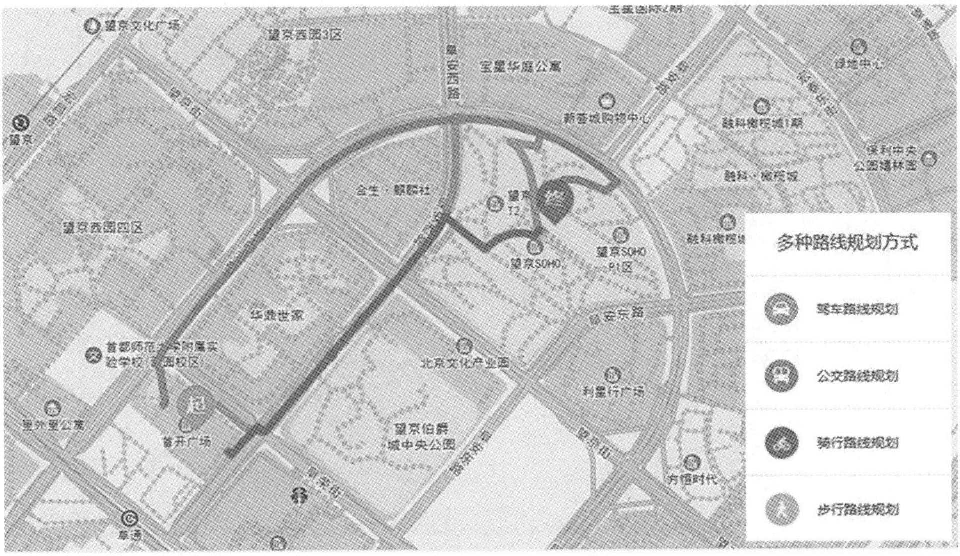

图 6-7 多种路线规划导航服务

6.2 任务二 GIS 在国土资源管理中的应用

GIS 在国土资源管理中的应用

GIS 在土地资源管理领域有着深入的应用，广泛应用于土地资源调查、土地基础数据库建设、土地利用动态监测、城镇地价评估、农用地土地评估、土地利用规划、土地政务管理、土地信息服务等多个方面。目前，基于 GIS 构建的土地信息系统主要有地籍管理信息系统、土地利用规划管理信息系统、城镇分等定级估价信息系统、农用地分等定级估价信息系统、建设用地审批管理信息系统、不动产登记系统等。

6.2.1 GIS 在地籍管理中的应用

1. 地籍与地籍管理

地籍是记载土地的位置、界址、数量、质量、权属和用途等土地状况的簿册。地籍管理是国家为取得有关地籍资料和为全面研究土地权属、自然和经济状况而采取的以地籍调查(测量)、土地登记和土地统计等为主要内容的国家措施，如图 6-8 所示。

2. 地籍分类

根据管理对象的不同，地籍分为城镇地籍和农村地籍；根据地籍作用的不同，地籍分为税收地籍、产权地籍和多用途地籍；根据时间及任务的不同，地籍分为初始地籍和日常地籍等。

图 6-8　地籍调查管理

3. 地籍管理信息系统

地籍管理信息系统的建设目标是服务于地籍调查、土地登记、土地统计、地籍档案管理等方面地籍管理工作。城镇地籍管理信息系统一般包括系统维护、登记申请、地籍调查、权属审核、注册登记、颁发证书、全程监控和地籍信息查询等功能模块，如图 6-9 所示。

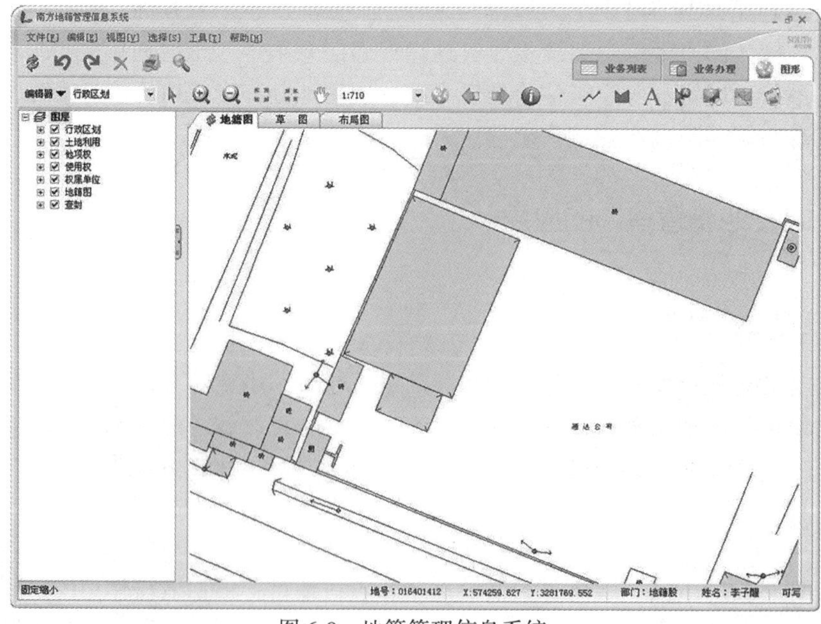

图 6-9　地籍管理信息系统

6.2.2 GIS在土地利用规划中的应用

1. 土地利用规划

土地利用规划是在一定区域内，根据国家社会经济可持续发展的要求和当地自然、经济、社会条件，对土地的开发、利用治理、保护在空间上、时间上所做的总体安排和布局，是国家实行土地用途管制的基础。土地利用规划通常由各级行政区国土资源部门负责，根据土地资源特点和社会经济发展要求，总体安排今后一段时期内的土地利用工作。

2. 土地利用规划管理信息系统

土地利用规划管理信息系统主要是为了简化土地利用规划修编过程，通过信息系统的建设，为省、市、县、镇等各级行政区土地利用规划修编的形成与处理规划成果提供辅助手段，提高规划成果的质量。土地利用规划管理信息系统包括土地管理、规划审批、红线复核、土地开发和房产管理等全过程监管，如图6-10所示。

图6-10 土地利用规划管理信息系统

6.2.3 GIS在城镇土地分等定级估价中的应用

1. 城镇土地分等定级

城镇土地分等定级是根据城镇土地的经济和自然两方面的属性及其在城镇社会经济中

的地位和作用，综合评定土地质量、划分城镇土地等级的过程，如图 6-11 所示。城镇土地分等定级包括两个方面，即城镇土地分等和城镇土地定级。城镇土地分等是通过对影响城镇土地质量的经济、社会、自然等因素进行综合分析，揭示城镇之间土地质量在不同地域之间的差异，选用定量和定性相结合的方法对城镇进行分类、评定城镇土地等。城镇土地定级是根据城镇土地的经济、自然两方面属性及其在社会经济活动中的地位、作用，对城镇土地使用价值进行综合分析，通过揭示城镇内部土地质量在不同地域的差异，评定城镇土地级。

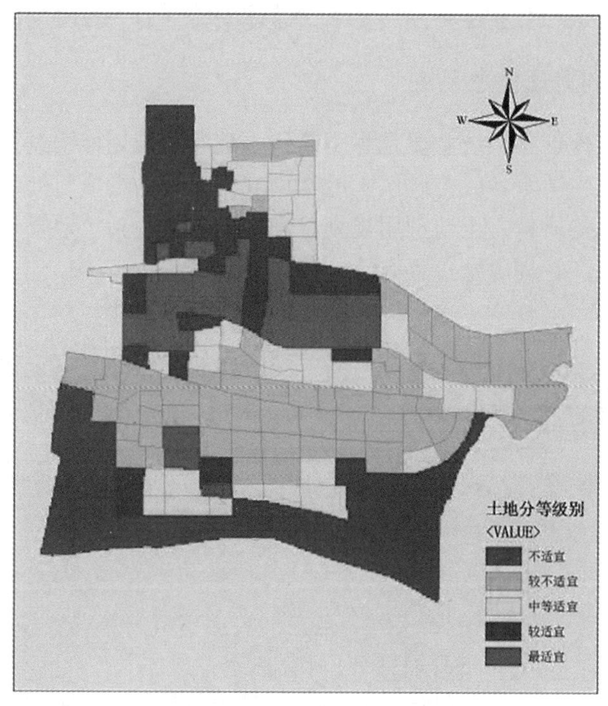

图 6-11　土地分等定级

2. 城镇土地估价

城镇土地估价就是在一定的市场条件下针对某一质量、某一等级的土地，分析影响城镇土地价格的一般因素、区域因素、个别因素，采用不同的评估方法评估出土地价格。依据估价对象的不同，可以分为城镇基准地价评估和宗地地价评估。

3. 城镇地价动态监测与基准地价评估系统

城镇地价动态监测与基准地价评估系统，依据估价要求设计系统功能模块，一般包括估价参数确定、地价信息采集、地价区段划分、监测点设立、监测点评估、地价指数编制、区段基准地价计算、区段基准地价修正、土地级别划分、数据管理以及系统管理等，如图 6-12 所示。

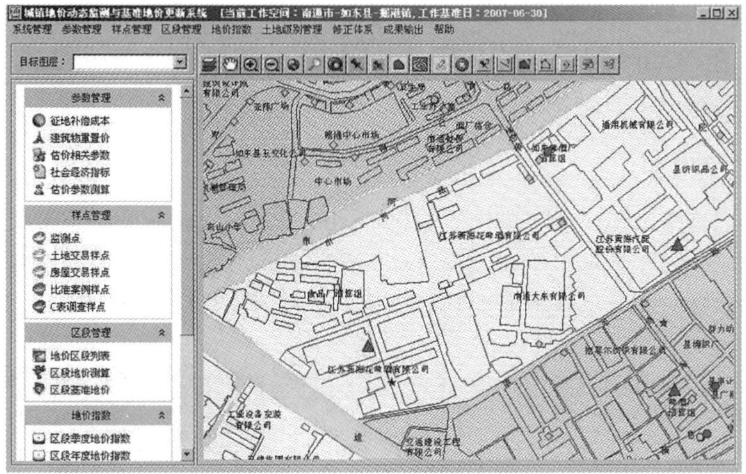

图 6-12 城镇地价动态监测与基准地价评估系统

6.2.4 GIS在建设用地审批管理中的应用

建设用地审批是国土资源管理中的核心工作之一，涉及地籍管理、用地管理、土地规划管理、耕地保护、法规监察等重要的土地管理业务。建设用地审批管理信息系统以建设用地数据库、土地利用现状数据库、土地利用规划数据库以及其他数据库为基础，以建设用地审批业务为核心，在局域网或广域网上提供建设项目用地申报、审批、收费等业务管理功能，实现建设用地审批的自动化、智能化与网络化，通常适用于省、市、县三级土地管理部门协同审批办公。

以建设用地"批、供、用、补、查、登"生命周期为主线，建设以图管地，弄清楚每宗用地的来龙去脉，实现有效监管，为行业管理和辅助决策提供数据支持，如图6-13所示。

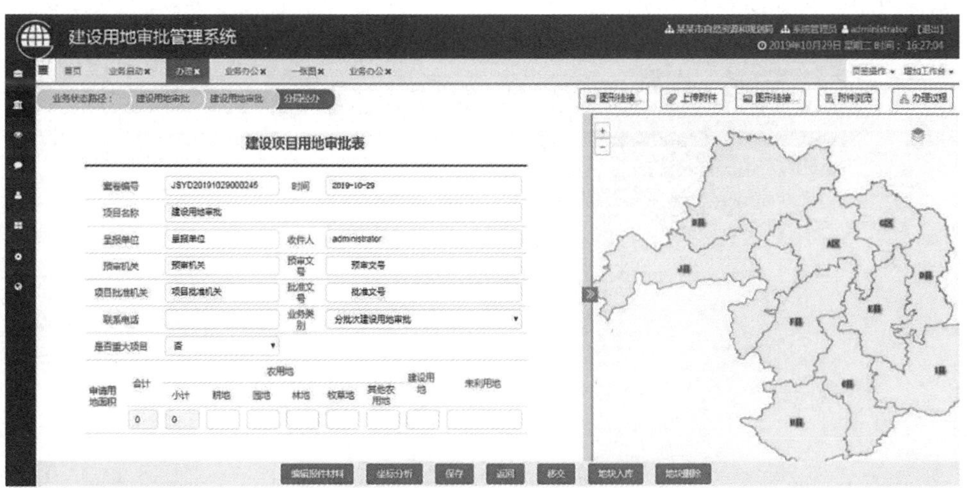

图 6-13 建设用地审批管理信息系统

6.2.5　GIS 在不动产登记中的应用

1. 不动产登记

不动产登记是指不动产登记机构依法将不动产权利归属和其他法定事项记载于不动产登记簿的行为。不动产是指土地、海域以及房屋、林木等定着物。不动产登记机构依法将各类登记事项准确、完整、清晰地记载于不动产登记簿，如图 6-14 所示。

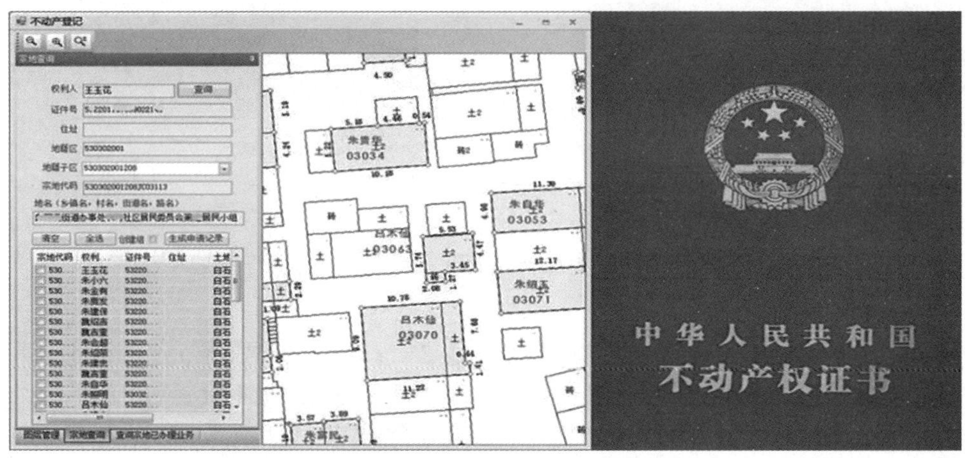

图 6-14　不动产登记

2. 不动产登记系统

不动产登记系统是根据不动产登记管理要求设计，把不动产数据调查采集与建库更新相结合，建立的服务于不动产确权登记管理、应用与信息服务的信息系统。不动产登记发证信息系统一般包括不动产数据处理模块、不动产登记业务模块、数据统计分析模块以及系统配置模块等，如图 6-15 所示。

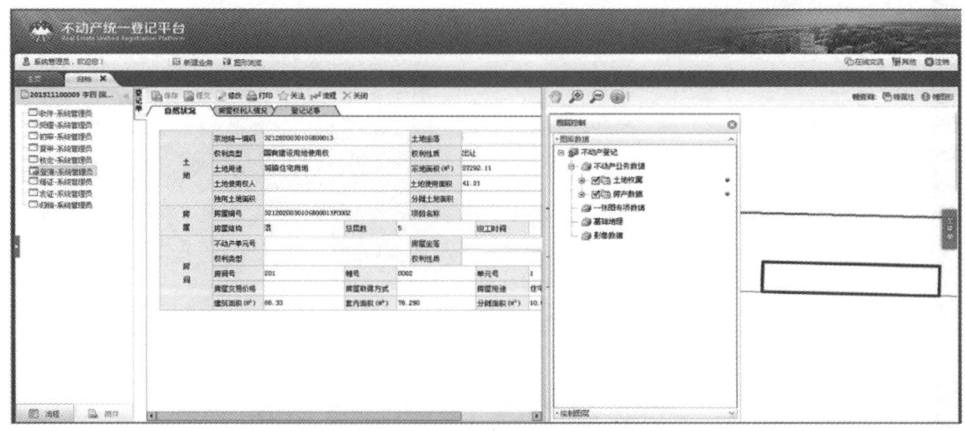

图 6-15　不动产统一登记平台

6.3　任务三　GIS 在城市建设中的应用

GIS 在城市建设中的应用

随着经济社会的迅速发展，GIS 已经广泛应用于城市规划、交通运输、工程建设、邮电通信、公安消防、应急预警等城市建设的多个领域。

6.3.1　GIS 在城市规划中的应用

运用 GIS 技术可以将城市规划中涉及的基础地理、用地、交通、基础设施、公共设施等空间数据归并到统一系统中设计分析，进行城市多目标的开发和规划。图 6-16 展示了城市规划应用示范平台。GIS 应用于城市规划的主要功能包括：构建城市空间数据库，为城市规划提供数据服务；根据城市发展现状、发展趋势和潜在能力等综合因素设计多种空间布局的规划模型；开展用地规模效益、交通通达度、最优目标选址等空间分析，服务于多目标规划需求；建设信息化的城市规划管理信息系统，辅助支持城市规划的编制、审批以及实施，提高城市规划编制和实施的管理水平。

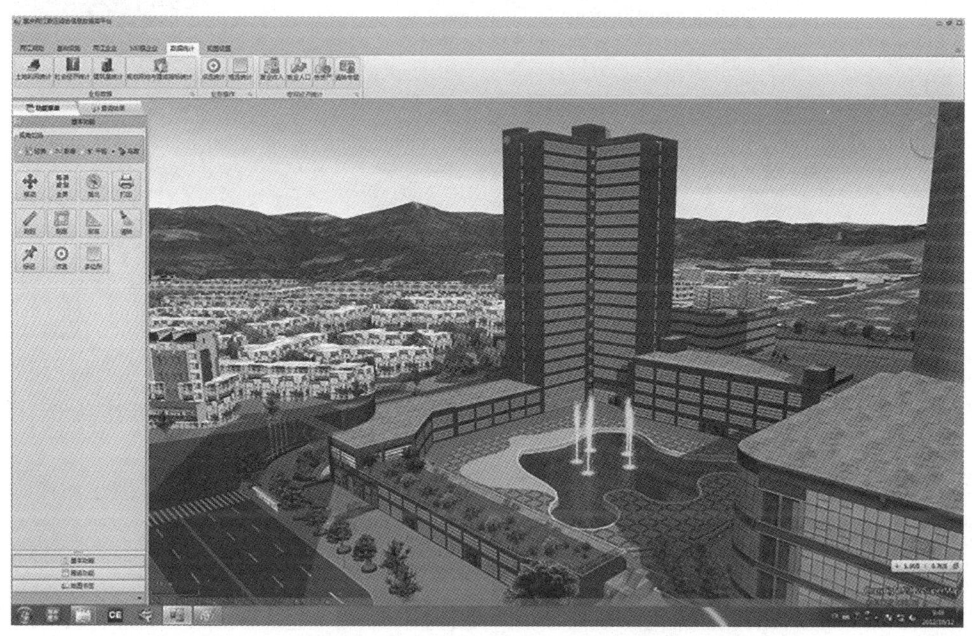

图 6-16　城市规划应用示范平台

6.3.2　GIS 在交通运输中的应用

GIS 在交通运输方面的应用十分广泛，如图 6-17 所示。基于 GIS 构建的智能交通系统，能够有效地对交通相关的空间数据进行采集、存储、检索、建模、分析和输出。它不仅能通过图形的形式记述、查询道路的通行状况、迅速定位事故点、调度抢修车辆，同时能够提供交通疏散的方案，而且能为这些信息的深层次挖掘和后续信息服务及辅助决策提供空间属性上的支持。

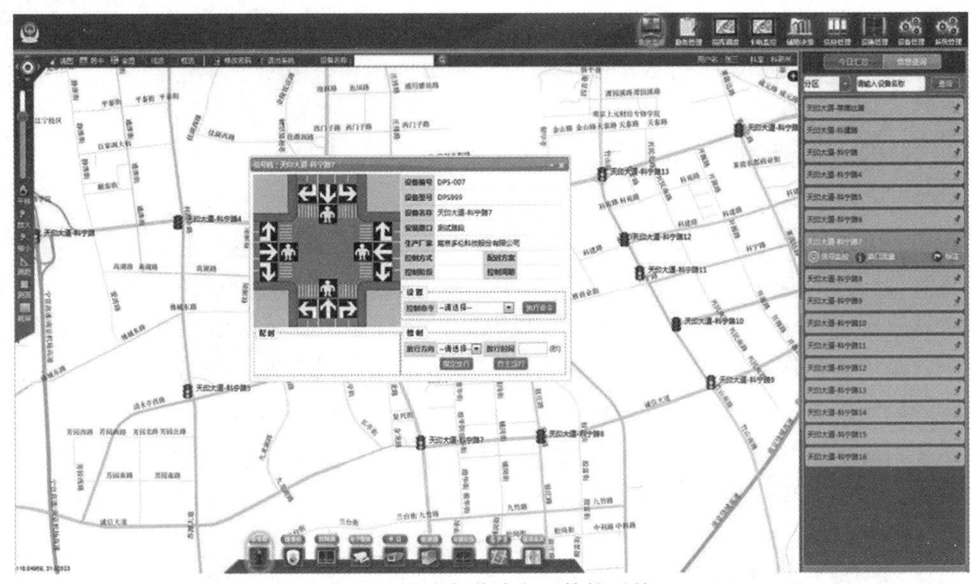

图 6-17　城市道路交通管控系统

6.3.3　GIS 在建设工程中的应用

GIS 与建设工程的结合也十分广泛。图 6-18 为地下工程安全监控与管理辅助决策系统。GIS 在工程监测、施工管理以及工程震害分析评估的应用中都显示了其极大的技术优越性。例如，利用 GIS 建立管理和监测系统可以直观地观察设施的工作状况，快速定位需要处理的对象。在地下工程中，利用 GIS 可以直观地表达地下空间(建)构筑物形状、规模及其与地上(建)构筑物的位置关系，更清楚地表示新建地下(建)构筑物与既有地下(建)构筑物的位置及通道连接关系。

6.3.4　GIS 在公安消防中的应用

GIS 在公安消防指挥信息化系统中扮演着极为重要的角色，例如，GIS 为 110 指挥系统提供详细、直观的作战地图和空间分析手段。图 6-19 所示为三维 GIS 警务部署系统。用户可以在电脑屏幕上看到高清晰度、高质量的地理信息画面，能够快速显示城市地理位置图、景区分布图、大型建筑物、公共服务设备分布图、人口密集区域等地图信息。GIS 在消防信息化建设中也有着广泛的应用。GIS 作为火警受理和智能决策系统有力的辅助手段，能够实现报警信息定位、GNSS 定位、信息查询统计、数据的分析显示，能够利用 GIS 系统准确、迅速地确定报警人的地点及火灾位置，通过优化选择和计算能确定最佳行车路线。

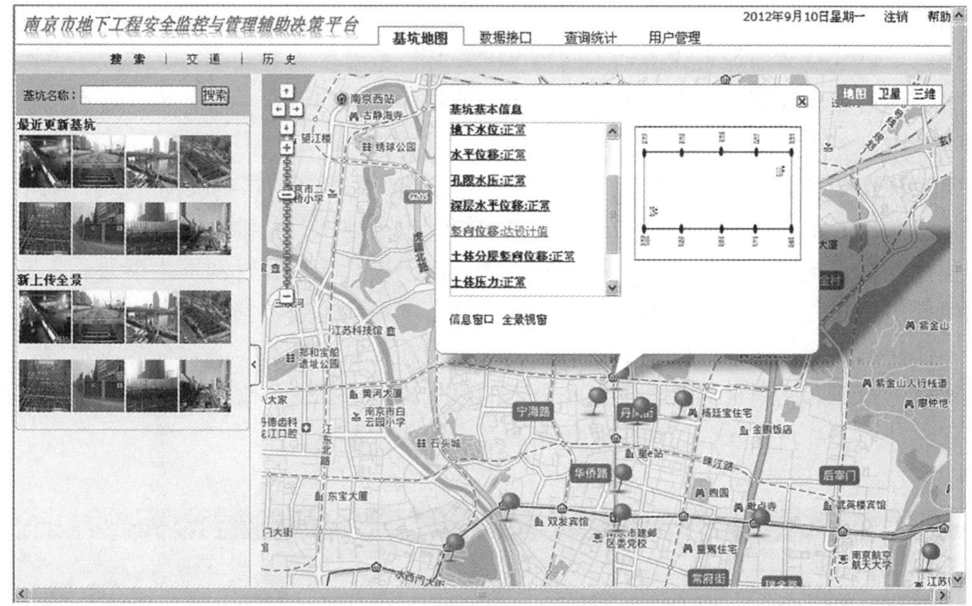

图 6-18　地下工程安全监控与管理辅助决策系统

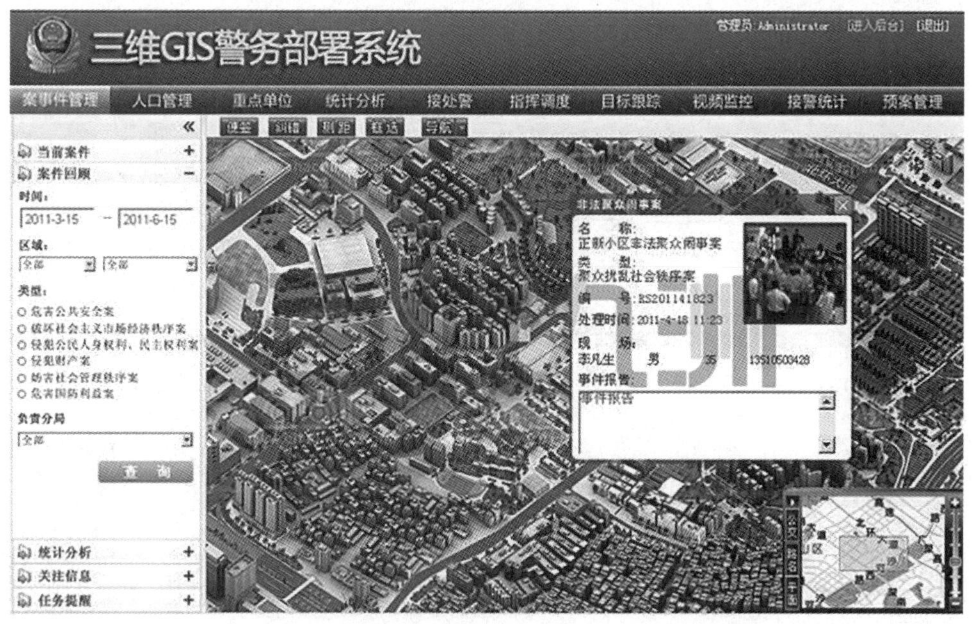

图 6-19　三维 GIS 警务部署系统

6.3.5　GIS 在城市管网中的应用

由于城市建设、城市规划、企业改扩建以及公用事业的发展，被久埋于地下的管线资料已经成为必不可少的施工及管理依据。目前，许多地下管线埋设年代已久，由于种种原因致使管线资料缺失、陈旧、不完整乃至不准确，使地下管线的统一规划、故障检修、合理使用以及基本建设均受到影响，特别是在开挖施工中，因地下管线资料不详而导致供水、供电、供气及通信等管线遭到不同程度的损坏，危及了人身安全，又造成了巨大的经济损失，更给城市规划、公用事业建设、企业改扩建、人们日常生活、生产运行以及管线检修带来困难。

GIS用于城市管网，将会对市民的日常生活方式产生深刻的影响。图6-20为城市供水管网信息系统，是建立在以动态和静态的供水管网电子地图的基础上，对管线及各种设施进行属性查询、定位、分析、统计；对各类统计结果进行输出；管网发生事故后，能在短时间内提供关阀方案、用户停水通知单，发生新情况后能迅速调整方案；实现了供水管网图文一体化的现代化管理，提供了管网数据动态更新机制，准确、高效，为供水规划、设计、调度、抢修和图籍资料管理提供强有力的科学决策依据，实现分析决策的全计算机操作过程，从而提高自来水公司的生产效率和社会服务水平。

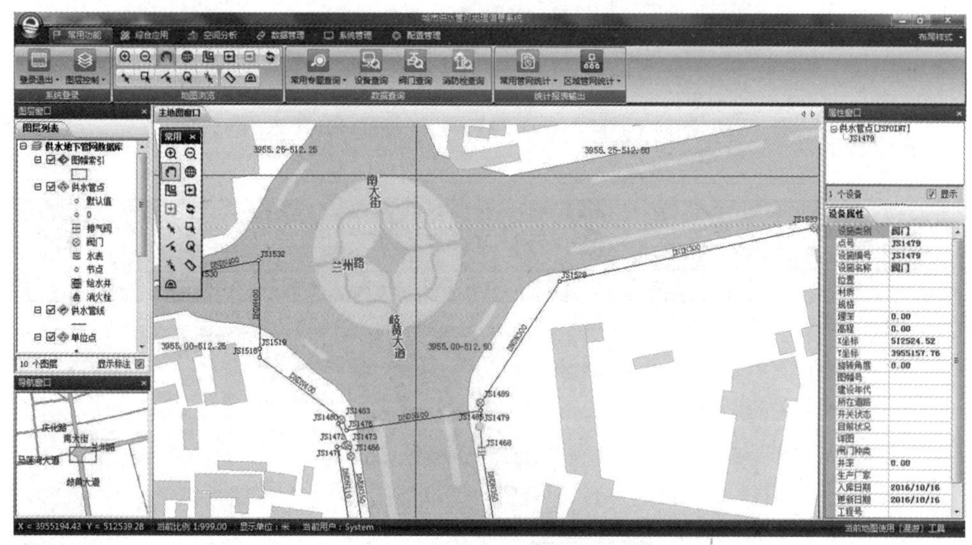

图6-20 城市供水管网信息系统

6.4 任务四 GIS在其他行业中的应用

GIS在其他行业中的应用

GIS除了在公共服务、城市建设以及国土资源管理中有着广泛应用，还与其他多个行业有着紧密联系。

6.4.1 GIS与测绘制图

GIS的产生本身源于机助制图，GIS在测绘界的广泛应用，为测绘与地图制图带来了一场革命性的变化。其应用集中体现在地图数据获取与成图的技术流程发生了根本改变：地图的成图周期大大缩短、成图精度大幅度提高、品种大大丰富。数字地图、网络地图、电子地图等一批崭新的地图形式为广大用户带来了巨大的应用便利，测绘与地图制图进入了一个崭新的时代。此外，GIS 应用于基础地理信息数据测绘业务中，建成了具备多源数据采集加工处理、存储管理、数据分发等完整功能的新型基础测绘系统，实现了数据的动态更新维护，提高了工作效率和数据的现势性，从而更好地服务于社会经济建设。图 6-21 展示了利用 GIS 技术制作的世界园艺博览会导览地图。

图 6-21 GIS 技术制作的世界园艺博览会导览地图

6.4.2 GIS 与资源调查

资源调查是 GIS 最主要的职能之一，它的主要任务是将各种来源的数据汇集在一起，并通过系统的统计和叠加分析功能，按多种边界和属性条件，提供区域多种条件组合形式的资源统计和进行原始数据的快速再现。GIS 技术在我国一些资源管理领域已得到广泛应用，如林业领域建立了森林资源地理信息系统、荒漠化监测地理信息系统、湿地保护地理信息系统等；农业领域建立了土壤地理信息系统、草地生态监测地理信息系统等；水利领域建立了流域水资源管理信息系统、灌区地理信息系统、全国水资源地理信息系统等；海洋领域建立了海洋渔业资源地理信息系统、海洋矿产地理信息系统等；土地领域建立了土地资源地理信息系统、矿产资源地理信息系统等。这些地理信息系统在资源管理方面发挥了很大的作用。图 6-22 是资源环境遥感监测系统的一个示例。

6.4.3 GIS 与环境保护

环境保护所涉及的研究对象和研究领域非常多，主要针对水、大气、绿化、城建、湖泊、海湾、海洋等进行各个方面和角度的分析和预测等，而 GIS 的应用正好为环境保护工作提供了优秀的解决方案。通过对原来监督管理中数据不一致、难以共享，平台杂乱、缺乏统一性、可视化性能不高的基础参考数据，梳理整合到现有 GIS 系统的数据库，分阶段地进行数据汇总编辑，将市、区、街区等范围的数据分层次地纳入 GIS 系统管理，这样可使各级环保部门的数据源在统一的、权威性高的终端数据库的关联下，实现数据的充分利用和分析，为环保管理与分析决策提供准确的信息。

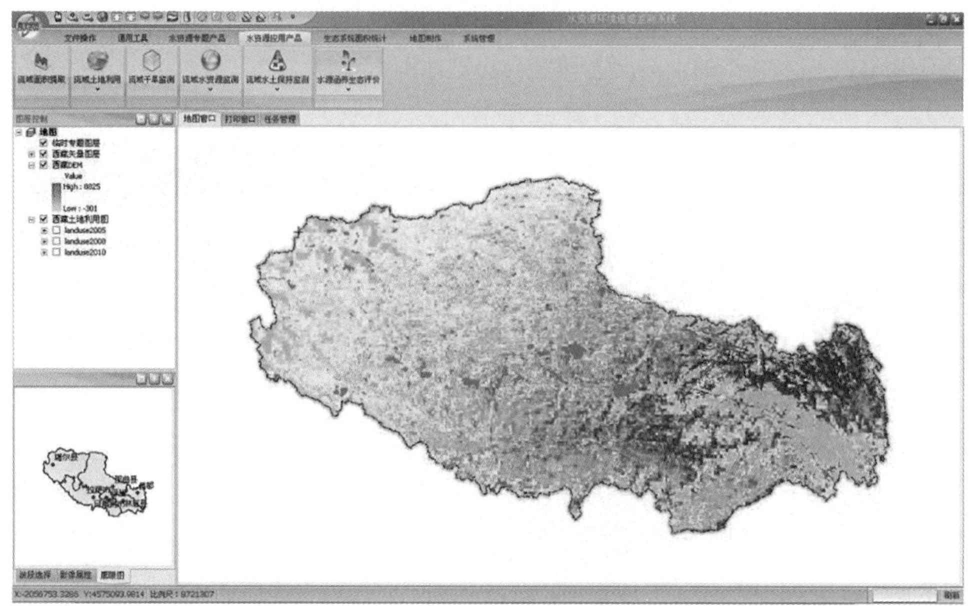

图6-22　资源环境遥感监测系统

根据实际环保工作的需要，结合GIS的功能，衍生了符合环保工作需求的常见应用，其中包括：环境的评估研究，资源循环利用监测，水体质量、污染检测与扩散评估，大气质量、污染检测与扩散评估，大气和臭氧监测评估，放射性危险评估，地下水保护，建设许可评价，水源保护、潮间栖息地分析，生态区域分析，危险物扩散的紧急反应，工业污染源管理，环境实时监测等多方位、多角度、多层次的应用。图6-23展示了饮用水源保护区三维仿真地图管理系统。

图6-23　饮用水源保护区三维仿真地图管理系统

6.4.4 GIS 与防灾减灾

GIS 技术在重大自然灾害和灾情评估中也有着广泛的应用。例如，GIS 用于灾害的监测和预报、自然灾害评估、防灾和抗灾、灾害应急救助与救援、灾害保险与灾后恢复、灾害管理和灾害区划、灾害教育与宣传等方面。GIS 在防洪抗旱中用来辅助进行防洪抗旱规划、辅助防汛指挥决策、灾情评估以及洪涝灾害风险分析等。图 6-24 是山洪灾害监测预警系统的一个示例。

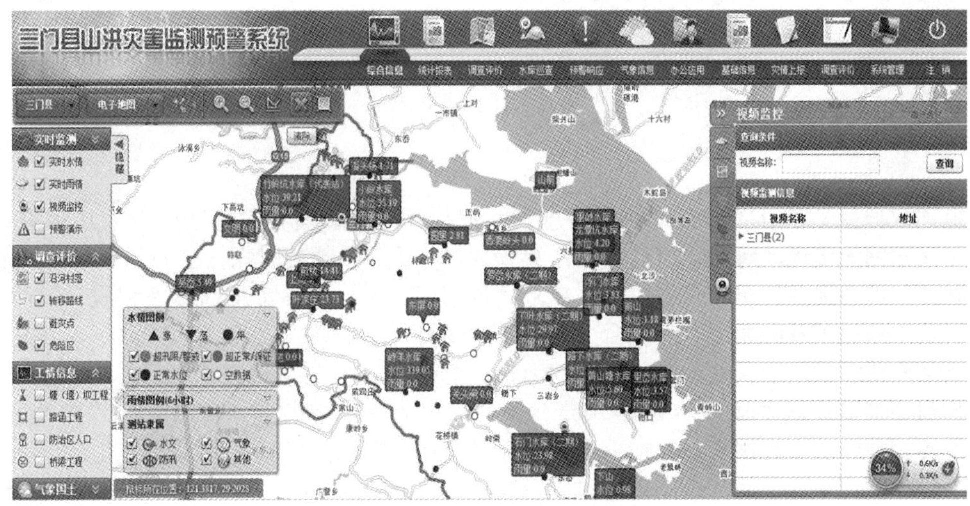

图 6-24 山洪灾害监测预警系统

6.4.5 GIS 与商业选址

零售商业网点是指那些把商品和劳务出售给最终消费者的具体经营单位，其主要经营活动是从批发企业进货后向城乡居民和社会集团直接销售各种商品，直接为城乡广大居民提供商品服务。零售网点选址具有长期性和固定性，一经确定就难以变动。利用 GIS 的空间分析功能，实现图形矢量化和缓冲区分析，将 GIS 技术与模型结合应用于商业选址，开展商圈特点、状况分析，可帮助经营者科学地决定零售商业网点，调整经营策略，提高专业实际操作能力、分析能力。GIS 在零售商业网点选址中可通过图形、图表等方式统计、分析人口、客流、交通、市场竞争等与地理位置密切相关的商业数据，并将统计分析结果输出给用户，以满足商业企业选址决策人员对空间信息的要求。还可利用其空间分析功能及可视化表达功能，使选址更加科学化、直观化，提高选址效率，改善选址的质量。图 6-25 是一个基于 GIS 的商业选址分析示例。

图 6-25　基于 GIS 的商业选址分析

6.4.6　GIS 与电子政务

电子政务就是政府部门应用现代信息和通信技术，将管理和服务通过网络技术进行集成，在互联网上实现政府组织机构和工作流程的优化重组，超越时间、空间和部门之间的分割限制，向社会提供优质和全方位的、规范而透明的、符合国际水准的管理和服务。而 GIS 为电子政务提供了基础地理空间平台，清晰易读的可视化工具，以及空间辅助决策功能。地理信息系统技术的使用，则为电子政务的海量数据管理、多源空间数据(如地图数据，航空遥感数据、卫星遥感数据、GNSS 卫星定位数据、外业测量数据等)和非空间数据的融合、空间分析、空间数据挖掘和空间辅助决策等提供了技术支撑，从而可提高政府机构的科学决策水平和决策效率。例如，政府机构在研究西部大开发、可持续发展、农村城镇化等发展战略和西气东输、西电东送和进藏铁路等重大建设工程时，如果不使用地理空间数据，也不采用地理信息系统等先进技术，就难以获得有说服力的分析结论，更难以作出科学决策。图 6-26 展示了电子政务共享网络全网概览情况。

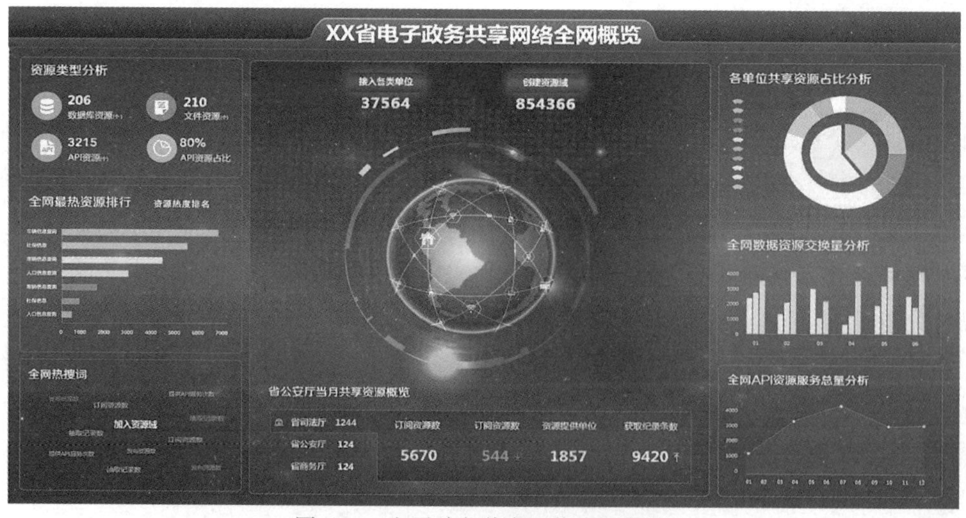

图 6-26　电子政务共享网络全网概览

6.5 任务五 GIS 新技术应用

随着 GIS 理论体系的丰富和完善，特别是融合了大量先进的 IT 技术之后，GIS 得到了快速发展，新技术、新概念层出不穷。三维 GIS 技术、大数据 GIS 技术、人工智能 GIS 技术的出现拓展了 GIS 的应用，能够切实满足用户多样化的空间信息需求。

6.5.1 三维 GIS 技术应用

自 2004 年 Google Earth 发布以来，三维 GIS 得到业界广泛关注。随后，业界出现了大量基于开源三维渲染引擎的三维 GIS 软件。但随着该技术的推广，潜在弊端也逐渐显现，即该类型产品侧重三维可视化，无法满足 GIS 行业的深度应用。2009 年，北京超图软件股份有限公司推出了国内外首款二三维一体化 GIS 平台软件，将二维和三维在数据模型、数据存储与管理、可视化与空间分析、软件形态等层面实现了一体化，以解决三维 GIS 系统不实用的问题。自 2009 年起，经过 10 余年发展，新一代三维 GIS 技术推出了更丰富的三维数据模型，并结合先进 IT 技术不断丰富其内涵，产生了由二三维一体化数据模型、二三维一体化 GIS 技术、多源三维数据融合技术、三维空间数据标准和三维交互与输出技术组成的新一代三维 GIS 技术体系，如图 6-27 所示。

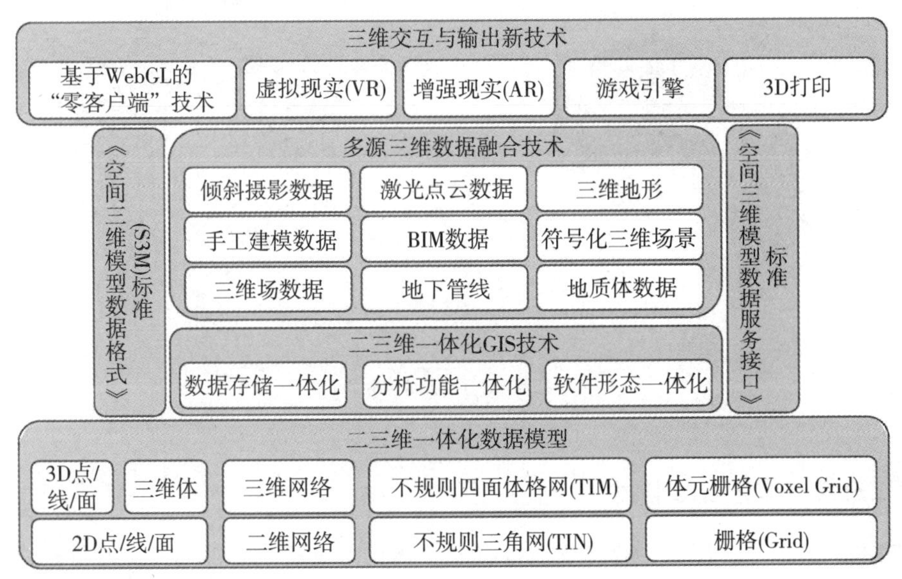

图 6-27 新一代三维 GIS 技术体系架构

1. 二三维一体化数据模型

二三维一体化数据模型有效解决了三维空间表达和分析的难题，完成了从二维点、线、面到三维体，从二维网络到三维网络，从不规则三角网（Triangulated Irregular

Network，TIN）到不规则四面体格网（Tetrahedralized Irregular Mesh，TIM）（图6-28），从栅格（Grid）到体元栅格（Voxel Grid）的升级与拓展（图6-29）。2018年北京超图软件股份有限公司（以下简称超图软件）率先在SuperMap GIS基础软件中提出并实现了TIM和体元栅格，最终完成了空间数据模型从二维到三维全面升维。形成了涵盖离散对象、连续空间、链接网络的完整的空间数据模型体系，使得新一代三维GIS技术具有对现实世界全空间表达的能力。

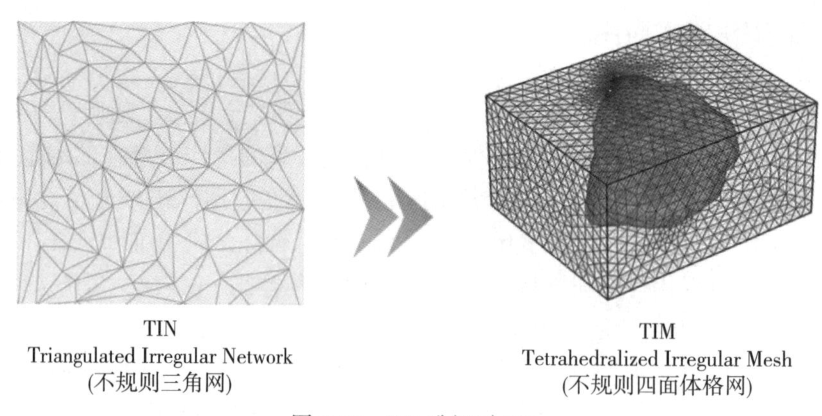

图6-28　TIN升级到TIM

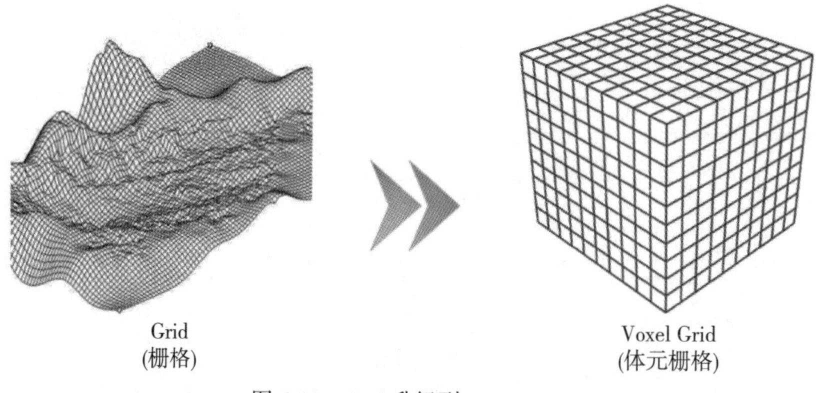

图6-29　Grid升级到Voxel Grid

2. 二三维一体化GIS技术

二三维一体化GIS技术主要是指数据存储一体化、分析功能一体化和软件形态一体化等关键技术。其中一体化的空间数据存储与管理，解决了二维数据、三维数据分别存储的问题，实现一份数据既可供二维使用，也可供三维使用。分析功能一体化不仅让二维分析的结果在三维场景中展示成为可能，还支持三维空间运算、三维空间关系判断、三维空间分析、降维计算、三维网络分析和三维量算等三维场景的分析功能。软件形态一体化则指从GIS服务器到桌面端、浏览器端、移动端的跨平台三维支持。通过二三维一体化技术，实现了一份数据在一套软件中，可以根据需要进行二维、三维的分析和可视化等功能。图

6-30 为基于二三维点符号、线符号和填充符号，实现二三维一体化的场景构建。

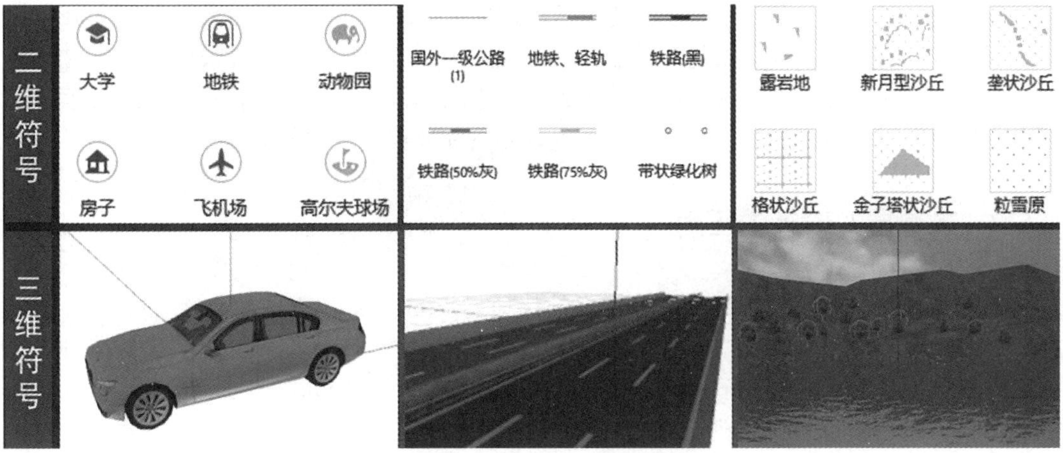

图 6-30 二三维一体化的场景构建

3. 多源三维数据融合技术

随着数据采集技术的迅速发展，不同来源、不同类型的空间三维数据的高效融合成为一大挑战。对新兴的倾斜摄影模型、BIM、激光点云、三维场等三维数据与传统的影像、矢量数据、地形、地下管线等多源数据的无缝融合是新一代三维 GIS 的关键技术之一，如融合倾斜摄影和激光点云，大幅提升了三维 GIS 数据采集与生产效率，增强并提高了三维场景的真实感与精度；融合 BIM 实现了室内外一体化的无缝衔接等。多源数据的融合匹配可以有效降低 GIS 应用系统的建设成本，提高空间数据的使用效率。

4. 三维空间数据标准

随着三维 GIS 的广泛应用，提供统一的三维数据标准及规范，对三维数据共享和互操作的支持成为广大三维 GIS 用户日益迫切的需求。目前，新一代三维 GIS 技术在国家《地理空间数据库访问接口标准》(Open Geospatial Database Connectivity，OGDC)的基础上已经实现三维数据读写访问接口的扩展，为多源异构三维数据提供了统一的入口；同时，随着《空间三维模型数据格式》(Spatial 3D Model，S3M)以及《空间三维模型数据服务接口》等团体标准的发布，将更进一步推动倾斜摄影模型、激光点云、BIM、三维场等多源异构的三维数据融合以及多种软硬件环境的兼容，打通数据隔阂，实现三维地理空间数据的共享和深入应用。

5. 三维交互与输出新技术

新一代三维 GIS 技术集成了 WebGL、VR、AR、AI、3D 打印等 IT 新技术，为用户带来更便捷、更真实的三维体验。其中，游戏引擎与 GIS 的跨界融合，一方面可以赋能游戏开发者，可使用真实的地理空间数据开发游戏；另一方面可在数字孪生城市等三维 GIS 应用场景中，采用 GIS 软件提供后台数据与空间分析服务，游戏引擎在前端提供可视化与交互能力，大幅提升三维 GIS 应用的可视化效果。

新一代三维 GIS 技术实现了数据模型、场景构建、空间分析和软件形态的二三维一体化，更全面地融合倾斜摄影模型、激光点云、BIM、三维场等多源异构数据，基于分布式的处理工具实现实景三维数据的高效全流程管理，并集成 IT 新技术带来更友好、更便捷的三维体验。在新型智慧城市、数字孪生建设等需求的推动下，新一代三维 GIS 技术将在标准化建设、海量数据加载、处理以及可视化等方面取得长足的发展。

6.5.2　大数据 GIS 技术应用

随着互联网、物联网和云计算等技术的快速发展与普及，21 世纪以来，全球数据呈指数级增长，各式各样的数据如洪水般涌来，冲击着社会发展的方方面面，大数据时代也随之到来。大数据从规模（Volume）、速度（Velocity）、种类（Variety）、真实（Veracity）和价值（Value）5 个方面被归纳为具有“5V”特征的数据。同时大数据在具备空间地理位置属性（Location）后就成为空间大数据，并可用“L+5V”来表示其特征。

根据产生方式，常见的空间大数据可分为互联网大数据、移动互联网大数据、物联网大数据和新型测绘大数据。这些空间大数据普遍存在体量大、种类多、变化快、价值密度低等特点。处理这些数据的技术和方法，已经超出狭义 GIS 的范围，需要面向多源异构数据的广义 GIS，以接纳地理空间大数据，进而形成了面向空间大数据的 GIS 技术体系。大数据 GIS 技术包括空间大数据存储管理、空间大数据分析处理、空间大数据可视化等核心技术（图 6-31）。

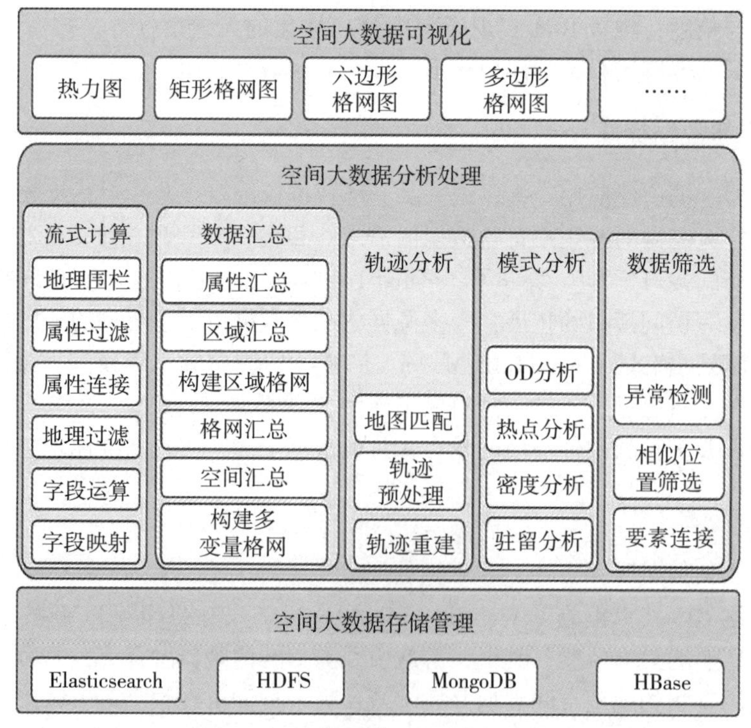

图 6-31　大数据 GIS 技术体系架构

空间大数据可视化也是空间大数据技术非常重要的内容，是将计算机可视化技术、二维 GIS 可视化技术、三维 GIS 可视化技术等相结合，实现对多源、异构、海量、动态的数据的可视化表达。空间大数据可视化形式包括热力图、矩形格网图(矢量、栅格)、六边形格网图(蜂巢图)、多边形格网图、连线图(直线 OD 图、弧线 OD 图)、轨迹图等(图 6-32)。这些可视化形式既能以静态图的方式展现，也能以动态的方式展现，既可以在二维方式下展示，也可以在三维方式下展示，以满足不同可视化形式的要求。

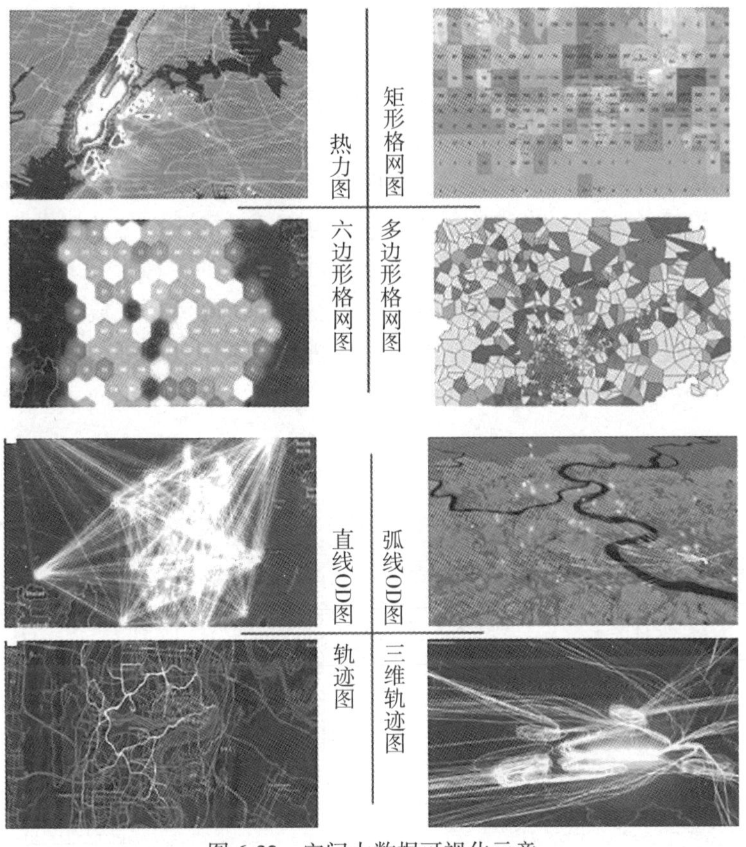

图 6-32 空间大数据可视化示意

大数据 GIS 技术实现了空间大数据的存储、分析和可视化，形成了一套完整的针对空间大数据应用的解决方案。大数据 GIS 技术除了需要 IT 大数据技术之外，还需要跨平台 GIS 和分布式 GIS 技术作为支撑，跨平台 GIS 技术让大数据 GIS 技术能够运行于 Linux、UNIX 操作系统，使得大数据 GIS 的性能得以充分发挥。分布式 GIS 技术为大数据 GIS 技术提供了弹性可扩展的计算和存储资源，支持高效能的流数据处理、实时分析、价值发现等任务。未来大数据 GIS 技术将不断突破系统硬件资源的限制，结合人工智能 GIS 等技术，进一步提高空间大数据存储、管理和分析能力，同时融合更丰富的可视化技术，形成一套高效的空间大数据，实现其从采集、治理、整合到存储、分析、发布等一体化的全流程管理与应用。

6.5.3　人工智能 GIS 技术应用

随着计算能力的提升，机器学习、深度学习等算法得到了进一步发展和应用，人工智能(Artificial Intelligence，AI)也日渐成为新一轮科技革命和产业变革的核心驱动力，基于人工智能的 GIS 技术体系(简称为人工智能 GIS 技术)成为新一代 GIS 技术的重要发展方向。数据量、计算能力、算法模型和应用场景是人工智能的主要驱动力，对于人工智能 GIS 技术体系，可相应地自下而上划分为数据层、领域库、框架层和功能层四大部分，如图 6-33 所示。最底层为数据层，既包括遥感影像这样的文件型数据，也包括关系型数据以及大数据场景下使用较多的 NoSQL 数据。数据层之上为领域库，是指聚焦于地理空间信息领域，面向 AI 技术中较为基础和重要的样本和模型 2 个方面开展建设，不断丰富各类地理空间数据样本和模型。举例来说，面向基于深度学习的遥感影像分析任务，可以细分为场景分类、目标检测、分割等几类功能，针对不同功能开展相关样本收集积累和模型训练，不断迭代更新完善。在框架层中，需要通过合理地抽象和封装来兼容多种 AI 框架，既可以避免重复性研发工作，又可以高效地与最新算法和模型研究成果进行融合。最上面的功能层，即具体提供出来的人工智能 GIS 技术能力，是人工智能 GIS 技术体系的主体，包括三大核心内容：GeoAI(人工智能 GIS 算子)、AI 赋能 GIS(AI for GIS)和 GIS 赋能 AI (GIS for AI)。

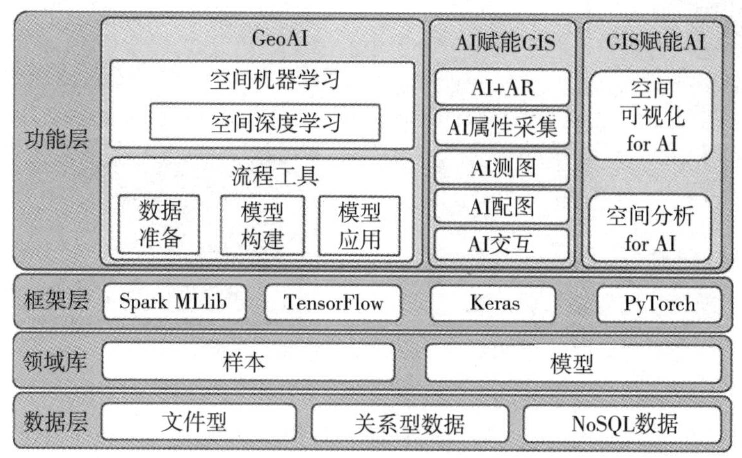

图 6-33　人工智能 GIS 技术体系架构

1. GeoAI

GeoAI 算子是以数据准备、模型训练和模型应用的完整流程工具为基础来实现的。当前 AI 技术已经完成从统计学向机器学习的进化，并不断向深度学习推进。因此 GeoAI 算子主要包含空间机器学习和空间深度学习 2 个部分。空间机器学习包含聚类、分类和回归等多种分析，形成了包括空间热点、空间密度聚类、决策树分类、决策树回归、基于森林的回归等一系列空间机器学习算子(图 6-34)，在城市治理、土地利用和生态恢复等场景中得到了广泛应用。

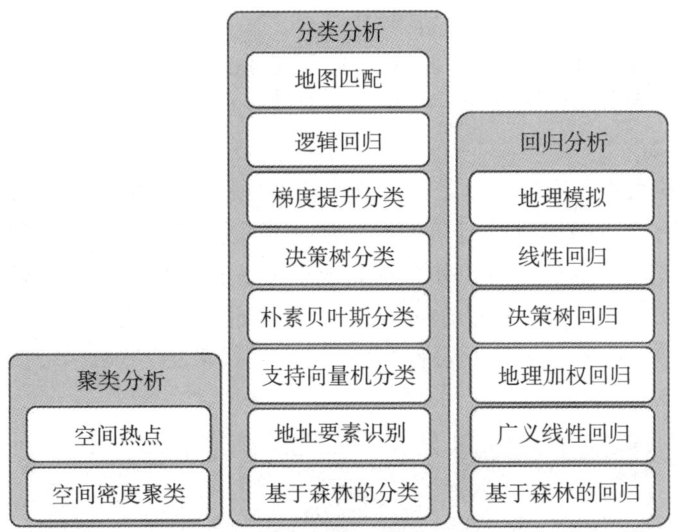

图 6-34 部分空间机器学习算子

空间深度学习则以卷积神经网络(Convolutional Neural Network，CNN)和图神经网络(Graph Neural Network，GNN)为代表，对 GIS 中图片数据、影像数据、时空数据和三维数据等进行处理，实现了包括建筑物底面提取、地物分类、二元分类、场景分类、目标检测、对象提取、图时空回归等空间深度学习算子(图 6-35)，广泛应用于遥感影像分析、道路和建筑物提取、气象建模、交通流预测等场景。随着语义分割、实例分割等新技术的持续融入，空间深度学习的效率和准确性正不断被提高。

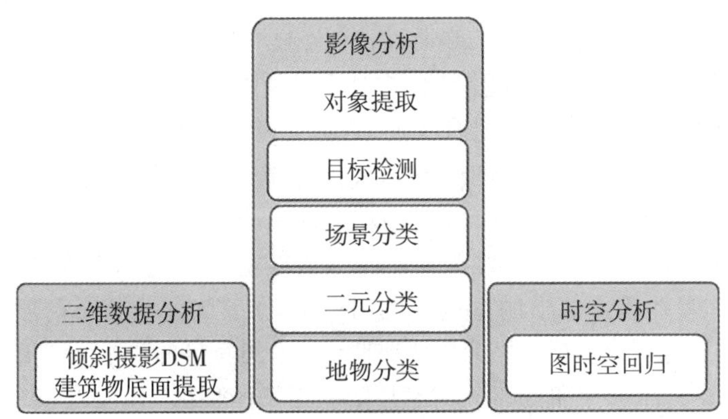

图 6-35 部分空间深度学习算子

2. AI 赋能 GIS

AI 赋能 GIS 即基于 AI 技术，增强和优化 GIS 软件功能和用户体验，体现在融合 AI 的增强现实(Augmented Reality，AR)、属性采集、测图、配图、交互等方面。随着 GIS 的全空间化、泛在化和空天地一体化的发展趋势，空间信息的来源已经从传统的遥感测绘逐渐发展到多种多样的形式，对 GIS 的数据处理能力提出挑战。通过深度学习等人工智能技术的非结构化信息感知与提取能力，能够补充 GIS 在各种场景下处理新型数据源的能力，提高 GIS 在数据获取、处理和制图，以及与用户交互的效率。例如，AI 技术可以降低 GIS 数据采集和测图成本，也可以简化 GIS 制图和软件交互流程。

1) AI 属性采集

在城市管理执法中，需要频繁录入现场执法案件属性信息。基于 AI 的图像目标检测和分类技术可以有效提高属性采集效率，例如在违章停车案件中，可以快速识别车牌编号、车身颜色、车辆类型等信息，并自动完成填报。其他执法场景如暴露垃圾、乱堆物料、非法广告、城市部件等均可以通过 AI 进行识别并自动填报(图 6-36)。类似的 AI 图像识别应用，可以大幅减少手工录入工作量，提高属性采集工作效率。

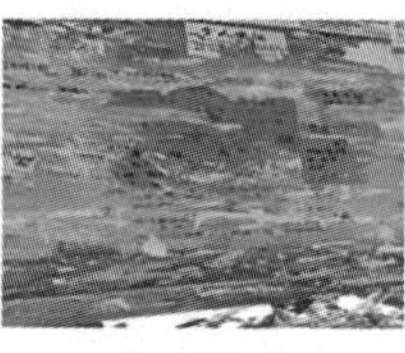

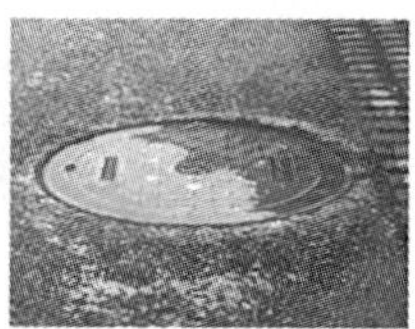

暴露垃圾　乱堆物料　非法广告　交通信号灯　上水井盖

图 6-36　基于图像分类技术的执法案件上报

2) AI 测图

GIS 中的测图技术正在逐渐从室外走向室内，而测量精度和测量成本是室内测图的 2 个关键要素。基于激光雷达技术的室内测图方式，测量精度较高，但测量成本也相对较大，且整体流程较为复杂。为解决该问题，将惯性测量单元(IMU)和计算机视觉技术相结合，可显著降低室内测图成本。该方法首先需要获取连续拍摄的室内图片，基于计算机视觉算法对连续图片进行特征点匹配，并通过特征点匹配结果还原真实空间位置，最后可以将位置信息通过坐标转换的方式映射到地图中，实现整个 AI 测图过程。目前，在移动端 GIS 软件可以实现基于 IMU 和计算机视觉的 AI 测图功能，用户在某些应用中用普通的手机设备部分替代较为昂贵的室内测图设备，以降低测图成本。

同时，基于 SLAM 框架和 IMU 融合技术的视觉惯性系统(Visual-Inertial System, VINS)，可以在没有卫星定位信号的室内环境中实现定位，进而实现基于 AI+AR 的室内导航，并可进行非专业测绘要求的室内测图(图 6-37)，其直接测图精度在小范围最高可达厘米级，通过控制点等辅助方式可实现大范围厘米级精度测图，对测图硬件设备要求也较低(一部支持 AR 技术的手机即可)。该技术可应用于商城、地铁、停车场、办公楼、地下空间等环境的快速室内测图，以降低室内测图成本。

3) AI 配图

地图配图是 GIS 的基础能力，传统手工配图要对众多地图内容要素反复搭配与调整，较为复杂和耗时。图像风格迁移是在保留目标图片内容的基础上，将风格图片的色彩构成、色彩分布等整体风格迁移到目标图片上的技术。AI 配图即基于图像风格迁移思想，使用机器学习算法，对输入的图片风格进行识别和学习，结合面积权重、目标对象类型等信息，将图像风格迁移到目标地图的一种自动化配图的技术。桌面端 GIS 软件中嵌入 AI 配图功能，能快速将风格图片复杂的颜色风格迁移到目标地图上，显著提升 GIS 配图效率和效果。

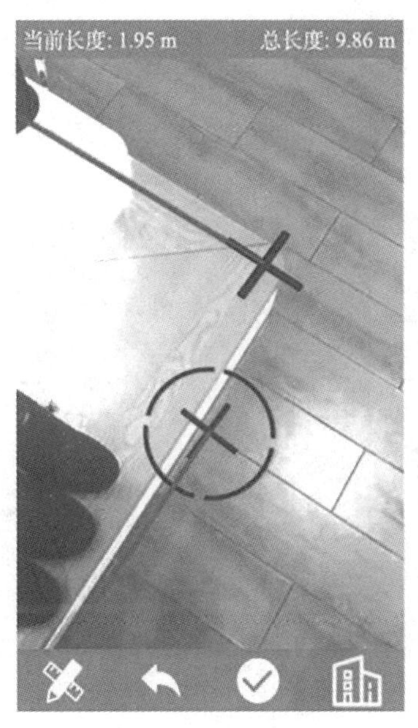

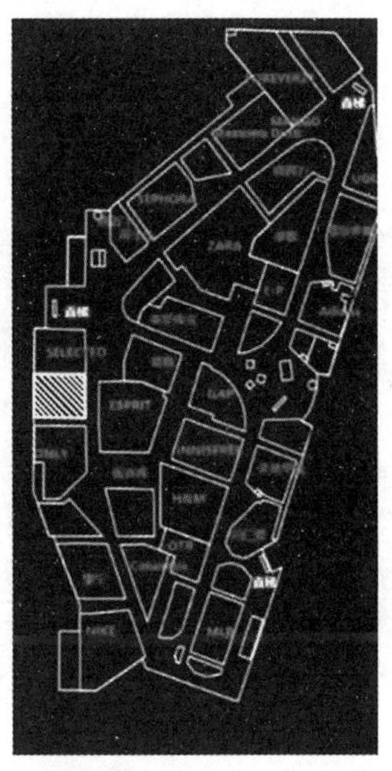

图 6-37 基于 AI+AR 的室内测图

AI 配图的主要流程包括：①提取风格图片关键色，首先输入选定的自定义地图模板风格图片，基于 K-means 聚类算法提取图片特征，得到风格图片中的关键色；②提取当前地图关键色，主要对原始地图进行关键色提取；③面积排序匹配，提取关键色后，需要对提取的图片关键色和地图关键色进行匹配，选择面积匹配算法，按照面积权重将图片的颜色自动匹配至原始地图。

4) AI 交互

在 GIS 软件当中，经常需要进行地图和场景的交互操作，通过交互操作对空间数据进行查询、浏览和使用。现有的 GIS 系统，如 SuperMap，可借助 AI 中的语音识别、手势识别、人体关键点检测等技术实现智能化的 GIS 软件交互。如图 6-38 和图 6-39 所示，基于手势识别，可以对二维地图和三维场景进行平移、缩放、旋转等交互操作，也可以将手势识别扩展为人体姿态的识别，通过捕捉人体动作的关键点，识别姿态动作来进行二三维地图操控。

3. GIS 赋能 AI

GIS 赋能 AI 即基于 GIS 技术，将 AI 分析结果进行空间可视化和进一步空间分析，让 AI 技术发挥更大的作用。

1) 空间可视化赋能 AI

空间可视化技术是 GIS 的核心能力之一，GIS 提供了多样化的地图展现手段，对各种应用数据的空间分布特征和趋势进行有效表达。可以将属性值汇总到行政区划图斑中，在地图中展现不同区域的差异变化，也可以通过规则格网进行属性值聚合，发现高值聚集区域，或者使用热力图对空间整体的热点分布状况进行直观表达。举例来说，视频与 GIS 的集成应用已经成为当前的一个研究热点，借助 AI 技术，可以实现摄像头视频的目标检测与追踪，也可以进行智能化的人群感知，但如果不借助 GIS，很难对遍布整个区域的视频识别结果进行全局展示和综合分析。因此，可以基于空间可视化技术，将视频识别结果在地图中进行热力图、聚合图等多种可视化效果的展示，如图 6-40 所示；可辅助管理人员掌握整体空间趋势，探查空间异常情况，进一步挖掘视频数据的深层隐含信息。

图 6-38　基于手势识别的隔空地图操作

图 6-39　基于人体姿态识别的隔空地图操作

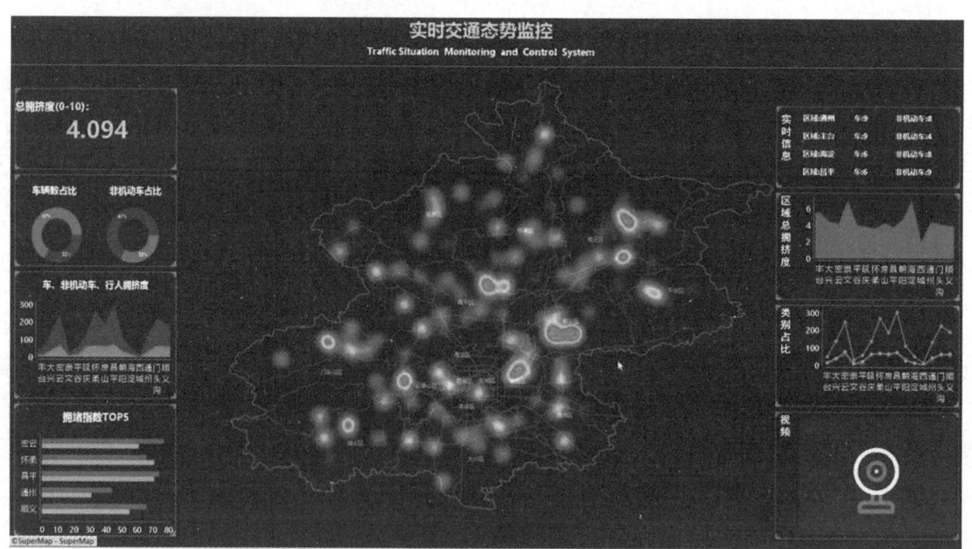

图 6-40　交通流量监控可视化

2）空间分析赋能 AI

空间可视化技术可以辅助从整体上认识数据的分布特征，而空间分析技术可以对 AI 提取结果进行深入处理与挖掘，即将空间计算过程加入 AI 识别结果的进一步分析过程。例如，通过 AI 技术可以识别出视频数据中的各类关键目标，如行人、机动车、公交车等，通过建立视频空间和真实地理空间的映射，可以将公交专用车道占用这样的应用问题转化为地理围栏分析，如图 6-41 所示，对视频内目标进行空间关系计算，发现进入公交车道的行人和机动车等违章情况。另一方面，可以基于交通监控摄像头的 AI 识别获取目标车辆经过的多个位置以及相应时间，基于这些信息，可以结合交通路网数据进行 GIS 最佳路径分析，还原目标车辆的真实运行轨迹，服务于目标车辆的追踪应用。

图 6-41 地理围栏实时告警系统

随着人工智能技术的飞速发展，GIS 与人工智能从数据、模型到应用等多个方面进行了融合：人工智能为 GIS 注入智能化基因，提高了效率，降低了成本；GIS 则为人工智能提供了可视化窗口和空间分析能力。二者相互赋能，在自然资源、智慧城市、农林、水利、交通、环保等方面得到了应用。在人工智能技术不断深入和完善过程中，人工智能 GIS 技术也将为 GIS 产业创造更大价值。

6.6 案例六 A 级景区空间分布格局

6.6.1 案例场景

旅游景区是旅游产品和旅游活动的核心，是区域旅游业发展的基本物质条件。A 级景区是国家对旅游景点质量和等级综合评价的标准，因其较强的旅游管理系统、高质量的景区服务，能够促进国家旅游资源的开发利用。A 级景区已成为我国旅游业发展的中坚力量，其空间分布深刻影响着旅游资源空间竞争的性质、程度与发展战略。因此，揭示 A 级景区的空间分布格局可以为区域旅游景区空间结构优化提供科学参考。

从哪几个方面进行 A 级景区空间分布格局的识别？不同类别空间格局采用什么方法进行判断？对空间分布格局的结果如何进行可视化？针对分布格局结果怎么进行分析

讨论？

本案例以“A 级景区空间分布格局”为应用场景，基于 A 级景区数据，利用最邻近指数法揭示 A 级景区的类型分布格局，利用核密度分析法揭示 A 级景区的密度分布格局，利用标准差椭圆分析法揭示 A 级景区的方向分布格局。

6.6.2　目标与内容

1. 案例目标与要求

(1)能利用最近邻指数法进行类型分布格局判断。

(2)能利用核密度分析法进行密度分布格局判断。

(3)能利用标准差椭圆分析法进行方向分布格局判断。

2. 案例内容

(1)类型分布格局。

(2)密度分布格局。

(3)方向分布格局。

6.6.3　数据与思路

1. 案例数据

本案例揭示 A 级景区的空间分布格局，数据存放在“data6”文件夹中，具体如表 6-1 所示。

表 6-1　**数据明细**

数据名称	类型	描述
河南省 A 级景区	Shapefile 点要素	用于进行空间分布格局判别
河南省行政区	Shapefile 面要素	用于辅助空间分布格局显示

2. 思路与方法

(1)针对“类型分布格局”，基于最近邻指数方法，判断 A 级景区趋于均匀型分布、集聚型分布，还是随机型分布。

(2)针对“密度分布格局”，基于核密度分析方法，估计 A 级景区在不同地理空间位置上的发生概率，判断在空间上的分布形态和均衡程度。

(3)针对“方向分布格局”，基于标准差椭圆分析方法，通过计算标准差椭圆的重心、长轴、短轴、转角和面积，判断 A 级景区的方向性、离散性等特征。

6.6.4　案例步骤

1. 类型分布格局

1）最近邻指数

最近邻指数用于表示地理空间中点状要素的相互邻近程度，是平均观测距离与预期平均距离之比，可以判定河南省 A 级景区在空间上的分布类型。计算公式为：

$$R = \frac{R_1}{R_2} = \frac{\frac{1}{n}\sum_{i=1}^{n} D_i}{\frac{1}{2\sqrt{\frac{n}{S}}}} \tag{6-1}$$

式中，R 为最近邻比率；R_1为平均观测距离；R_2为预期平均距离；n 为 A 级景区的数量；D_i为 i 点到最近邻点的距离；S 为研究区域总面积。$R>1$ 表示 A 级景区趋于均匀型分布；$R<1$ 表示 A 级景区趋于集聚型分布；$R=1$ 表示 A 级景区趋于随机型分布。

2）平均最近邻工具

ArcGIS 平均最近邻工具将返回 5 个值，分别为 p 值、z 得分、平均观测距离、预期平均距离、最近邻指数。

p 值：表示概率，当 p 很小时，意味着所观测到的空间模式不太可能产生于随机过程（小概率事件），因此可以拒绝零假设。

z 得分：标准差倍数。如果工具返回的 z 得分为+2.5，即结果是 2.5 倍标准差。标准差能反映一个数据集的离散程度。

可通过图 6-42 进行分布类型判断，处于中间部分表示随机分布，左侧为集聚分布，右侧为离散分布。

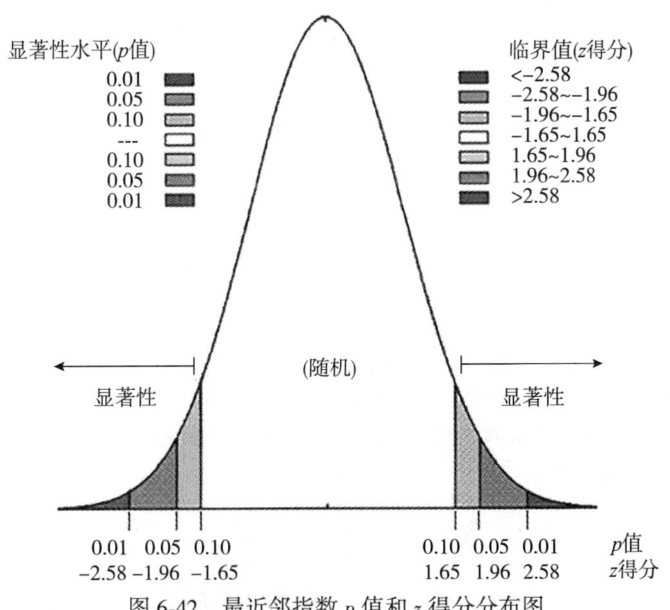

图 6-42　最近邻指数 p 值和 z 得分分布图

3) 分布类型判断

启动 ArcGIS 软件，加载河南省 A 级景区数据，在 ArcToolbox 工具箱中，打开【空间统计工具】→【分析模式】→【平均最近邻】对话框(图 6-43)，【输入要素类】选择“河南省 A 级景区”，【距离法】选择“EUCLIDEAN_DISTANCE”，即两点间的直线距离，勾选“生成报表”，点击【确定】。从生成的报表中将返回的 5 个值填入表 6-2 中，由此得知，河南省 A 级景区的最近邻比率为 0.572，*Z* 得分为-19.741，显著性检验 *P* 值为 0.000，说明河南省 A 级景区在空间上表现为显著的集聚型分布格局。利用 SQL 查询方式提取出 5A、4A、3A、2A 景区数据并导出，分别计算其最近邻指数，其结果如表 6-2 所示，最近邻指数分别为 1.418、0.657、0.637、0.745，说明河南省 5A 级景区趋于均匀分布，4A、3A、2A 景区与全部景区分布类型相同，均呈显著的集聚型分布格局。

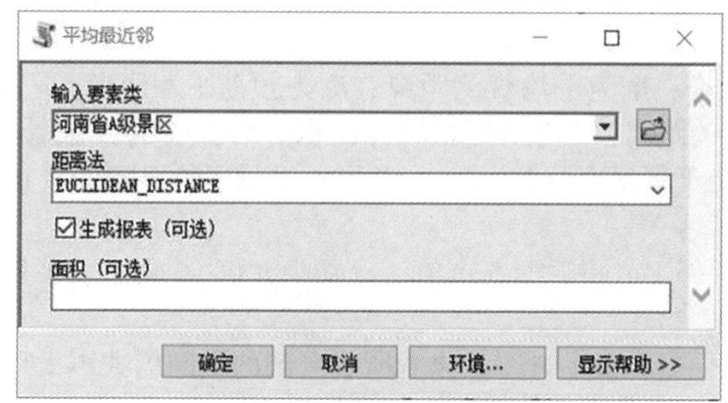

图 6-43　平均最近邻对话框

表 6-2　**河南省 A 级景区最近邻指数**

景区类型	平均观测距离(m)	预期平均距离(m)	最近邻指数	*z* 得分	*p* 值	分布类型
全部景区	6061.688	10606.301	0.572	-19.741	0.000	显著集聚
5A 景区	67012.551	47271.061	1.418	3.094	0.002	均匀分布
4A 景区	11881.801	18073.185	0.657	-9.010	0.000	显著集聚
3A 景区	9290.717	14578.134	0.637	-11.443	0.000	显著集聚
2A 景区	15565.857	20883.517	0.745	-4.944	0.000	显著集聚

2. 密度分布格局

1) 核密度分析

核密度分析用于估计点集要素在不同地理空间位置上的发生概率，可以在空间上清晰地表示河南省 A 级景区的分布形态和均衡程度。核密度值越高，A 级景区越集聚；反之，集聚程度就越低。计算公式为：

$$f(x) = \frac{1}{nh}\sum_{i=1}^{n} k\left(\frac{x - x_i}{h}\right) \tag{6-2}$$

式中，$f(x)$ 为 A 级景区的核密度估计值；n 为搜索半径内 A 级景区的个数；h 为搜索带宽半径；k 为核函数；$(x - x_i)$ 为 A 级景区 x 到样本 A 级景区 x_i 处的距离。

2)核密度分布格局图制作

启动 ArcGIS 软件，加载河南省 A 级景区和行政区划数据，在 ArcToolbox 工具箱中，打开【Spatial Analyst】工具→【密度分析】→【核密度分析】对话框(图 6-44)，【输入点或折线要素】选择“河南省 A 级景区”，【输出栅格】保存至“data6”文件夹，命名为“核密度”，【搜索半径】设置为“50000”m，点击【环境】按钮，打开【环境设置】对话框，将【处理范围】设置为与图层“河南省行政区”相同，将【栅格分析】中的【掩膜】设置为“河南省行政区”，两次【确定】后，得到核密度结果，对其进行符号化设置(图 6-45)，点击【分类】按钮，在弹出的【分类】对话框中，选择“自然间断点分级法”，分为 7 类，点击【确定】后返回【图层属性】对话框，将标注数值换算为以“万 km^2”表示的 A 级景区数量范围，点击【确定】。最后利用布局视图进行输出设置(具体方法参照案例 5)，得到河南省 A 级景区核密度分布图(图 6-46)。

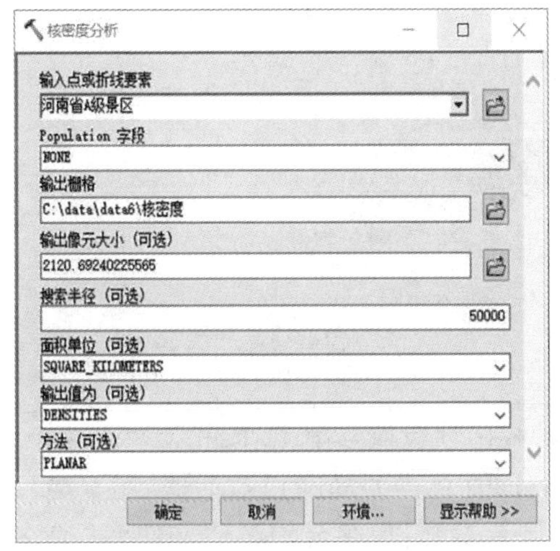

图 6-44 【核密度分析】对话框

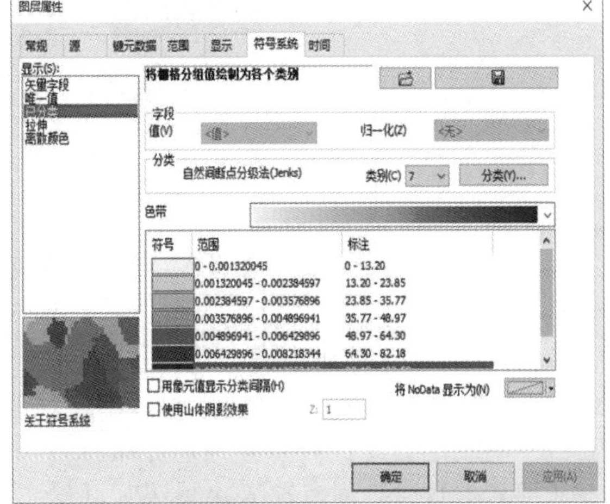

图 6-45 符号化设置

结果显示，河南省 A 级景区核密度地域差异明显，空间分布不均衡，整体呈“北中高、东南西低”的分布特征，数量分布最多的三个核心集中在焦作、平顶山和洛阳西部，核密度值高达 82.18~108.58 个/万 km^2；低密度区主要分布在商丘、周口、三门峡等地市，核密度值为 0~13.20 个/万 km^2。

3. 方向分布格局

1)标准差椭圆

标准差椭圆用于分析点集地理要素空间分布的方向性，是一种典型的度量空间分布的统计方法。利用 ArcGIS 计算标准差椭圆的重心、长轴、短轴、转角和面积，判断 A 级景区的方向性、离散性等特征。重心表示 A 级景区的集聚中心；长轴表示 A 级景区的主趋势方向，短轴表示分布范围，短轴越短，分布的方向性越显著；转角表示 A 级景区的分布方向；面积表示 A 级景区分布的离散程度，面积越小，集聚程度越高。

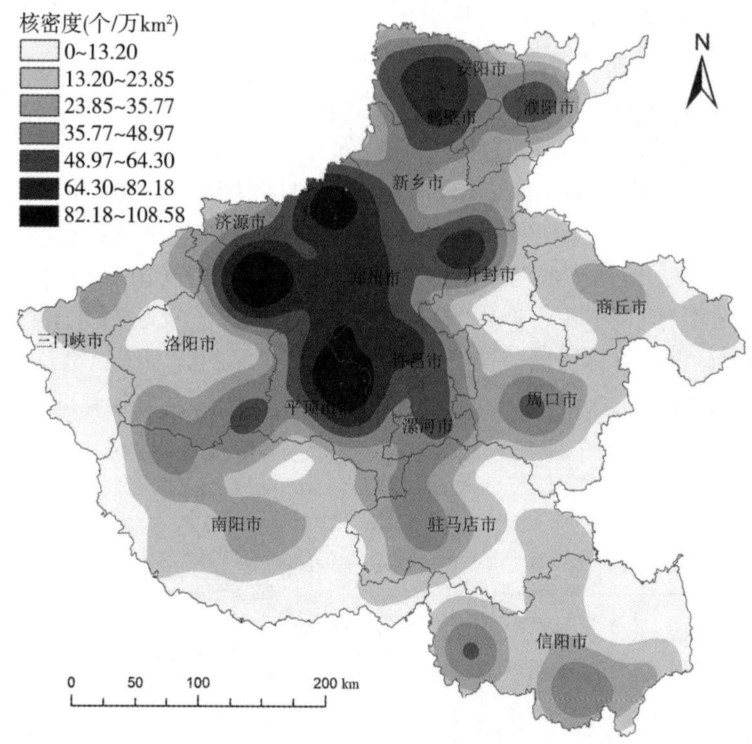

图6-46　河南省A级景区核密度分布图

2)方向分布格局图制作

启动ArcGIS软件，加载河南省A级景区和行政区划数据，在ArcToolbox工具箱中，打开【空间统计工具】→【度量地理分布】→【方向分布(标准差椭圆)】对话框(图6-47)，【输入要素类】选择“河南省A级景区”，【输出椭圆要素类】保存至“data6”文件夹，命名为“标准差椭圆”，点击【确定】。利用布局视图进行输出设置，得到河南省A级景区方向分布格局图(图6-48)。

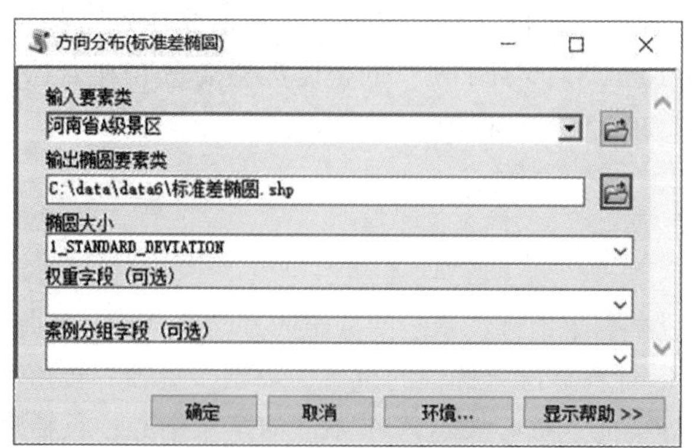

图6-47　【方向分布】对话框

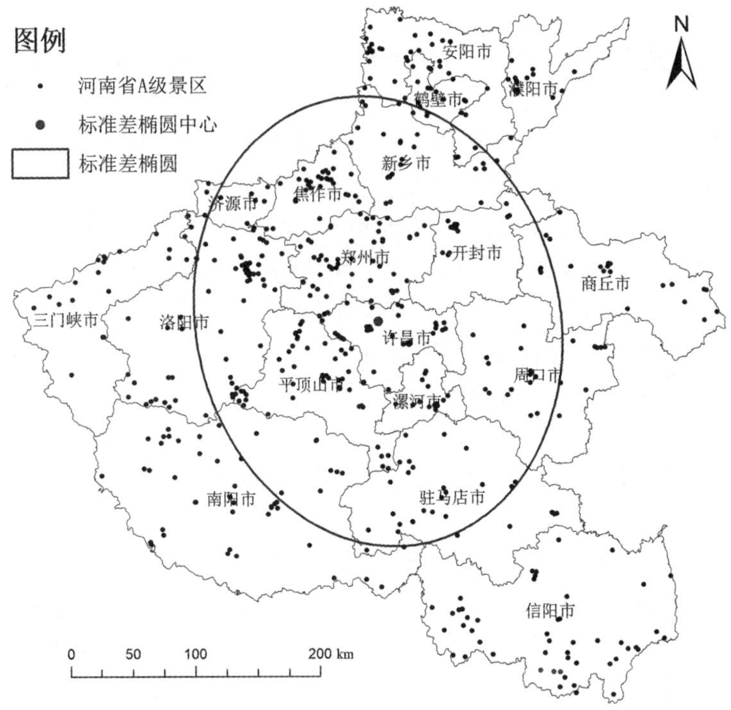

图 6-48 河南省 A 级景区方向分布格局图

打开标准差椭圆属性表(图 6-49)，可以看到椭圆的中心坐标(x, y)，河南省 A 级景区的重心位于许昌，标准差椭圆长轴为 177.967km，短轴为 146.370km，转角为 166.683°，河南省 A 级景区方向分布格局整体呈现北(略偏西)-南(略偏东)的空间分布态势，A 级景区分布长轴中轴线大体上处在焦作—郑州—许昌—漯河—驻马店一线附近。

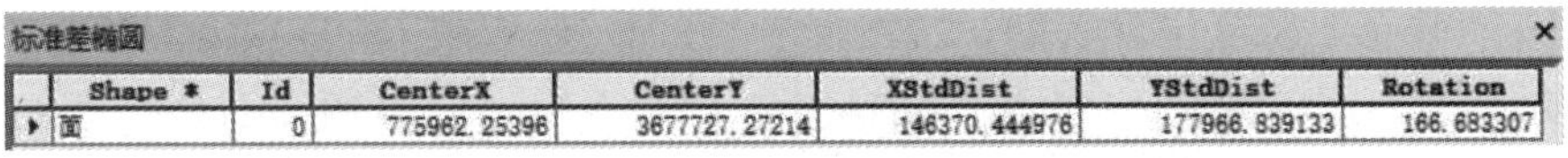

标准差椭圆

Shape *	Id	CenterX	CenterY	XStdDist	YStdDist	Rotation
面	0	775962.25396	3677727.27214	146370.444976	177966.839133	166.683307

图 6-49 标准差椭圆属性信息

4. 案例结果

本案例最终成果具体内容如表 6-3 所示。

表 6-3 **成果数据**

数据名称	类型	描述
最近邻法结果	HTML 网页文件	平均最近邻汇总结果
核密度分布图	JPG 栅格图像	核密度分析的可视化结果
A 级景区方向分布格局图	JPG 栅格图像	标准差椭圆分析的可视化结果

6.7　拓展六　地理创新价值　地理信息产业成就

2022 年 9 月 19 日，自然资源部副部长、党组成员、总工程师刘国洪在中共中央宣传部举行的“中国这十年”系列主题新闻发布会上表示，测绘地理信息工作具有基础地位，极为重要、使命光荣。习近平总书记在 2015 年专门给国测一大队的老队员、老党员回信，充分肯定测绘地理信息战线的同志对党忠诚、为国奉献的崇高精神。在习近平总书记重要指示精神的鼓舞下，我国测绘地理信息工作者努力拼搏、开拓创新，各项工作实现了转型升级。产业规模持续壮大，技术水平飞速跃升，应用服务广泛深入，产业基础日益坚实，自主创新成果丰硕，国际影响显著增强。

6.7.1　产业加速转型升级，阔步迈入高质量发展新阶段

立足新发展阶段，贯彻新发展理念，构建新发展格局，我国地理信息产业不断增强生存力、竞争力、发展力、持续力。10 年来，我国地理信息产业规模实现跨越式发展，产业结构持续优化，应用领域广泛深入，产业加速转型升级，阔步迈入高质量发展新阶段。

(1)地理信息产业产值持续攀升，从业单位数量持续增长。

我国地理信息产业总产值从 2011 年的 1500 亿元增长到 2021 年的 7524 亿元，近 10 年复合增长率为 17.5%。2021 年我国地理信息总产值再创新高，同比增长 9.2%。我国地理信息企业数量从 2011 年的 2 万余家增加到 2021 年的 16.4 万家，数量翻了四番；复合增长率达 23.4%。从业人员数量从 10 年前的不足 40 万人，至 2021 年超过 398 万人，2021 年同比增长 18.5%，产业吸纳就业人员作用明显。

(2)地理信息企业实力和竞争力显著增强。

一大批领军企业脱颖而出，龙头企业加快发展壮大。中国地理信息产业协会发布的地理信息产业百强企业榜单告诉我们：2016 年，百强企业入围门槛是 6043 万元；2022 年，已达 1.51 亿元，门槛提高了 1.5 倍。2016 年，百强企业营收总额 231.5 亿元；2022 年，增长到 525.8 亿元，数据翻了一番。近年来，地理信息上市企业从 30 余家增加到近 70 家，新三板挂牌企业达到了 130 余家。

(3)地理信息中小企业创新活跃、活力满满。

迄今为止，4922 家国家级专精特新“小巨人”企业中，91 家地理信息企业榜上有名；1984 家国家重点“小巨人”企业中，地理信息企业有 48 家；更有众多地理信息企业上榜省市级“专精特新”中小企业。中国地理信息产业协会发布的 100 家“2022 地理信息产业最具活力中小企业”榜单，地理信息业务营收总额同比增长 18.5%；净利润总额同比增长 19.3%；整体净利润率达 13.5%。越来越多的地理信息中小企业深耕于细分市场，创新能力、专业化水平不断提升。

(4)民营经济成为产业主力军，多个细分领域表现突出。

在地理信息产业百强企业榜单中，民营企业占比超 65%；最具活力中小企业榜单、最具成长性企业榜单中，民营企业占比超 80%；地理信息上市挂牌企业中，民营企业占比超 85%。民营企业成为产业发展的主力军。在地理信息系统软件、导航定位芯片与板

卡、遥感软件、测绘仪器装备、导航软件、互联网地图等领域，民营企业表现突出，基本占据主导位置。

6.7.2 科技创新能力显著提升，成果助力经济社会发展

从量的积累迈向质的飞跃，从点的突破迈向系统能力提升。10 年来，地理信息技术不断融合创新，关键核心技术实现重大突破，自主创新成果层出不穷，国产化水平迈上新台阶，科技成果助力经济社会发展。

(1)地理信息技术体系在多方面发生变革，与新技术深度融合发展。

“空天地海”一体化高精度实时地理信息数据采集能力逐步提高，激光点云技术和倾斜摄影测量技术等各种便捷化新型测量技术日趋成熟，高精度、高效率、自动化、海量数据信息的数据采集作业方法广泛应用。大数据、云计算、人工智能等新技术实现地理信息智能化处理水平不断提升，分析处理能力不断增强，地理信息价值得到更深程度挖掘，地理信息数据处理已由劳动密集型转向技术密集型。地理信息技术与大数据、云计算、5G、人工智能、数字孪生、物联网、虚拟现实等新技术深度融合，相互赋能，智能化、泛在化、普适化的特征越来越明显。GIS 基础平台软件已发展出二三维一体化 GIS、大数据 GIS、云中台 GIS、人工智能 GIS、AR GIS、视频 GIS 等技术体系。

(2)自主创新能力不断突破，关键核心技术实现突破。

我国地理信息企业在地理信息系统平台软件、地理信息处理软件、全数字摄影测量系统、遥感图像处理系统、测绘类三维建模软件等多个细分领域自主软件产品基本实现布局，在部分空白领域取得突破。北斗卫星导航定位芯片成功研制，天文大地网整体平差计算、全数字化自动测图、高分辨率立体测图卫星测绘等核心与关键技术被攻克，全数字摄影测量工作站、机载雷达测图系统、大规模集群化遥感数据处理系统、倾斜相机、无人机航摄等一大批核心技术装备实现自主研发。部分装备性能指标优于国外同类产品。我国自主研制的车载激光建模测量系统达到国际先进水平。

(3)重大科研成果竞相涌现，国产化水平迈上新台阶。

产学研各界合作不断加强，涌现出一批又一批科研创新成果，获得国家科技奖等各类表彰。在 2020 年度国家科学技术进步奖中，有 6 项地理信息科技成果获奖；在全国各省级的 2020 年度科学技术奖中，共有 76 个地理信息相关项目获奖。在第二十三届中国专利奖共 958 项获奖项目中，地理信息相关获奖项目共 30 项，专利水平不断提高，高价值专利拥有量不断增加。2 万余家测绘资质单位使用的自主软件比例，地理信息处理软件、全数字摄影测量系统超过 90%，地理信息系统平台软件、遥感图像处理系统、导航地图编辑系统超过 80%。我国测绘装备自主水平不断跨越发展。2020 年珠峰高程测量，首次以国产仪器为主力承担峰顶测量任务，首次在珠峰高程测量中应用北斗系统的数据并以北斗数据为主。“十三五”期间自然资源部门测绘地理信息装备台(套)国产化率由 75%提高到 81%。我国国产的电子测距仪、电子经纬仪、光学水准仪、数字水准仪、常规全站仪等常规测绘装备的技术性能先进，生产体系完善，产品系列齐全，生产能力世界第一，在国内市场中已经完全替代进口，并在国际市场占有 80%的份额。

(4)地理信息应用领域广泛深入，全面助力经济社会发展。

地理信息产业已成为数字经济的重要组成部分和核心产业之一，对经济社会发展、生态文明建设、国防安全都发挥着重要作用，已经成为我国数字经济新的增长极。从跨界融合到社会化服务，地理信息成果应用不断深入扩展，各行各业充分受益于地理信息的发展红利，已成为中国产业变革、经济转型的澎湃动力之一。地理信息技术创新孕育出大量新业态、新模式。在万亿级的网络经济、共享经济、数字经济的快速发展背后，有基于位置服务的重要支持。地理信息及其技术，使城市更智慧，使人们生活更美好、便捷。

6.7.3 产业基础日益坚实，产业发展动能持续增强

地理信息产业基础更加坚实，发展动能持续增强。10年来，北斗系统大规模应用打破国外长期垄断，全国卫星导航定位基准服务系统已经全面建成，国产高分辨率影像数据获取实现零的突破，地理信息教育蓬勃发展，为产业不断输出发展动力。

(1)北斗三号全球卫星导航系统建成开通，系统运行连续稳定，性能不断提升。

2020年，北斗三号全球卫星导航系统建成开通。目前，北斗系统在全球一半以上国家和地区推广使用。北斗规模应用进入市场化、产业化、国际化发展的关键阶段，打破了国外系统的长期垄断。定位导航授时服务、全球短报文通信服务、国际搜救服务、星基增强服务、地基增强服务、精密单点定位服务、区域短报文通信服务七种服务全面推进。全国卫星导航定位基准服务系统已经全面建成，实现向全社会提供厘米级实时的导航定位服务。截至2021年末，我国已建成卫星导航定位基准站超过25000座。

(2)我国国产卫星遥感数据获取能力显著提高，国产高分辨率影像数据获取实现了零的突破。

10年前，需要采购国外卫星高分影像。目前，仅自然资源部作为牵头主用户的国产在轨卫星就达到25颗。我们实现了对全部陆地国土2m分辨率影像季度全覆盖，亚米分辨率影像年度全覆盖。截至2022年6月，我国民用遥感卫星在轨工作卫星数量超过200颗。其中，商业遥感卫星超过150颗，发展势头强劲。遥感卫星地面系统进一步完善，基本具备卫星遥感数据全球接收、快速处理与业务化服务能力。

(3)公共服务平台资源更加丰富，功能服务不断增强。

截至2022年7月底，国家地理信息公共服务平台“天地图”的日均地图访问量超过8.14亿次，累计注册开发用户超过80.79万个，支撑应用超过73.18万个，应用范围涵盖自然资源、生态环境、公共安全、科研教育、交通运输等领域，有力推进了政府地理信息资源共享，提升了地理信息应用效能。

(4)商业化位置服务平台发展迅速，海量数据助力海量应用。

以百度地图、高德地图、腾讯位置、华为地图等为主的企业位置服务开放平台，拥有海量国内外地理信息数据和强大的服务功能，为各行业开发的海量移动应用及互联网应用提供强大支撑，互联网地图日均位置服务请求次数最高达1300亿次，日覆盖用户数超过10亿人次，全球兴趣点(POI)总数最高达2.6亿、覆盖超过200个国家和地区，开发者超过230万，服务超过60多万移动应用，地图展示与搜索支持70多种语言，全球路网覆盖超过7000万km。

(5)地理信息教育蓬勃发展，人才培养不断加强。

截至 2022 年 4 月，全国具有地理信息科学本科专业的高校共 194 所，拥有地理信息相关专业硕士点和博士点的院校 120 余所；具有测绘工程本科专业的普通高校共 161 所，拥有测绘相关专业硕士点和博士点的院校 80 余所；具有遥感科学与技术本科专业的普通高校共 61 所；具有地理空间信息工程、导航工程、地理国情监测、地球信息科学与技术等本科专业的高校 30 余所。全国开设测绘地理信息相关专业的高职高专院校近 300 所。测绘地理信息相关专业就业率在全国居各学科前列。地理信息相关专业社会认知度显著提高，人才培养不断加强，为产业源源不断输出技术人才。

6.7.4 国际市场不断拓展，产业国际影响力显著提升

耕耘神州，放眼全球。10 年来，地理信息产业在时代坐标中校准前进方向，在广阔天地腾跃纵横，不断走向世界舞台，发出地理信息强音。

(1)“一带一路”倡议和“走出去”战略，为我国地理信息企业开拓国际市场提供了良好的机遇。

近年来，我国测绘地理信息技术水平和服务能力显著提升，体现“中国智造”水平的测绘地理信息软件和硬件装备已进军国际市场，出口多个国家，并初步打开发达国家市场，出口产品受到国际认可。无人机航空摄影系统、卫星导航定位系统、测绘仪器装备、地理信息平台软件等产品步入国际先进行列。国产测绘无人机在性能、精度和应用范围方面已经远超进口产品，不仅完全满足国内需求，而且大量出口国际市场。

(2)地理信息企业积极对外合作，开拓国际市场，在境外市场的多元布局，取得了较好成绩。

北斗星通、四维图新、合众思壮等地理信息企业成功收购国外公司，超图软件、中海达、华测导航等地理信息企业在数十个国家设立了分支机构，在近百个国家发展了代理商和合作伙伴，产品技术服务于一百多个国家和地区的用户。越来越多的中国地理信息信息企业大力推行海外经营管理本地化策略，实现采购、物流、销售及全球技术服务的本地化，构建核心产品在全球研发、生产与营销的完整体系，在国际市场不断打响中国品牌。

(3)政产学研各界积极参与国际事务，形成合力助力产业迈向国际大舞台，不断提升国际影响力。

我国成功举办了首届联合国世界地理信息大会、第 21 届国际摄影测量与遥感大会、第 20 届国际地图制图大会、国际大地测量协会 2021 年科学大会等一系列重要国际会议。越来越多的中国专家在 GEO(地球观测组织)、FIG(国际测量师联合会)、ISPRS(国际摄影测量和遥感学会)、IAG(国际大地测量协会)、ICA(国际制图协会)、IUGG(国际大地测量和地球物理联合会)等地理信息领域国际组织和机构中担任要职。联合国全球地理信息知识与创新中心落户德清地理信息小镇。与联合国共同实施“中国及其他发展中国家地理信息管理能力开发”项目。我国专家主导编制的多项地理信息国际标准发布。

十载奋斗，书写恢宏篇章；伟大征程，召唤新的进发。当前，经济社会发展对地理信息产业提出了更新、更高的要求，国内国际市场蕴藏着巨大的潜力和发展机遇。浩渺行无极，扬帆但信风。我们相信，有党的英明领导，有国家推动地理信息产业的利好政策不断出台，有全体地理信息工作者的踔厉奋发、奋楫笃行，中国地理信息产业一定会创造出无

愧于党、无愧于人民、无愧于时代的新业绩，在新时代新征程上赢得更伟大的胜利和荣光！

资料来源：中国地理信息产业协会．这十年，中国地理信息产业气势如虹盛世腾飞[EB/OL]．2022-09-24]．http：//www. cagis. org. cn/Lists/content/id/3637. html.

职业技能等级考核测试

1. 选择题

(1)以下哪一项不是电子地图提供的服务？（　　）

A. 地图浏览　　B. 罪犯追踪　　C. 地点搜索　　D. 交通查询

(2)LBS 是什么？（　　）

A. 土地缓冲区系统　　B. 基于界限服务

C. 基于大数据系统　　D. 基于位置服务

(3)导航服务可以看作由卫星导航定位系统、GIS 以及网络技术等相结合，构建起来的一种________服务。（　　）

A. 路径搜索　　B. 全景查看　　C. 距离测量　　D. 地图浏览

(4)基于 GIS 构建的智能交通系统，能够有效地对交通相关的________进行采集、存储、检索、建模、分析和输出。（　　）

A. 空间数据　　B. 元数据　　C. 栅格数据　　D. 矢量数据

(5)GIS 供水管网系统是建立在以动态和静态的供水管网________基础上，对管线及各种设施进行属性查询、定位、分析、统计。（　　）

A. 图层　　B. 数据库　　C. 电子地图　　D. 数据采集

(6)根据管理对象的不同地籍分为城镇地籍和________。（　　）

A. 产权地籍　　B. 农村地籍　　C. 初始地籍　　D. 税收地籍

(7)GIS 应用于基础地理信息数据测绘业务中，建成了具备________采集加工处理、存储管理、数据分发等完整功能的新型基础测绘系统。（　　）

A. 多源数据　　B. 栅格数据　　C. 矢量数据　　D. 空间数据

(8)GIS 技术在我国一些资源管理领域已得到广泛应用，如林业领域建立了森林资源地理信息系统、荒漠化监测地理信息系统、________等。（　　）

A. 土地资源地理信息系统　　B. 湿地保护地理信息系统

C. 土壤地理信息系统　　D. 生态监测地理信息系统

(9)电子地图服务，即利用网络技术和________结合开发的地图空间信息服务。（　　）

A. 无人机技术　　B. GIS 技术　　C. 卫星定位技术　　D. 遥感技术

(10)________的建设目标是服务于地籍调查、土地登记、土地统计、地籍档案管理等方面地籍管理工作。（　　）

A. 地籍信息系统　　B. 地理信息系统

C. 土地信息系统　　D. 管理信息系统

2. 判断题

(1)在环境监测过程中，利用 GIS 技术可对实时采集的数据进行存储、处理、显示、分析和决策。因此 GIS 能使环境不受污染。 (   )

(2)GIS 可以为 110 指挥系统提供详细、直观的作战地图和空间分析手段。 (   )

(3)地籍是记载土地的位置、界址、数量、质量、权属和用途等土地状况的簿册。 (   )

(4)GIS 用于环境保护业务中，需要采集和处理大量的种类繁多的环境信息，而这些环境信息绝大多数与空间位置无关。 (   )

(5)GIS 在防洪抗旱中用来辅助进行防洪抗旱规划、辅助防汛指挥决策、灾情评估以及洪涝灾害风险分析等。 (   )

(6)根据管理对象的不同，地籍分为城镇地籍和农村地籍。 (   )

(7)GIS 在零售商业网点选址中可将人口、客流、交通、市场竞争等与地理位置密切相关的商业数据，通过图形、图表等方式将相关商业数据的统计分析结果输出给用户，以满足商业企业选址决策人员对空间信息的要求。 (   )

(8)GIS 可以进行管网爆管分析，有效防止地下管网正常运行。 (   )

(9)GIS 可以进行交通运输路线规划，查询道路的通行状况、迅速定位事故点、调度抢修车辆。 (   )

(10)GIS 为电子政务提供了基础地理空间平台，无须人工服务就可办理业务。 (   )

参 考 文 献

[1]汤国安．地理信息系统教程[M]．2版．北京：高等教育出版社，2019.

[2]华一新，张毅，成毅，等．地理信息系统原理[M]．2版．北京：科学出版社，2019.

[3]张新长，辛秦川，郭泰圣，等．地理信息系统概论[M]．北京：高等教育出版社，2017.

[4]崔铁军，等．地理信息系统应用概论[M]．北京：科学出版社，2017.

[5]高松峰，刘贵明．地理信息系统原理及应用[M]．2版．北京：科学出版社，2017.

[6]徐敬海，张云鹏，董有福．地理信息系统原理[M]．北京：科学出版社，2016.

[7]陆守义，陈飞翔．地理信息系统[M]．2版．北京：高等教育出版社，2019.

[8]刘亚静，姚纪明，任永强，等．GIS软件应用实验教程[M]．武汉：武汉大学出版社，2021.

[9]张书亮，戴强，辛宇，等．GIS综合实验教材[M]．北京：科学出版社，2020.

[10]刘茂华．地理信息系统原理[M]．北京：清华大学出版社，2015.

[11]王庆光．GIS应用技术[M]．北京：中国水利水电出版社，2012.

[12]胡祥培．地理信息系统原理及应用[M]．北京：电子工业出版社，2011.

[13]张东明，吕翠华．地理信息系统技术应用[M]．北京：测绘出版社，2011.

[14]张新长，马林兵，张青年，等．地理信息系统数据库[M]．北京：科学出版社，2010.

[15]秦昆．GIS空间分析的理论与方法[M]．武汉：武汉大学出版社，2010.

[16]高井祥．数字测图原理与方法[M]．北京：中国矿业大学出版社，2010.

[17]何必，李海涛，孙更新．地理信息系统原理教程[M]．北京：清华大学出版社，2010.

[18]朱光，赵西安，靖常峰．地理信息系统原理与应用[M]．北京：科学出版社，2010.

[19]汤国安，赵牡丹，杨昕，等．地理信息系统[M]．北京：科学出版社，2010.

[20]郑贵洲，晁怡．地理信息系统分析与应用[M]．北京：电子工业出版社，2010.

[21]黄瑞．地理信息系统[M]．北京：测绘出版社，2010.

[22]余明，艾廷华．地理信息系统导论[M]．北京：清华大学出版社，2009.

[23]李玉芝．地理信息系统基础[M]．北京：中国水利水电出版社，2009.

[24]刘贵明．地理信息系统原理及应用[M]．北京：科学出版社，2008.

[25]王琴．地图学与地图绘制[M]．郑州：黄河水利出版社，2008.

[26]张东明．地理信息系统原理[M]．郑州：黄河水利出版社，2007.

[27]董钧祥，李光祥，郑毅．实用地理信息系统教程[M]．北京：中国科学技术出版社，2007.

[28]王亚民，赵捧未．地理信息系统及其应用[M]．西安：西安电子科技大学出版社，2006.
[29]董廷旭．地理信息系统实习教程[M]．成都：西南财经大学出版社，2006.
[30]李建松．地理信息系统原理[M]．武汉．武汉大学出版社，2006.
[31]周卫等．基础地理信息系统[M]．北京．科学出版社，2006.
[32]朱恩利，李建辉．地理信息系统基础及应用教程[M]．北京：机械工业出版社，2004.
[33]吴信才．MAPGIS 地理信息系统[M]．北京：电子工业出版社，2004.
[34]祝国瑞．地图学[M]．武汉：武汉大学出版社，2004.
[35]黄仁涛．专题地图编制[M]．武汉：武汉大学出版社，2003.
[36]吴信才．地理信息系统原理与方法[M]．北京：电子工业出版社，2002.
[37]胡鹏，黄杏元，华一新．地理信息系统教程[M]．武汉：武汉大学出版社，2002.
[38]黄杏元，马劲松，汤勤．地理信息系统概论[M]．北京：高等教育出版社，2001.
[39]邬伦，刘瑜．地理信息系统——原理、方法和应用[M]．北京：科学出版社，2001.
[40]龚健雅．地理信息系统基础[M]．北京：科学出版社，2001.
[41]张超．地理信息系统实习教程[M]．北京：高等教育出版社，2000.
[42]陈述彭．地理信息系统导论[M]．北京：科学出版社，1999.
[43]中国共产党 100 年地图集[M]．北京：中国地图出版社，2021.
[44]方言．我们身边的地理信息安全[J]．中国信息安全，2017(3)：66-68.
[45]易树柏．论地理信息安全在国家安全中的作用[J]．理论界，2016(8)：40-48.
[46]岳菊，戴湘毅．京津冀文化遗产时空格局及其影响因素——以文物保护单位为例[J]．经济地理，2020，40(12)：221-230.
[47]宋关福，陈勇，罗强，等. GIS 基础软件技术体系发展及展望[J]．地球信息科学学报，2021，23(1)：2-15.
[48]宋关福，卢浩，王晨亮，等. 人工智能 GIS 软件技术体系初探[J]．地球信息科学学报，2020，22(1)：76-87.